absolute

Ernst Haeckel

Herausgegeben und mit einem biografischen Essay versehen von Uwe Hoßfeld

Im Andenken an Claudia

orange●press

absolute Ernst Haeckel
Hg. v. Uwe Hoßfeld
Freiburg, orange-press 2010

Buchgestaltung: Annette Schneider (debusc.de) / Katharina Gabelmeier

Korrektorat: Anne Wilcken, Jelena Kleißler

Alle Texte in neuer Rechtschreibung.

ISBN 978-3-936086-40-9

orange-press.com

Seite | Inhalt

Ernst Haeckel (stehend) mit seinem Assistenten Nikolai Miklucho-Maklai auf Lanzarote (1866)

absolute

orange press

absolute

Herausgegeben von Klaus Theweleit

Biografie I **Anfänge**
1834 – 1862

Der Zoologe Ernst Haeckel zählt zu den bekanntesten und vielseitigsten, aber auch umstrittensten Naturforschern des neunzehnten und beginnenden zwanzigsten Jahrhunderts Haeckel ist dabei aber nicht nur aus biologiehistorischer Sicht von herausragender Bedeutung, sondern mit seiner weit über den engeren Bereich seines Faches hinaus reichenden Wirkung zugleich eine der bedeutenden Gestalten des europaweiten intellektuellen Diskurses um 1900. Mit dem Verlust einer eindeutigen weltanschaulichen Orientierung durch die Religion erlangen die Naturwissenschaften über den von ihr reklamierten Erfolg schon um die Jahrhundertwende auch einen im sozio-kulturellen Bereich paradigmatischen Charakter. Haeckels Streben, über die bloße Kenntnis und Beobachtung von Tatsachen hinaus nach Erkenntnis großer verschiedener Zusammenhänge vorzudringen, lässt ihn schon frühzeitig die Bedeutung der darwinschen Theorien für die Weiterentwicklung der Biologie erkennen.

Als einer der frühesten Anhänger und streitbarsten Verfechter der darwinschen Evolutionstheorie trägt Ernst Haeckel entscheidend zur Verbreitung und Weiterentwicklung des Darwinismus vor allem in Deutschland bei, und auch in Italien, Russland und Brasilien macht sich sein Einfluss bemerkbar. Er ist berühmt für die Schönheit seiner zoologischen Zeichnungen, die selbst die Architektur und Ästhetik seiner Zeit beeinflussen, und daneben steht sein Name für den Monismus, eine philosophische Ausrichtung, die er selbst formuliert hat, und für die er bis zu seinem Tod aktiv eintritt. Eine enge Verknüpfung von Wissenschaft, Philosophie, Religion und Kunst prägt Haeckels vielseitiges Werk. Die Tatsache, dass er seine wissenschaftlichen Studien nicht allein im Kontext seines Fachbereichs betrachtet, sondern immer auch weltanschauliche und gesellschaftliche Schlussfolgerungen daraus ableitet, bietet von jeher Gelegenheit für kontroverse Interpretationen, Angriffe und politisch-ideologische Vereinnahmungen unterschiedlicher Art. Materialistische, lamarckistische und zum Teil auch eugenische oder gar rassistische Aspekte in der Arbeit von Haeckel wurden zu seinen Lebzeiten, aber besonders im zwanzigsten Jahrhundert von Politikern und Wissenschaftlern verschiedener gesellschaftlicher Systeme, zum Beispiel im Nationalsozialismus, als Grundlage ideologischer Beweisführung benutzt. Heute beruft man sich dabei nicht auf Haeckel; das Thema eugenische Auslese jedoch wird auch mehr als ein halbes Jahrhundert nach dem rassenhygienischen Terror der Nazis noch diskutiert, wie sich am Thema Pränataldiagnostik und Stammzellenforschung zeigt. Der von Haeckel als Fachterminus geprägte Begriff Ökologie wiederum begleitet uns heute ganz selbstverständlich durch den Alltag. Für die Biologie bleibt Haeckel derjenige, der neben Fritz Müller als einer der ersten das »Biogenetische Grundgesetz« formuliert hat, nach dem die Entwicklung des Individuums (die Ontogenese) eine abgekürzte, modifizierte Wiederholung der Stammesentwicklung (Phylogenese) ist. Für die Biologie so unverzichtbare Begriffe wie Ontogenie (Lehre von der individuellen Entwicklung), Phylogenie (Lehre von der stammesgeschichtlichen Entwicklung), Chorologie (Arealkunde – Lehre von der räumlichen Verbreitung der Lebewesen), Ökologie (Wissenschaft von den Beziehungen des Organismus zur umgebenden Außenwelt und deren Existenzbedingungen) sowie Stamm (Phylon) gehen ebenso auf Ernst Haeckel zurück. Das System der Organismen wird von ihm genealogisch interpretiert, wobei Haeckel erstmalig die stammesgeschichtlichen Beziehungen in Form von Stammbäumen mit Einschluss des Menschen darstellt.

Während ihm die einen eine ähnliche Bedeutung wie Darwin oder Luther beimessen, wurde er von anderen diffamiert als »Agent des Satans«, »Pestilenz von Jena«, »Affenprofessor« oder auch einfach nur als »Fälscher«.

Ernst Heinrich Philipp August Haeckel wird am 16. Februar 1834 als zweiter Sohn des Regierungsrates Carl Gottlob Haeckel und dessen Ehefrau Charlotte Haeckel, geb. Sethe, in Potsdam, Am Kanal 24a (heute Yorkstr.7), geboren. Sein Vater, ein gebürtiger Schlesier, leitet seit 1819 das städtische Kommunaldepartement in Potsdam. Der Familienüberlieferung zufolge gehören seine Vorfahren wahrscheinlich zu den dreißigtausend Emigranten, die der Erzbischof von Salzburg, Leopold Anton Graf von Firmian, auf Betreiben der Jesuiten im Jahr 1731 wegen ihres lutherischen Glaubens aus ihrer Heimat vertrieben hat – und zwar nach Schlesien. Während Ernsts Großvater Christian Benjamin Haeckel sein Auskommen dort noch mit dem Betreiben einer Wäschebleiche verdiente, hat sein Vater es schon zum Juristen gebracht und kann so in die entsprechenden gesellschaftlichen Kreise einheiraten. Mit Ernsts Mutter Charlotte nämlich ehelicht er die zweite Tochter des Geheimen Rates und Präsidenten des Rheinischen Kassationshofes Christoph Sethe, und auch Ernsts zehn Jahre älterer Bruder Karl wird Jurist. Er wächst in einem Beamtenhaushalt auf.

Im Jahr nach Haeckels Geburt wird der Vater als Oberregierungsrat zur Leitung der Abteilung für Schul- und Kirchenangelegenheiten in die preußische Provinzhauptstadt Merseburg versetzt, so dass die Familie dorthin übersiedelt. In der

Idylle dieses stillen, etwa zehntausend Einwohner zählenden Städtchens an der Saale verbringt Haeckel seine Kindheit und Jugend. Sein Vater, ein begeisterter Patriot und Gegner der feudalen Zersplitterung des Landes, konfrontiert ihn schon früh mit politisch-weltanschaulichen Fragen. Das Elternhaus steht der Kirche nah: Vater und Mutter sind lutherische Christen, geprägt vom liberalen Christentum Friedrich Schleiermachers, der mit der Familie Sethe befreundet ist, und den die Eltern hoch verehren.

Ernst Haeckel entwickelt zu seiner Mutter Charlotte Sethe eine ungewöhnlich starke Bindung. Einerseits ist er beeinflusst von ihrer Frömmigkeit, andererseits legt sie das Fundament für seinen naturwissenschaftlichen Forscherdrang, indem sie es vermag, ihn für die Schönheit der Natur zu begeistern. Der Vater, dem der Sohn in der Statur und dem lebhaften, leicht erregbaren, »sanguinischen« Temperament sehr ähnelt, ist seinerseits durch und durch von seinem preußisch-protestantischen Elternhaus geprägt. Laut Haeckel ist der Vater ein patriotischer Anhänger der deutschen Einheit, der sich gegen die damals bestehende Zersplitterung des Landes wendet, sowie überzeugter Demokrat und Gegner der feudalen Klassengesellschaft. Und als freisinniger Christ verabscheut er die Bigotterie seiner orthodoxen Glaubensgenossen, protestantisch wie katholisch.

Ernst Haeckel besucht zunächst keine öffentliche Schule, sondern wird von seiner Mutter unterrichtet. Als er sechs Jahre alt ist, engagieren die Eltern einen Privatlehrer, Karl Gude, anschließend besucht er die Bürgerschule und von seinem neunten Lebensjahr an das Domgymnasium in Merseburg, wo er 1852 ganz nach Plan das Abitur ablegt. Durch Gude, mit dem er sich zeitlebens verbunden fühlt, lernt Haeckel die Pflanzen nach dem linnéschen System zu bestimmen und zu ordnen. Er begeistert sich schon früh für das Botanisieren, sodass sein Herbarium bald mehrere tausend Pflanzen umfasst. Die Ausflüge mit Gude und die Beschäftigung mit seinem Herbarium sollten für Haeckel später zu den schönsten Kindheitserinnerungen zählen. Gude macht Haeckel zudem bekannt mit Lorenz Okens vierbändiger *Allgemeiner Naturgeschichte für alle Stände*, ein Werk, das noch ganz im Sinne romantischer Naturphilosophie verfasst ist und über einen Zeitraum von zehn Jahren erscheint (1833 – 43).

Auch während der Gymnasialzeit am Domgymnasium, in der die Naturwissenschaften im typisch humanistischen Lehrprogramm kaum eine Rolle spielen, findet Haeckel in jungen Lehramtskandidaten, wie zum Beispiel Otto Gandtner oder später auch dessen Amtsnachfolger Friedrich Buchbinder, Förderer seiner botanischen Interessen. Am Ende seiner Schulzeit besitzt er dadurch beachtliche systematische und botanische Kenntnisse. Das Pflanzenbestimmen und

Herbarisieren kommt seiner angeborenen Vorliebe für das Ordnen, Systematisieren und Klassifizieren entgegen und findet in seinen späteren systematisch-phylogenetischen Arbeiten eine Fortsetzung.

Als Heranwachsender studiert er intensiv die seinerzeit modernen Natur- und Reisebeschreibungen, Bücher wie Charles Darwins *Naturgeschichtliche Reisen*[1], Alexander von Humboldts *Ansichten der Natur* und dessen *Kosmos*[2] sowie Bernhard von Cottas *Briefe über Alexander von Humboldts Kosmos*[3] oder Matthias Jacob Schleidens *Die Pflanze und ihr Leben*[4] lassen den Schüler davon träumen, später auch Expeditionen zur Erforschung der tropischen Urwälder zu unternehmen: »Ich will ein Reiser werden«. Das noch erhalten gebliebene handschriftliche Verzeichnis seiner Jugendbibliothek umfasst 161 Bücher.

Auch seine künstlerische Ader findet bereits zu Schulzeiten ihren Ausdruck, und zwar gleich in Form eines Auftrags: Zwischen 1848 und 1850 koloriert er etwa viertausend Stahlstiche in dem von Eduard Poeppig herausgegebenen Werk *Illustrierte Naturgeschichte des Thierreiches.* Zu dem Zeitpunkt wird in Deutschland um einen einheitlichen deutschen Nationalstaat gekämpft (revolutionärer Vormärz), und der vierzehnjährige Haeckel verarbeitet die Ereignisse offenbar in einem großen Bild, das aus den kolorierten Einzelabbildungen entsteht: Bezugnehmend auf die Deutsche Nationalversammlung in Frankfurt am Main nennt er es »Nationalversammlung der Vögel«, für jede Vogelfamilie findet sich dabei je ein »Abgeordneter« auf einem Baum. Die Anordnung der Vögel auf diesem Baum folgt dabei noch ganz ästhetischen Gesichtspunkten, keinerlei systematischen Prinzipien. Erst später sollte er – inspiriert durch Gespräche mit dem Jenaer Sprachwissenschaftler August Schleicher über dessen Werk *Die Darwinsche Theorie und die Sprachwissenschaft* (1863) – als einer der ersten in den Naturwissenschaften mit einem vergleichbaren, sehr populär gewordenen Modell stammesverwandtschaftliche Beziehungen rekonstruieren. Nach der Lektüre von Darwins *Origin* hatte schon Schleicher selbst versucht, den Entwicklungsgedanken in der Sprachwissenschaft anzuwenden und einen Stammbaum der indogermanischen Sprachen entworfen.

Nach bestandenem Abitur am 12. März 1852 hegt Haeckel den Wunsch, im nahe gelegenen Jena bei Matthias Jakob Schleiden, dem Mitbegründer der Zelltheorie, Botanik zu studieren. Doch der Vater rät ihm zum aussichtsreicheren Medizinstudium.

Infolge einer schweren rheumatischen Erkrankung des rechten Kniegelenkes kann Haeckel das Studium in Jena nicht antreten. Er bleibt in Berlin, wo ihn die Eltern versorgen können, und nimmt dort im Frühjahr 1852, dem Wunsch des

Vaters folgend, das Medizinstudium auf. In seinem Tagebuch hält er später seine Erleichterung über diese Entwicklung fest – von der Beschäftigung mit den geisteswissenschaftlichen Fächern des Gymnasiums befreit, hofft er, sich jetzt ganz auf seine Lieblingsnaturwissenschaften konzentrieren zu können.

Nachdem sein rheumatisches Leiden weitgehend auskuriert ist, setzt er im Herbstsemester 1852 sein Medizinstudium in Würzburg fort. Die dortige Universität genießt durch das Wirken des Anatomen, Physiologen und Histologen Albert von Kölliker, des berühmten Anatomen und Zellularpathologen Rudolf Virchow und des Zoologen Franz Leydig einen ausgezeichneten Ruf als Zentrum der modernen Anatomie. Haeckels Leidenschaft aber gehört weiterhin der Botanik, und so kommt er beim Botaniker August Schenk zum ersten Mal in Kontakt mit Darwins (zu diesem Zeitpunkt noch ganz frischen!) Theorien. Für das Medizinstudium kann er dagegen nicht viel Begeisterung aufbringen, vielmehr empfindet er zeitlebens einen unüberwindlichen Ekel vor allem Krankhaften und den Sezierübungen, was in seinen Briefen an die Eltern zum Ausdruck kommt, jedoch wohlgemerkt auf Latein (»mephitis« – Gestank; »Cadaverum sordes« – Schmutz der Leichen). Er bricht das ungeliebte Studium auf Drängen des Vaters nicht ab, widmet sich aber mehr den naturwissenschaftlichen Grundlagenfächern als dem klinischen Teil der Ausbildung. Zu Haeckels Zeiten sind die akademischen Disziplinen noch nicht sehr ausdifferenziert, Zoologie wie Botanik gehören ganz selbstverständlich zur Ausbildung der Mediziner.

Neben einer gründlichen Schulung in allgemeiner und vergleichender Anatomie erhält er von Kölliker darüber hinaus nachhaltige Anregungen zur Meereszoologie, auf die er sich begeistert einlässt. Ein eigenes Mikroskop, das er sich zum Sommersemester 1853 vom berühmten Mikroskopbauer Friedrich Wilhelm Schieck in Berlin anfertigen lässt, ermöglicht es ihm von da an, den Vorlesungsstoff auch in der Freizeit durch eigene Untersuchungen zu vertiefen. Von diesem Zeitpunkt an wird er es auf seinen Reisen stets mit sich führen. Besonders fasziniert ihn die Neuartigkeit und Originalität der von Rudolf Virchow vorgetragenen »Zellularpathologie«, welche die Entstehung aller Krankheiten auf Störungen von Zellprozessen zurückführt und nicht, wie die Humoralpathologie Jahrtausende lehrte, auf eine fehlerhafte Zusammensetzung des Blutes und der Körpersäfte.

Im Frühjahr 1854 ist Haeckel zwanzig Jahre alt und hat zwei Jahre studiert. Er geht nun für zwei Semester nach Berlin zurück und wird hier entscheidend durch den berühmten Anatomen und Physiologen Johannes Peter Müller geprägt, der über »Vergleichende Anatomie« liest; Haeckel wird ihn zeitlebens als »unvergleichlichen, größten und genialsten« Lehrer verehren. Auch in der Vorbereitung auf die ärztliche Vorprüfung, das Tentamen philosophicum, belegt Haeckel wiederum vorwiegend naturwissenschaftliche Fächer. Von großem Einfluss auf seine späteren Auffassungen sind auch Alexander Brauns Vorlesungen über »Generationswechsel«, eine Form der Fortpflanzung, bei der sich geschlechtliche und ungeschlechtliche Fortpflanzung von Generation zu Generation abwechseln – wie etwa bei Rotalgen, Polypen, Moosen oder Farnen.Auch der Begründer der Kristallografie Christian Samuel Weiss, der in Berlin über Mineralogie und Kristallsysteme liest, beeinflusst ihn stark.

Während seines Studiums gerät der von Haus aus politisch geprägte Haeckel aufgrund der allzu unterschiedlichen Ansichten von Vater und Lehrer in Gewissenskonflikte. Wie sein Vater träumt Haeckel von einem großdeutschen Reich, sein Lehrer Schenk dagegen favorisiert eine »Donau-Monarchie« bis zum Rhein und mit Ausschluss Preußens. Weltanschauliche Debatten zwischen den beiden sind die Folge.

Bis dahin sind Harmonie, Zweckmäßigkeit und Schönheit der Natur dem streng christlich erzogenen und denkenden Haeckel noch Ausdruck »der göttlichen Allmacht und Güte«. Erstaunt muss er aber feststellen, dass die Naturforscher und Ärzte mehrheitlich, auch seine Lehrer und Freunde, ganz andere Ansichten vertreten und die »weisheitsvolle Gotteskraft« leugnen. So stößt er zum Beispiel in dem Text *Köhlerglaube und Wissenschaft* des Genfer Zoologen Carl Vogt[5] auf naturwissenschaftlich-materialistische Auffassungen, die er als »wahnsinnigen Radikalismus« einstuft; erfasst intuitiv die Unzulänglichkeit der Auffassungen des von Ludwig Büchner und Jacob Moleschott vertretenen Vulgärmaterialismus; eine polemische Bezeichnung für eine Gegenbewegung zu den philosophischen Systementwürfen des deutschen Idealismus, die sich im Wesentlichen auf die technischen und naturwissenschaftlichen Entwicklungen des neunzehnten Jahrhunderts beruft. Öfters zweifelt er an den Inhalten in Rudolf Virchows Vorlesungen.

Die Diskrepanz zwischen Wissen und Glauben versucht der junge Haeckel schließlich durch eine Synthese zwischen christlicher Lehre und exakter Naturforschung zu überwinden. Seiner Auffassung nach ergänzen sich sinnliche Wahrnehmung und Glaube erst zu einer vollständigen Weltanschauung, wie er im Juni 1855 in einem Brief an die Eltern schreibt.

Damals kann noch niemand ahnen, dass er nur wenige Jahre später selbst zur radikalen Abkehr vom christlichen Glauben gelangen würde, obwohl es im selben Brief an anderer Stelle schon heißt, nur die Naturforscher seien berufen, die

Kinderzeichnung Haeckels vom Wohnhaus der Eltern in Merseburg (1846) | Mit den Eltern Carl und Charlotte (1857)

Wahrheit für sich zu entschleiern – indem sie die Materie als das allein in der Welt nach unabänderlichen Naturgesetzen Waltende erkennen könnten.

Der von ihm so verehrte Lehrer Johannes Müller, der zu dieser Zeit den Entwicklungszyklus der Echinodermen (Stachelhäuter) erforscht, weckt bei Haeckel nicht nur das Interesse an vergleichender Anatomie, sondern auch an der Entwicklungsgeschichte niederer Meerestiere. Während einer meeresbiologischen Exkursion mit Müller, dessen Sohn Max und anderen auf Helgoland erkennt Haeckel, dass er sich zukünftig nicht mehr der Botanik, sondern nur noch der Zoologie widmen will. Wiederum in einem Brief an die Eltern berichtet er von seinem Entschluss, als Naturforscher tropische Seeküsten zu untersuchen. Dass er es ernst damit meint, beweist die Arbeit, die er im Anschluss an die Helgoland-Reise verfasst, seine erste gedruckte zoologische Abhandlung »Über die Eier der Scomberesoces«.[6]

Ein weiterer meeresbiologischer Forschungsaufenthalt, im Herbst 1856 in Nizza, bestärkt ihn in seinem Entschluss. Obwohl er seinen Interessensschwerpunkt inzwischen deutlich anderswo als in der Medizin definiert hat, kehrt Haeckel zu Ostern 1855 pflichtbewusst für drei Semester nach Würzburg zurück, um dort am berühmten Julius Spital die Ausbildung in den klinischen Fächern zu absolvieren. Und 1856 wird er prompt »königlich bayrischer Assistent an der pathologisch-anatomischen Anstalt zu Würzburg« bei Virchow mit einem Jahresgehalt von 150 Gulden. Nach einem Ausflug nach Wien für ein weiteres klinisches Semester geht er im August 1857 wieder nach Berlin, und im März 1858 wird Haeckel mit einer (auf lateinisch verfassten) Arbeit *Über die Gewebe des Flusskrebses (De telis quibusdam astaci fluviatilis)* Doktor der Medizin – für einen Mediziner eine Themenwahl, die durchaus etwas speziell ist, aber zu dieser Zeit auch nicht absolut außergewöhnlich. Nach mit der Note »Gut« bestandenem Staatsexamen erhält er am 17. März 1858 die Approbation als Arzt, Wundarzt und Geburtshelfer.

Nun wird formell im Hause des Vaters eine ärztliche Praxis eröffnet, tatsächlich aber beabsichtigt Haeckel, weiterhin bei Johannes Müller im Laboratorium zu arbeiten und Vorlesungen zu hören. Am 28. April 1858 jedoch, nur sechs Wochen nach Haeckels Staatsexamen, stirbt der charismatische, von Haeckel so überaus geschätzte Mentor überraschend, im Alter von nur 57 Jahren. Der Tod des Förderers vereitelt Haeckels Pläne für ein Doppelleben als Mediziner und stürzt ihn in eine erste schwere Lebenskrise.

Er gibt schließlich nach kurzer Tätigkeit die Praxis auf und unternimmt am 28. Januar 1859, in dem Jahr, in dem Charles Darwin seine *Origin of Species* veröffentlicht und in dem Alexander von Humboldt stirbt, auf Anraten seines ehemaligen Würzburger Lehrers und Freundes Carl Gegenbaur eine 15-monatige Studienreise nach Italien. Die dort im Golf von Messina untersuchten Radiolarien (Strahlentierchen) bilden schließlich die Grundlage für seine erfolgreiche Monografie *Die Radiolarien (Rhizopoda radiaria)* von 1862, die von da an seinen Ruf als Zoologe begründen. Auf einigen Abschnitten der Reise (Neapel, Ischia, Capri) leistet ihm der Marschendichter, »Friesenhäuptling und Prachtkerl«[7] Hermann Allmers Gesellschaft. Beide genießen die italienische dolce vita.

Die Aufenthalte auf Helgoland, in Nizza und letztlich Messina stellen sich als drei zentrale Stationen im Leben des jungen angehenden Forschers heraus. Hier stößt er in kurzer Zeit in seinen zentralen späteren Arbeitsbereich vor: die Kleinstlebewelt der Radiolarien. Im Golf von Messina, den er im Frühjahr 1860 verlässt, entdeckt er 144 neue Arten von Radiolarien, die durch die Formenvielfalt und Symmetrie ihrer zierlichen, filigranen Skelette beeindrucken. Bei der Untersuchung dieser mikroskopisch kleinen, meist durch ihre Schönheit und Formenmannigfaltigkeit bestechenden Kleinstlebewesen kommen Haeckel seine zeichnerische Begabung und sein ästhetisches Empfinden zugute. Ebenso leistet ihm ein in Florenz bei dem Physiker Giovanni Battista Amici erworbenes Mikroskop mit einem Wasserimmersionsobjektiv gute Dienste. Knapp ein halbes Jahr später trägt er erste Resultate seiner Arbeit auf der 35. Versammlung deutscher Naturforscher und Ärzte in Eisenach vor und erregt damit allgemeines Erstaunen.

Sein Ziel ist nun, im Alter von 26 Jahren, eine Dozentur, schon im Juni 1860 hat er dazu an der Universität Jena aussichtsreiche Verhandlungen geführt. Es ist auch der Sommer 1860, in dem Haeckel während der Ausarbeitung seiner Radiolarien-Monografie nachhaltig auf das Werk Darwins aufmerksam wird und es in der deutschen Übersetzung von Heinrich Georg Bronn liest, was einen nachhaltigen Einfluss auf sein Werk hat. Spontan bekennt sich Haeckel zu dieser neuen Theorie und wird sechs Jahre später in seiner *Generellen Morphologie* schreiben, dass ihm »in der That, die Schuppen von den Augen« fielen. Die Ausarbeitung der Monografie lässt ihn noch eine Weile bei seinen Eltern in Berlin verweilen; zeitweise werden ihm zwei verlockende Stellen in Aussicht gestellt: eine Professur am akademischen Gymnasium in Hamburg und das Lehramt der Anatomie an der Berliner Akademie der Künste. Doch beide Angebote zerschlagen sich, und er siedelt am 24. Februar 1861 nach Jena über, wo sein Freund Carl Gegenbaur dem Zoologischen Museum als Direktor vorsteht. Von dem Moment an entwickelt sich Haeckels Karriere in flottem Tempo: Am 4. März 1861 schließlich habilitiert er, ebenfalls auf Drängen von Gegenbaur, an der Medizinischen Fakultät der Universität Jena mit der Arbeit *Über die Grenzen und Ordnungen der Rhizopoden – einer Klasse der Urtiere* für das Fach Vergleichende Anatomie, und knapp zwei Monate später beginnt er im Residenzhaus des alten Stadtschlosses vor ganzen neun eingeschriebenen Hörern seine erste Vorlesung über Zoologie. Auch im folgenden Wintersemester 1861/62 hält er dieses Zoologie-Kolleg. Es geht schnell aufwärts mit seiner Karriere in der Saale-Stadt. Am 3. Juni 1862 wird Haeckel zum außerordentlichen Professor für Zoologie und Direktor des Zoologischen Museums ernannt. Im gleichen Jahr erscheint auch seine Monografie über die Radiolarien, ein Textband mit 570 Folioseiten und einem Atlas von 35 Kupferstichbildtafeln in einer Auflage von zweihundert Exemplaren bei Georg Reimer in Berlin. Haeckel legt darin erstmals ein Bekenntnis zu Darwin ab. Dass Darwins Arbeit bei der Mehrheit der Fachkollegen in Deutschland negativ aufgenommen worden ist, führt er auf ein Missverständnis zurück. Der einzig wirkliche Kritikpunkt findet sich seiner Meinung nach in der fehlenden Aussage zur Entstehung des Lebens (Urorganismus). Später wird Haeckel nicht nur als Interpret und Popularisator der darwinschen Theorie in Erscheinung treten, sondern auch nachhaltig versuchen, diese weiterzuentwickeln.

Im Wintersemester 1862/63 liest er in Jena erstmals ein fünfzehnstündiges spezielles Darwin-Kolleg vor 25 Hörern, legt hier die Grundzüge der neuen Theorie dar und entwirft damit zugleich das Programm für sein gesamtes weiteres Schaffen. Während der Heidelberger Zoologe Heinrich Georg Bronn in seiner Übersetzung Darwins Satz »Licht wird auf den Ursprung des Menschen und seine Geschichte fallen« einfach weggelassen hatte, behandelt Haeckel ohne Zögern und geradezu revolutionär an dieser Stelle bereits »Fragen der Abstammung und Herkunft des Menschen« und vermerkt im Vorlesungsmanuskript – als damals bekennender Christ: »Keine Wunder, keine Schöpfung, kein Schöpfer«.

Nur drei Jahre später, mit 31 Jahren, wird Haeckel als Ordinarius auf den in der Philosophischen Fakultät neu gegründeten Lehrstuhl für Zoologie berufen, den er bis zu seiner Emeritierung 1909 inne hat. Damit wird die Zoologie an der Universität Jena zur selbstständigen Disziplin innerhalb der Philosophischen Fakultät. Ebenfalls 1862 gründet er ein Zoologisches Institut.

Auch für sein Privatleben sind dies ereignisreiche Jahre: Am 18. August 1862 heiratet er in Berlin seine 27-jährige Kusine Anna Sethe, die aber schon 1864 kurz nach einer Erkrankung der Leber verstirbt. Zum zweiten Mal binnen kürzester Zeit ist er konfrontiert mit dem plötzlichen Tod einer nahestehenden Person. Drei

Jahre später verheiratet er sich neu: Aus der am 20. August 1867 in der Dorfkirche zu Jena-Burgau geschlossenen zweiten Ehe mit Agnes Huschke, Tochter des Jenaer Anatomen Emil Huschke, gehen dann recht schnell drei Kinder hervor: Walter, Elisabeth und Emma.

Die Geschichte der Zoologie in Jena beginnt nicht erst mit Haeckel und dessen Ordinariat, sondern im Jahrhundert davor. Nach dem Tod des Naturforschers und Petrefactensammlers Johann Ernst Immanuel Walch 1778 wird dessen umfangreiches Naturalienkabinett unter anderem dank der Mitwirkung von Johann Wolfgang von Goethe durch Herzog Carl August für die 1558 gegründete Universität Jena erworben. Aus den zoologischen Teilen der Sammlung von Walch entsteht ein Zoologisches Kabinett und schließlich ein Zoologisches Museum. Ab 1847 unterrichtet Oscar Schmidt Zoologie und vergleichende Anatomie, wird 1849 außerordentlicher Professor und ab 1851 Direktor des Zoologischen Museums – gefolgt von Carl Gegenbaur, der Ernst Haeckel in die Stadt an der Saale holt, zur Verstärkung und Entlastung seiner selbst: Bis zu Haeckels Ernennung zum außerordentlichen Professor liest und lehrt Gegenbaur alleine die komplette Zoologie neben der Anatomie. Er vertritt in seinen Jenaer Jahren das gesamte Gebiet der menschlichen Anatomie, der Embryologie und vergleichenden Anatomie, führt Präparierübungen am Menschen durch und leitet eine Reihe von mikroskopisch-anatomischen Kursen; reorganisiert zudem im Anatomischen Institut die Sammlungen. Zu Beginn des Wintersemesters 1873/74 folgt Gegenbaur der Berufung zu einer vermutlich weniger kräfteraubenden Professur nach Heidelberg.

Als Haeckel seine Lehrtätigkeit als Ordinarius an der Universität Jena 1865 aufnimmt, setzt er also eine bereits bestehende, bedeutende Tradition fort. In den folgenden fünfzig Jahren bringt er, wenn auch vornehmlich mit den Invertebraten (Wirbellosen) beschäftigt, für die weitere Etablierung des Faches wichtige regionale und nationale Impulse. Fast alle später führenden Zoologen und Anatomen erhalten in Jena wesentliche Teile ihrer Ausbildung und Anregungen für ihre Forschungen. Der Bau des Zoologischen Institutes (1882) und Ernst-Haeckel-Hauses (1883), die Paul von Ritter-Stiftung (1886), die Einrichtung der Ritter-Professur für Phylogenie (1886) sowie der Haeckel-Professur für Geologie und Paläontologie, der Bau des Phyletischen Museums (1907/08), das Wirken von Haeckels Nachfolger Ludwig Plate (ab 1909) und die Gründung eines Phyletischen Archivs sowie die enge Kooperation mit dem Gustav-Fischer Verlag: Das alles bestimmt nachhaltig die Genese der Zoologie in Jena, dem »Mekka, wohin alle Zoologen pilgerten«, der »Hochburg des Darwinismus«.[8]

Anmerkungen | **1** Charles Darwin, *Naturwissenschaftliche Reisen nach den Inseln des grünen Vorgebirges, Südamerika, dem Feuerlande, den Falkland-Inseln, Galapagos-Inseln … etc.* Deutsch mit Anmerkungen von Ernst Dieffenbach, Braunschweig 1844. **2** Alexander von Humboldt, *Ansichten der Natur*. Stuttgart 1849. Alexander von Humboldt, *Kosmos. Entwurf einer physischen Weltbeschreibung.* Stuttgart 1845-1862. **3** Bernhard von Cotta, *Briefe über Alexander von Humboldt´s Kosmos. Ein Commentar zu diesem Werke für gebildete Laien.* Leipzig 1848. **4** Matthias Jakob Schleiden, *Die Pflanze und ihr Leben. Populäre Vorträge.* Leipzig 1848. **5** Carl Vogt, *Köhlerglaube und Wissenschaft. Eine Streitschrift gegen Hofrath Rudolph Wagner in Göttingen.* Gießen 1855. **6** *J. Müllers Archiv für Anatomie und Physiologie* (1855), S. 23 – 32. **7** Johannes Hemleben, *Ernst Haeckel, der Idealist des Materialismus.* Hamburg 1974. **8** Uwe Hoßfeld, *Geschichte der biologischen Anthropologie in Deutschland.* Stuttgart 2005.

»Nationalversammlung der Vögel«, gemalt von Haeckel 1850

Taf. VIII.

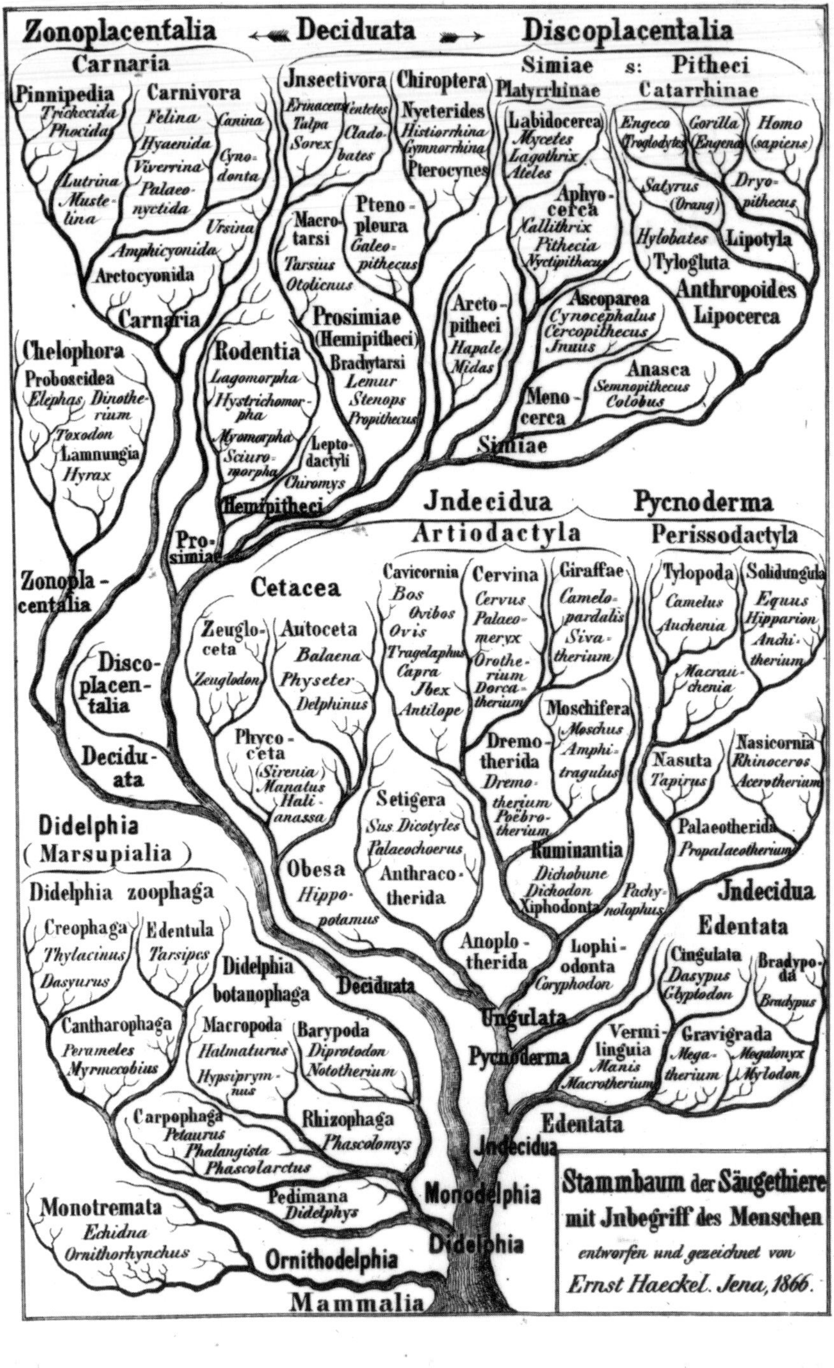

»Stammbaum der Säugetiere«, *Generelle Morphologie* (1866)

criticized, your reviewer will say that you have spoken much too strongly. Your abstract seems to me wonderfully clear & good; & one little fact shews me how clearly you understand my views, namely your bringing prominently forward, which no one else has ever done, the fact & the cause of Divergence of Character. Oddly enough, as it now appears to me, it was many years before

I clearly saw the necessity of admitting a tendency to divergence of character, & some more years until I could see the explanation. I have read with much interest your discussion on Inheritance & & all the more so as I give in my next work, which will not be published for half a year, several chapters on this & other allied subjects. So that I shall feel very curious to read your remaining chapters when published; but it is a terrible evil to me that I cannot read

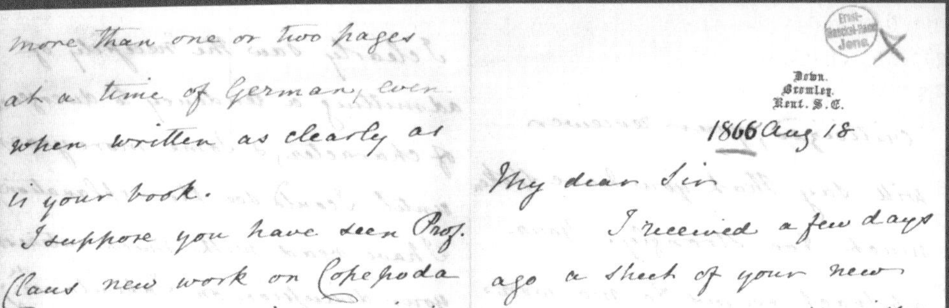
Down.
Bromley.
Kent. S.E.
1866 Aug 18

My dear Sir

I received a few days ago a sheet of your new work, & have read it with great interest. You confer on my book, the "Origin of Species," the most magnificent eulogium which it has ever received, & I am most truly gratified, but I fear if this part of your work is ever

more than one or two pages at a time of German, even when written as clearly as is your book.

I suppose you have seen Prof. Claus new work on Copepoda in which he discusses indi=vidual variability, & alludes to your work; I have been interested by it. I heartily congratulate you that your great undertaking is so nearly completed & with my cordial thanks for the great honour which you have done me & with a full belief that you will do excellent service in the cause which we have both at heart, I remain my dear Sir yours very sincerely Ch. Darwin

Brief von Charles Darwin an Haeckel vom 18. August 1866

Über die Entwicklungstheorie Darwins

(Vortrag auf der 38. Versammlung der deutschen Naturforscher und Ärzte in Stettin am 19. September 1863)

Hochgeehrte Versammlung!

Wenn ich in Folgendem versuche, Ihnen die Grundzüge der berühmten Entwicklungstheorie Darwins zu erörtern, so unternehme ich diesen Versuch nicht ohne große Bedenken, und nicht, ohne Sie für das vielfach Unbefriedigende dieser Darstellung um Nachsicht zu bitten, denn vor einem aus Laien und aus Männern der Wissenschaft so gemischten Auditorium wie dem gegenwärtigen hat jede populäre Behandlung einer vielumfassenden wissenschaftlichen Hypothese sehr viel Missliches und Schwieriges und kann immer nur einen Teil der Zuhörer befriedigen. In ganz besonderem Grad muss dies aber für die gegenwärtige Lehre gelten, welche einesteils ein ganzes großes wissenschaftliches Lehrgebäude, das sich jahrhundertelang fast allgemeiner Anerkennung erfreute und noch erfreut, in seinen Grundlagen zu erschüttern droht, anderenteils aber in die persönlichen, wissenschaftlichen und sozialen Ansichten jedes Einzelnen aufs Tiefste einzugreifen scheint. Dass es sich wirklich um eine solche die ganze Weltanschauung modifizierende Erkenntnis handelt, werden diejenigen von Ihnen, die noch nicht mit dem Inhalt der darwinschen Schöpfungsgeschichte bekannt sein sollten, sofort einsehen, wenn sie den Grundgedanken derselben in folgenden Worten zusammengefasst hören: »Alle verschiedenen Tiere und Pflanzen, die noch heute leben, sowie alle Organismen, die überhaupt jemals auf der Erde gelebt haben, sind nicht, wie wir anzunehmen von früher Jugend gewohnt sind, jedes für sich, in seiner Art selbstständig erschaffen worden, sondern haben sich trotz ihrer außerordentlichen Mannigfaltigkeit und Verschiedenheit im Laufe vieler Millionen Jahre aus einigen wenigen, vielleicht sogar aus einer einzigen Stammform, einem höchst einfachen Anorganismus, allmählich entwickelt.« Was uns Menschen selbst betrifft, so hätten wir also konsequenterweise, als die höchst organisierten Wirbeltiere, unsere uralten gemeinsamen Vorfahren in affenähnlichen Säugetieren, weiterhin in känguruhartigen Beuteltieren, noch weiter hinauf in der sogenannten Sekundärperiode in eidechsenartigen Reptilien und endlich in noch früherer Zeit, in der Primärperiode, in niedrig organisierten Fischen zu suchen.

In der knappen Frist einer kurzen Stunde Ihnen aus dem Zeughaus der Naturwissenschaft auch nur die wichtigsten und schlagendsten Beweisapparate vorzuführen, die sich für und gegen diese kühne Hypothese ins Feld schicken lassen, ist natürlich nicht möglich. Um diese richtig zu würdigen und anwenden zu können, bedarf es jahrelanger vertrauter Beschäftigung mit dem Bau und den Lebenserscheinungen, mit der Verwandtschaft und der Geschichte der Organismen. Wenn ich trotzdem, dieser und vieler anderer Bedenken ungeachtet, Sie in den Kampf, der durch die darwinsche Entwicklungstheorie entbrannt ist, hineinzuführen versuche, so geschieht es hauptsächlich wegen der großartigen Dimensionen, die dieser Kampf bereits angenommen hat. Bereits ist das ganze große Heerlager der Zoologen und Botaniker, der Paläontologen und Geologen, der Physiologen und Philosophen in zwei schroff gegenüberstehende Parteien gespalten: Auf der Fahne der progressiven Darwinisten stehen die Worte: »Entwicklung und Fortschritt!« Aus dem Lager der konservativen Gegner Darwins tönt der Ruf: »Schöpfung und Spezies!« Täglich wächst die Kluft, die beide Parteien trennt, täglich werden neue Waffen für und wider von allen Seiten herbeigeschleppt; täglich werden weitere Kreise von der gewaltigen Bewegung ergriffen; auch Fernstehende werden in ihren Strudel hineingezogen, und wohl oder übel muss auch derjenige, der gern über den Parteien stehen möchte, doch mehr der einen oder mehr der anderen seine Gunst zuwenden. Schon zählt die darwinsche Theorie, die anfangs als eine vorübergehende naturphilosophische Träumerei verspottet wurde, viele der bedeutendsten Naturforscher zu ihren Anhängern, namentlich in England, wo ich nur drei der hervorragendsten Koryphäen, den Zoologen Huxley, den Botaniker Hooker und den Geologen Lyell namhaft machen will; letzterer jetzt ebenso entschiedener Anhänger, als er früher Gegner Darwins war. Unter diesen Umständen scheint mir das Bestreben jener Naturforscher nicht zu billigen, welche auch jetzt noch die ganze Frage totschweigen oder ersticken wollen, oder welche in esoterischem Priester-Bewusstsein meinen, dass solche häuslichen Zwiste nicht vor ein gemischtes Publikum gehören, sondern innerhalb der Spezialgebiete und in der Abgeschiedenheit rein wissenschaftlicher Zeitschriften ausgefochten werden müssten. Wenn eine derartige Bewegung bereits solchen Umfang angenommen hat, der Kampf um die Wahrheit bereits so heftig entbrannt ist, so scheint es doch wohl dem Interesse beider Parteien weit angemessener, das Streitobjekt offen und klar vor aller Augen darzulegen und auch dem Fernerstehenden, der doch hier und dort davon hören wird, einen freien Einblick in den Stand der Parteien und das Wesen der Bewegung zu gestatten.

Vergleichen wir nun zunächst unsere neue Entwicklungstheorie mit den früher aufgestellten Schöpfungsgeschichten, so finden wir, dass der Grundgedanke Darwins keineswegs neu ist; vielmehr ist derselbe von mehreren Naturphilosophen nicht nur in unserem Jahrhundert, sondern auch schon in sehr viel früherer Zeit in verschiedener Weise formuliert worden; neu sind aber die Beweise und Gründe, welche Darwin dafür entdeckt hat, und neu die einheitliche, dem Standpunkt der jetzigen Naturforschung entsprechende Durchführung der Hypothese. Wenn wir alle früheren Schöpfungstheorien zusammenstellen, so können wir sie samt und sonders in zwei entgegengesetzte Reihen ordnen: Die eine Reihe der Kosmogonien behauptet mit der mosaischen Schöpfungsgeschichte, dass alle Arten von lebenden Wesen selbstständig, jede für sich, durch den Willen eines allmächtigen Schöpfers in das Dasein gerufen worden seien, die andere, dass sie sämtlich Zweige eines einzigen Stammes und Produkte eines und desselben beständig wirkenden Naturgesetzes der fortschreitenden Entwicklung seien. Eine ganze Reihe vollkommen entgegengesetzter Anschauungen ist untrennbar und in höchst charakteristischer Weise mit jenen beiden verschiedenen Grundideen verknüpft. In durchaus entgegengesetzter Weise hat jede der beiden Richtungen die ungeheuren Fortschritte und Errungenschaften, welche die Naturwissenschaft im letzten Jahrhundert gemacht, verwertet, und für den Ausbau ihres Systems benutzt. Von diesen Fortschritten wollen wir zunächst für unseren Zweck einen Augenblick diejenigen ins Auge fassen, welche die Geologie, die Lehre vom Bau und der Entstehung des Erdballs, betreffen.

Nach der allgemein gültigen Annahme war die Erde in sehr früher Zeit eine feurig flüssige Kugel, deren Oberfläche durch Abkühlung im kälteren Weltenraum erhärtete. Die heißen Dämpfe schlugen sich, nachdem die Temperatur bis auf einen gewissen Grad gesunken war, in Form von Wasser nieder, und hiermit war die erste Möglichkeit für die Existenz lebender Wesen auf der abgekühlten und erhärteten Erdrinde hergestellt. Die Geschöpfe, welche in jener frühen, weit zurückliegenden Zeit vor vielen, vielen Millionen Jahren die Erde zu bevölkern begannen, standen auf einer viel tieferen Organisationsstufe als die große Mehrzahl der jetzt lebenden; von vielen größeren Abteilungen des Tier- und Pflanzenreichs waren lange Zeit hindurch noch gar keine, von anderen nur die einfachsten und unvollkommensten Repräsentanten vorhanden. Im Verlauf der unermesslichen Zeiträume, welche seitdem verflossen, entwickeln sich nacheinander ganze Reihen von Schöpfungen, welche allmählich und stufenweise in immer gesteigerter Vollkommenheit und Mannigfaltigkeit der Fauna und Flora der Jetztwelt sich nähern.

Die schichtenweise aus dem Wasser abgesetzten Felsmassen, welche die ursprünglich nackte Rinde der erkalteten Erdkugel umhüllen, belehren uns, dass die Oberfläche derselben im Laufe dieser langen Perioden noch sehr mannigfache Veränderungen zu durchlaufen hatte und namentlich vielfach wechselnden Hebungen und Senkungen unterworfen war. Infolge vulkanischer und meteorologischer Einflüsse wurde die Erdrinde mehr und mehr zerklüftet und bald der eine, bald der andere Teil derselben unters Wasser versenkt und dann wieder über das Wasser erhoben. Staub und Geröll, die abgeriebenen und zerbröckelten, durch Wetter und Wasser zerstörten

Bruchstücke der Gesteine sammelten sich in Form von Schlamm und Land schichtenweise auf dem Boden der Gewässer an und schlossen zwischen sich die Überreste der gestorbenen Organismen ein.

Diese höchst wichtigen fossilen Reste, die Versteinerungen und Abdrücke der Tiere und Pflanzen sind es, welche uns über die Geschichte der Erde, über die Reihenfolge und Beschaffenheit der auf ihr erschienenen Lebewesen die wichtigsten Aufschlüsse liefern. Doch ist die Reihenfolge, in welcher dieselben nacheinander auftreten, und die Abgrenzung der vielen übereinander gelagerten Gesteinsschichten, in denen sie aufbewahrt sind, in sehr verschiedener Weise gedeutet worden. Dem Vorgang von Cuvier und anderen Naturforschern ersten Ranges folgend, nahm man gegen Ende des vorigen Jahrhunderts und bis in die Vierzigerjahre des gegenwärtigen fast allgemein an, dass eine Reihe von völlig getrennten Erdperioden aufeinander gefolgt sei, deren jede ihre eigene lebende Bevölkerung besessen habe. Durch große gewaltsame Revolutionen unbekannten Ursprungs sei von Zeit zu Zeit die Oberfläche des Erdballs dergestalt umgeändert worden, dass dabei die jedesmalige Lebewelt ganz oder größtenteils zu Grunde gegangen sei. Jede nach einer solchen Umwälzung neu auftretende Gruppe von Tieren und Pflanzen müsse daher einem besonderen Schöpfungsakt ihre Entstehung verdanken.

Mit dieser Ansicht, dass die Tier- und Pflanzenwelt einer jeden Schöpfungsperiode selbstständig und unabhängig von der vorhergehenden geschaffen sei, ist aufs Innigste eine zweite, sehr einflussreiche Anschauung verbunden, welche von Linné aufgestellt und von Cuvier besonders ausgeführt wurde, dass nämlich alle Individuen von Tieren und Pflanzen, denen wir in der Natur begegnen, sich gruppenweise unter dem Begriff der Art zusammenfassen lassen. Was ist eine Art oder Spezies? Kein Naturforscher hat bis jetzt eine begründete und befriedigende Definition davon zu geben vermocht. Nach der Anschauung der meisten gehören zu einer Art oder Spezies alle Einzelwesen, wie z.B. Pferde oder alle Apfelbäume, welche entweder erwiesenermaßen von einem einzigen Elternpaar abstammen oder aber, da sich dies gewöhnlich nicht beweisen lässt, in allen wesentlichen Eigenschaften übereinstimmen und nur in untergeordneten Beziehungen sich unterscheiden. Jede Art kann zwar innerhalb gewisser Grenzen veränderlich erscheinen, variieren, wie z.B. in der Spezies Pferd sich eine Menge verschiedener Pferderassen, in der Spezies Apfelbaum eine Reihe von Spielarten sich unterscheiden lassen; allein alle diese Rassen, Spielarten und Varietäten einer Art sollen niemals durch so wesentliche Merkmale voneinander geschieden sein, wie es nahe verwandte Arten einer Gattung sind; z.B. Pferd und Esel oder Apfel- und Birnbaum. Andererseits kann man zwar, indem man gewisse nähere und entferntere Ähnlichkeiten und übereinstimmende Merkmale berücksichtigt, mehrere Arten in eine Gattung, viele Gattungen in eine sogenannte Familie zusammenfassen und die verwandten Familien in eine Klasse zusammenstellen. Aber diese allgemeinen Begriffe werden als willkürlich festgestellte angesehen, und über Inhalt und Umfang derselben herrscht viel Streit, wogegen der Begriff der Art ein ganz bestimmter, in der Natur selbst begründeter sein soll. »Es gibt so viel Arten«, sagt Linné, »als der göttliche Geist im Anfang lebende Wesen erschaffen hat.« Oder, wie Agassiz sich ausdrückt, »jede Art ist ein verkörperter Schöpfungsgedanke.« Mit dieser Auffassung, mit diesem Dogma von der Konstanz der Spezies, stellt man sich auf den Boden der theologischen Kosmogonien und betrachtet jede Art als eine selbstständige, von allen übrigen Arten unabhängige Einheit, die mit den für ihre besondere Lebensweise passenden Eigenschaften und Trieben vom Schöpfer speziell ausgestattet ist.

Ganz anders fassen die Anhänger der philosophischen Entwicklungstheorien diese Verhältnisse auf. Nach ihrer Ansicht sind die verschiedenen Perioden, welche die anderen als scharf getrennte Abschnitte der Erdgeschichte unterscheiden, keineswegs durch bestimmte Grenzen voneinander geschieden, sondern gehen ebenso zusammenhängend ineinander über wie die Perioden, die man in der Geschichte der Menschheit annimmt. Wie hier, so trägt auch dort jede Periode ihren eigenen Charakter; niemals aber sind zwei aufeinander folgende Abschnitte etwa durch eine gewaltsame allgemeine Umwälzung getrennt, welche die bestehende Lebewelt vernichtet und eine neue Schöpfung im Beginn der neuen Periode erforderlich machte. Vielmehr ist stets ein unmittelbarer Zusammenhang vorhanden, und ein mehr oder weniger großer Bruchteil der lebenden Bevölkerung geht aus jeder älteren Periode unverändert in die nächst jüngere mit hinüber, mag deren Schichtenfolge auch noch so scharf abgeschlossen erscheinen. Die neuen Tiere und Pflanzen aber, die in den jüngeren Schichten plötzlich aufzutreten scheinen, sind mit gewissen anderen in der vorhergehenden Schicht so nahe verwandt, in einer gewissen Hinsicht ihnen so ähnlich, dass die Annahme gerechtfertigt ist, sie möchten von jenen direkt oder indirekt abstammen, und nur modifizierte, den veränderten Lebensbedingungen angepasste Abarten oder Varietäten jener früheren Arten darstellen.

Ihren Abschluss erreicht diese Idee in der konsequenten Annahme, dass alle Organismen einer Erdperiode von denen der vorhergehenden, mithin auch alle Lebewesen der Jetztwelt von denen der Vorwelt abstammen; durch merkliche genealogische Blutsverwandtschaft mit allen früher jemals auf der Erde vorhanden gewesenen Tieren und Pflanzen verbunden sind. Die Tatsache aber, dass uns die Entwicklungsgeschichte der Erde eine beständige ununterbrochene Vervollkommnung ihrer Bevölkerung, eine kontinuierliche Zunahme der Organismen-Arten an Zahl, Mannigfaltigkeit und Ausbildung nachweist sowie eine Reihe von anderen geologischen Tatsachen, deren Erörterung uns hier zu weit führen würde, zwingen uns zu der Annahme, dass alle diese verschiedenen Arten sich aus einigen wenigen, ja, vielleicht aus einer einzigen ursprünglichen Stammform auf dem Wege natürlicher Abstammung, verbunden mit fortwährender Vervollkommnung, entwickelt haben. Das ganze natürliche System der Pflanzen und Tiere erscheint von diesem Gesichtspunkt aus als ein großer Stammbaum, und eine jede genealogische Tabelle lässt sich am anschaulichsten unter dem Bild eines weit verzweigten Baumes darstellen, dessen ganz einfache Wurzel in der fernsten Vergangenheit verborgen liegt. Die vielen tausend grünen Blättchen des Baumes, die die jüngeren, frischeren Zweige bedecken und in ungleicher Höhe und Breite von dem Hauptstamm abstehen, entsprechen den jetzt noch fortlebenden Tieren und Pflanzenarten, die um so vollkommener sind, je weiter sie sich vom Urstamm entfernt haben. Die welken, verdorrten Blättchen dagegen, die sich an den älteren, abgestorbenen Ästen vorfinden, stellen die vielen erloschenen und ausgestorbenen Arten dar, welche in früheren Perioden die Erdrinde bevölkerten und umso mehr der ursprünglichen einfachen Stammform gleichen, je weiter sie zurückliegen.

Keine Art, vielleicht mit Ausnahme der ersten, ist also selbstständig erschaffen worden; vielmehr sind sie alle im Verlauf unermesslicher Zeiträume aus einigen wenigen oder einer einzigen, vielleicht spontan entstandenen Urform hervorgegangen, welche einem zwar langsamen und allmählichen, aber ununterbrochen wirkenden und zu höherer Vervollkommnung hindrängenden Entwicklungsgesetz unterworfen war. Der Begriff der Art ist dann ebenso veränderlich und willkürlich gefasst, ebenso wenig absolut abgeschlossen als die allgemeineren, höheren Begriffe der Gattung, Familie und Klasse. Neue Arten können aus bestehenden Arten hervorgehen.

Schon am Anfang dieses Jahrhunderts tauchte diese auf den ersten Blick so abenteuerlich erscheinende Idee in mehreren hervorragenden Köpfen gleichzeitig auf, und während Cuvier noch sein System ausbaute, erstand ihm bereits ein Gegner, welcher die Stützen desselben an der Wurzel zu zerstören drohte. Es war dies der berühmte französische Naturforscher Lamarck, welcher schon 1809 in seiner ausgezeichneten *Zoologie philosophique* eine vollständig durchdachte Theorie von der Entstehung der Pflanzen- und Tierarten durch allmähliche Abänderung einiger weniger spontan entstandener Urformen veröffentlichte. An ihn schloss sich die Schule der Naturphilosophen an, als deren bedeutendste Koryphäen in Frankreich Geoffroy St. Hilaire, in Deutschland Oken gelten müssen. Mit prophetischem Gedankenflug eilten diese tief denkenden Männer ihrem Zeitalter voraus und stellten wesentlich dieselben Ansichten über die wirkliche Blutsverwandtschaft der Organismen auf, deren wissenschaftliche Begründung durch Tatsachen erst Darwin und seinen Nachfolgern in den vier letztverflossenen Jahren vorbehalten blieb. Da jenen damals das empirische Material, besonders bezüglich der embryologischen und paläontologischen Entwicklung der Organismen, welche wir heute verhältnismäßig genau kennen, größtenteils mangelte, war es nicht zu verwundern, dass sie vielfach über die Grenzen der empirischen Forschung frei hinausstreiften und dadurch ihrem streng exakten Gegner Cuvier und seinen Schülern viele Angriffspunkte darboten. Seine Höhe erreichte der mit viel Aufwand von Scharfsinn geführte Kampf zwischen den beiden entgegengesetzten Richtungen in einer heftigen Diskussion, welche am 22. Februar 1830 in einer öffentlichen Sitzung der französischen Akademie zwischen Geoffroy St. Hilaire und Cuvier ausbrach und dem letzteren auf drei Dezennien hinaus den Sieg verschaffte. Dieser merkwürdige Konflikt ist von Goethe, der die naturphilosophischen Bestrebungen seiner Zeit mit so lebhaftem Interesse noch im spätesten Alter verfolgte und entschieden für Geoffroy und gegen Cuvier Partei nahm, in einem seiner letzten Aufsätze, wenige Tage vor seinem Tod, in höchst treffender und geistreicher Weise geschildert und beurteilt worden.

Dreißig Jahre hindurch blieb seitdem die streng innerhalb der Grenzen empirischer Forschung gehaltene Ideenrichtung von Cuvier herrschend, bis diese 1859 in ihrem Fundament erschüttert wurde durch das epochemachende Werk von Charles Darwin: »Über die Entstehung der Arten im Tier- und Pflanzenreich durch natürliche Züchtung«, oder Erhaltung der vervollkommneten Rassen im Kampf um das Dasein. Das wesentlich Neue und Wirksame der darwinschen Lehre liegt darin, dass die richtigen, aber mit vielen Irrtümern vermischten Entwicklungstheorien der früheren Naturphilosophen von diesen irrigen Bestandteilen gereinigt, außerdem aber mit tatsächlichen Beweisgründen belegt werden, welche zum Teil durchaus neu und eigentümlich, zum Teil aber den gegnerischen Ausführungen von Cuvier selbst entlehnt sind. Geoffroy und die anderen Naturphilosophen leiteten die vielfältigen Ähnlichkeiten und Beziehungen, die der Körperbau der Organismen uns darbietet, von einem gemeinsamen Bauplan ab, welcher der Organisation aller zu Grunde liege. Die Verschiedenheiten, welche neben dieser Grundähnlichkeit einhergehen, sollten sich im Verlauf der Fortpflanzung entwickeln, indem einzelne Organe stufenweise ausgebildet, andere entsprechend zurückgebildet würden. Diese Ableitung der Ähnlichkeiten oder Homologien aus dem Prinzip gemeinsamer Abstammung eignet sich Darwin an, vermeidet aber die prinzipielle Einseitigkeit derselben, indem er in höchst fruchtbarer Weise damit die scheinbar entgegengesetzte Behauptung Cuviers verknüpft, dass jedes Tier und jede Pflanze, unabhängig von einem gemeinsamen Bauplan, seine besondere, seinen Lebensbedingungen angemessene Organisation für sich allein erhalten oder vielmehr erworben habe, dass seine Größe, Farbe, Gestalt und innere Einrichtung der ihnen angewiesenen Lebensweise vom Schöpfer angepasst sei, oder sich selbst vielmehr den äußeren Existenzbedingungen angepasst habe.

Die hohe Wichtigkeit, welche die wirklich vorhandene Übereinstimmung im Bauplan der Organismen oder die »Unité de composition organique«, wie sie Geoffroy nennt, besitzt, wird von Darwin im Gegensatz zu Cuvier im vollsten Maße anerkannt und gewürdigt. Sie wird aber von ihm zugleich in der einfachsten und natürlichsten Weise erklärt, indem er sie auf das tiefer liegende und höchst wichtige Prinzip der Erblichkeit zurückführt.

Die Erblichkeit ist eine allgemeine Eigenschaft aller organisierten Naturkörper, ein allgemeines organisches Naturgesetz, dessen hohe Bedeutung wir gewöhnlich nur deshalb übersehen, weil wir im alltäglichen Leben überall und beständig seine Tätigkeit vor Augen haben und in den Wirkungen derselben selbst befangen sind. Von Kind auf sind wir daran so gewöhnt, dass wir eher die Abweichung von der Erblichkeit als diese selbst bewundern. Jedes Menschenpaar vererbt bekanntlich auf seine Kinder nicht allein die allgemeinen Eigenschaften des menschlichen Organismus, sondern auch eine gewisse Summe von körperlichen und geistigen Eigentümlichkeiten, die zum Teil in sehr bestimmter Weise die betreffenden Familienmitglieder von den übrigen Menschen auszeichnen. So sind z.B. in gewissen Familien sechs Finger an jeder Hand erblich vorhanden. Wie ferner die Farbe des Haares und der Augen, der Schnitt der Gesichtsbildung und andererseits bestimmte geistige Eigenschaften, Temperament, Neigung, Willenskraft sich innerhalb der Familien fortpflanzen, ist so allgemein anerkannt, dass eine weitere Aufzählung von Beispielen hier überflüssig ist.

Ebenso allgemein bekannt ist es aber andererseits, dass diese Erblichkeit niemals eine absolute, unbeschränkte, sondern stets nur eine relative, bedingte Erblichkeit ist. Wie ähnlich auch alle Kinder eines und desselben Menschenpaares untereinander sein mögen, wie sehr ihre körperlichen und geistigen Eigenschaften übereinstimmen, so sind sie dennoch sämtlich sowohl unter sich als von ihren Eltern durch gewisse besondere Eigentümlichkeiten geschieden, die nur diesem einen Individuum gerade zukommen, und die wir deshalb individuelle nennen können. Diese besonderen Eigenheiten sind zum Teil schon im Keim dieses Individuums, im Ei angelegt, da alle Organismen neben dem Gesetz der Erblichkeit zweitens auch einem allgemeinen Gesetz der Variabilität unterworfen sind, einer Neigung oder Fähigkeit, ihren besonderen Charakter nur in einem gewissen Maße unverändert, in anderen Beziehungen aber mehr oder weniger abgeändert auf ihre Nachkommen zu vererben. Zum Teil werden die individuellen Eigenschaften auch erst während des Lebens von den Individuen erworben, durch Anpassung an die äußeren Lebensbedingungen, und zwar besonders durch das Wechselverhältnis, in welchem jeder Organismus zu allem Übrigen, ihn Umgebenden besteht.

Wie sich nun die vererbten, von den Eltern überkommenen Eigenschaften, die sich schon viele Generationen hindurch in der Familie erblich erhalten haben, auch weiterhin auf die Nachkommen fortpflanzen, so kommt es andererseits auch häufig vor, dass eine individuelle, plötzlich an einem Einzelwesen zum ersten Mal aufgetretene oder erworbene Eigentümlichkeit sich in gleicher Weise auf dessen Nachkommen überträgt und so einer Reihe von Individuen, einem ganzen Familienzweig gemeinsam wird. So ist es z.B. sehr häufig mit gewissen Krankheiten der Fall, namentlich mit besonderen Geistesstörungen. Zunächst tritt immer eine solche Abweichung als Ausnahme von der Erblichkeit auf; dann aber wird sie selbst wieder diesem Gesetz der Vererbung unterworfen. Wenn wir mit Rücksicht hierauf den Stammbaum irgendeiner größeren menschlichen Familie entwerfen wollten, auf welchem neben den Namen eine kurze Charakteristik jeder Person sich befände, so würden wir finden, dass die ursprünglichen Familieneigentümlichkeiten sich mehr und mehr verwischen, je weiter wir von den Urahnen zu den späten Nachkommen herabsteigen. Je größer die Zahl der letzteren wird, je größer die Zahl der Zwischengenerationen, die sie von den Stammeltern trennt, desto mehr differenzieren sie sich, gehen in vieler Hinsicht auseinander, und desto mehr werden die alten erblichen Familienzüge durch neue Besonderheiten verwischt und verdrängt, die teils von jüngeren Voreltern ererbt, teils neu erworben sind. Wir werden an dem Stammbaum gewisse Gruppen und Untergruppen unterscheiden können, welche wir durch strahlenförmige divergierende Verwandtschaftslinien zu verbinden im Stande sind.

Genau dasselbe Verhältnis, welches bei den Menschen die Glieder einer Familie und eines Namens verbindet, findet sich auch im Tier- und Pflanzenreich allgemein verbreitet. Auch hier besitzt jedes Individuum teils Charaktere, welche es von den Eltern ererbt hat, teils solche, welche es selbstständig erworben hat und welche es wieder auf seine Nachkommen vererben kann. Das Prinzip der Erblichkeit ist auch hier allgemein herrschend und ist unter anderem von vielen Naturforschern benutzt worden, um den Begriff der Art, Spezies, festzustellen; es sollen nämlich nach weit verbreiteter Ansicht zu einer Art alle Individuen und nur diese gehören, welche von einem gemeinsamen Elternpaar ursprünglich abstammen. Diese Definition wird von Darwin nicht allein angenommen, sondern auch beträchtlich erweitert. Er gibt nämlich nicht nur zu, dass alle Individuen einer jeden Art einen gemeinsamen Stammvater haben, sondern behauptet dasselbe auch von allen Arten einer Gattung und ebenso weiterhin von allen Gattungen einer Familie. Endlich sollen auch alle Familien einer Klasse, z.B. alle Vögel, von einem gemeinsamen Stammvater, der noch viel weiter in der Reihe der Schöpfungsperioden zurückliegt und zuletzt die einzelnen Urväter aller Klassen von einer gemeinsamen einfachen Grundform abstammen. Aufgrund desselben Prinzips der Erblichkeit können aber auch fortwährend neue Arten entstehen. Dass bei vielen Arten gewisse Individuengruppen sich von anderen unterscheiden und oft sehr wesentlich, wird allgemein anerkannt und dadurch ausgedrückt, dass man dieselben Rassen, Unterarten oder Varietäten unterscheidet. Die Unterschiede zwischen Varietäten einer Art sollen aber niemals so groß sein wie diejenigen zwischen zwei nah verwandten Arten. Dieser Behauptung widerspricht Darwin, denn wenn einmal eine besonders stark abweichende Varietät oder ein einzelnes monströses Individuum eine gewisse Eigentümlichkeit so weit ausgebildet hat, dass der Unterschied zwischen ihm und der Stammart größer ist, als der Abstand zwischen der letzteren und den ihm zunächst verwandten Arten – wenn ferner das betreffende stark abweichende Individuum nun diese besondere Eigenheit auf seine Nachkommen ebenso vererbt – und wenn endlich diese Eigenheit mehrere Generationen hindurch sich unverändert erhält und so befestigt – so ist auf diese Weise aus der Varietät oder Rasse der ursprünglichen alten Art eine selbstständige neue gute Art hervorgebildet. Mehrere Arten können so durch die Wirkung der Erblichkeit aus einer hervorgehen.

Durch welche Umstände wird nun aber eine so plötzlich aufgetretene neue Art auch wirklich erhalten, und unter welchen Bedingungen pflanzt sie sich selbstständig neben der Stammform fort? Diese höchst wichtige Frage in ganz neuer und befriedigender Weise gelöst zu haben, ist Darwins besonderes Verdienst, und indem wir diese Bedingungen untersuchen, treten wir in den Kernpunkt der darwinschen Lehre ein, in die Betrachtung der höchst wichtigen Wechselverhältnisse der Organismen, welche er als »Kampf um das Dasein« und als »natürliche Zuchtwahl« bezeichnet.

Darwin geht hier zunächst aus von der wichtigen Tatsache, dass alle Organismen sich durch Nachkommen fortpflanzen, deren Zahl stets in mehr oder minder rascher Progression wächst. Alle Tiere und Pflanzen ohne Ausnahme streben sich in solchem Grad zu vermehren, dass sie, sich selbst überlassen und vor allen nachteiligen Einflüssen geschützt, jede für ihr Fortkommen geeignete Gegend in kurzer Zeit vollständig besetzt und bevölkert haben würden. Bei den Mäusen z.B., welche sich hier sehr rasch vermehren, würde schon nach wenigen Jahren die Nachkommenschaft eines einzigen Paares die ganze Erdoberfläche eingenommen haben. Aber auch bei dem Elefanten, welcher sich am langsamsten von allen Tieren fortpflanzt, würde schon nach fünfhundert Jahren die Nachkommenschaft eines einzigen Paares die ungeheure Summe von 15 Millionen Individuen betragen. Und doch ist hierbei nur das Minimum angenommen, dass jedes Elefantenpaar während seines ganzen Lebens bis zum neunzigsten Jahr nur sechs Junge zur Welt bringt. Unter den niederen Tieren dagegen gibt es, selbst schon unter den Fischen, viele, von denen jedes

Individuum jährlich nicht bloß hundert und tausend, sondern selbst hunderttausend und Millionen von Eiern produziert. In allen Fällen jedoch gelangt nur ein höchst geringer Bruchteil von diesen Keimen zur Reife, sodass er selbst wieder zur Fortpflanzung und zur Erhaltung der Art beizutragen vermag. Der bei weitem größte Teil geht schon in früherer Zeit zu Grunde.

Der Grund dieser Erscheinung liegt ganz einfach darin, dass nur eine bestimmte Anzahl von Stellen in dem großen Haushalt der Natur vorhanden ist, dass immer nur eine gewisse Zahl von Organismen auf dem beschränkten Raum unseres Erdballs gleichzeitig existieren kann. Man mag auf einem Acker von bestimmter Größe noch so viele Samen von einer einzigen oder von mehreren verschiedenen Pflanzenarten ausstreuen; immer wieder wird nur ein Bruchteil derselben zum Keimen kommen. Von diesen Keimlingen wird selbst wieder nur ein kleiner Teil zur Blüte und ein noch kleinerer Teil zur Fruchtbildung gelangen. Der größte Teil der massenhaft ausgestreuten Samen wird von Vögeln und anderen Tieren verzehrt. Auf den jungen Keimling, der sich über die Erde emporgearbeitet hat, lauern tausend Gefahren, umso mehr und umso größere, je jünger die zarten Keimpflanzen noch sind. Ein großer Teil derselben geht während des Emporwachsens dadurch zu Grunde, dass er von anderen seinesgleichen überwachsen, verdrängt, zum Verkümmern gebracht wird. Um den Bodenraum für die Wurzel, um Feuchtigkeit, Licht und Wärme findet zwischen allen benachbarten Individuen ein beständiges Ringen, ein Kampf statt, im welchem die Schwächeren unterliegen.

Ganz dasselbe Verhältnis wie diese beschränkten Arten bietet uns der Naturhaushalt im Großen und Ganzen dar. Auch hier kann immer nur eine bestimmte Anzahl von lebenden Wesen sich vollständig zur Reife entwickeln, während der bei weitem größte Teil früher zu Grunde geht. In den meisten Fällen ist das Ringen um die Existenz sehr kompliziert, und meistens sind eine ganze Anzahl von verschiedenen, an demselben Ort lebenden Tier- und Pflanzenarten durch ein gegenseitiges Wechselverhältnis verkettet, das uns gewöhnlich nur höchst unvollkommen bekannt ist.

So z.B. sind Fleisch fressende Raubtiere auf die Existenz gewisser Pflanzen von größtem Einfluss, indem die Insekten fressenden Tiere, welche hauptsächlich jenen Raubtieren zur Nahrung dienen, besonders gewisse Raubkäfer lieben, diese aber hauptsächlich von gewissen anderen Insekten leben, die auf bestimmte Pflanzen angewiesen sind. In dieser Kette ist jedes Glied durch das andere bedingt. Als ein klares Beispiel solcher oft höchst verwickelten Beziehungen führt Darwin den Einfluss an, welchen in England Katzen auf die Samenbildung des roten Klees ausüben. Die Blüten des roten Klees gehören zu denjenigen Blumen, welche nur durch Hilfe gewisser Insekten befruchtet werden können, und zwar sind dies besonders die

Hummeln. Die Hauptfeinde der Hummeln sind die Feldmäuse. Wo nun viele Katzen sind, die eine große Quantität Mäuse vertilgen, da werden die Hummeln zahlreicher sein und mithin der Klee öfter zur Samenbildung gelangen. In einem ähnlichen Gewebe von vielfachen Wechselbeziehungen ist jedes Tier und jede Pflanze gegenüber allen andern befangen, die mit ihm am selben Ort leben. In den meisten Fällen sind uns freilich diese Beziehungen unbekannt, dass sie aber überall vorhanden sind, lässt sich mit Gewissheit behaupten. Indem jedes Individuum für sich eine gewisse Quantität von Nahrung, einen gewissen Platz oder Standort in Anspruch nimmt, muss es notwendig mit zahlreichen Nebenbuhlern, die dasselbe Ziel erstreben, kämpfen. Überall in der Natur herrscht so, ebenso wie in der menschlichen Gesellschaft, schonungsloser und unaufhörlicher Krieg aller gegen alle. Und da die Zahl der Stellen im Naturhaushalt eine beschränkte ist, da nur für den kleinsten Teil der Keime Raum und Nahrung in ausreichendem Maße vorhanden ist, so müssen die allermeisten notwendig zu Grunde gehen.

Nun ist es klar, dass durchschnittlich in diesem Kampf um das Dasein diejenigen Individuen einer und derselben Spezies die übrigen überwinden und überleben werden, welche in irgendeiner Beziehung günstiger gestellt sind, welche mehr Kraft besitzen, ihren Angreifern zu widerstehen, oder mehr Schnelligkeit, ihren Verfolgern zu entgehen, oder welche sonst durch irgendeine besondere Organisationseigentümlichkeit einen Vorzug vor den übrigen voraus haben. Immer werden es also im Ganzen die schwächeren und schlechteren Individuen sein, welche unterliegen und aussterben, die stärkeren und begabteren, welche überleben und sich fortpflanzen.

Wiederholt sich dieser Vorgang bei einer und derselben Art viele Generationen hindurch, so muss eine unausgesetzte Vervollkommnung die Folge davon sein. Zwar wird in jedem einzelnen Fall die Zunahme der Vollkommenheit wieder sehr gering und gewöhnlich unmerklich sein. Indem aber diese an sich geringe Verbesserung sich sehr oft wiederholt, so wird doch zuletzt durch fortgesetzte Häufung und durch Zusammenwirken der vielen kleinen Verbesserungen ein so vervollkommneter Zustand des Organismus eintreten, dass das Endglied der langen Reihe von dem Stammvater, dem ersten Glied, sehr beträchtlich abweicht.

Diese fortschreitende Vervollkommnung der Arten gewinnt nun aber dadurch außerordentlich an Bedeutung, dass sie mit der oben erläuterten Variationsneigung zusammenwirkt, mit der allgemeinen Eigenschaft aller Organismen, nicht die ganze Summe ihrer Eigenschaften unverändert auf die Nachkommen zu vererben, sondern innerhalb gewisser Grenzen abzuändern. Es wurde vorher gezeigt, dass diese Abänderungen bei vielen Arten so weit gehen, dass wir eine Anzahl verschiedener Rassen oder Spielarten in jeder Art unterscheiden können. Nun ist es klar, dass dieselben, ebenso wie die einzelnen ungleichen Individuen, im Kampf um das Dasein ungleich gestellt sein werden. Die eine Rasse oder Varietät wird durch besondere Eigentümlichkeiten mehr, die andere weniger begünstigt sein, und die natürliche Folge muss sein, dass, wenn mehrere Rassen einer und derselben Art am selben Ort miteinander um das Dasein kämpfen, die kräftigeren, vollkommeneren oder durch gewisse Eigenschaften begünstigteren Rassen die anderen, schwächeren und weniger begünstigteren überwinden und verdrängen werden.

Auf diesem Weg sind z.B. nach Darwin die so häufig zu beobachtenden sogenannten sympathischen Färbungen der Tiere entstanden, das heißt die Übereinstimmung in den Farben ihrer Haut und ihres Wohnortes. Käfer, Blattläuse und andere auf Blättern lebende Insekten, die besonders auf bunten Blumen sich aufhalten, sind bunt gefärbt. Die Bewohner der weiten Steppen und Sandwüsten, z.B. die Gazellen, Springmäuse, Schakale usw. teilen fast sämtlich die gelbe oder gelbbraune Farbe des Sandes. Die meisten Polarbewohner sind weiß wie der Schnee und das Eis, auf dem sie leben; ja unter den letzeren gibt es viele, wie die Schneehasen, die Schneehühner, die Polarfüchse, welche im Winter, wenn das ganze Land schneebedeckt ist, weiß, im Sommer dagegen, wo der Schnee teilweise fortgeschmolzen ist, grau oder braun gefärbt sind. Diese merkwürdigen, sympathischen Färbungen erklären sich ganz einfach daraus, dass sie den betreffenden Tieren sehr nützlich sind und ihnen einen bedeutenden Vorzug vor anders gefärbten Individuen derselben Art gewähren. Offenbar werden diejenigen Individuen, deren Farbe sich am wenigsten von der ihres Wohnorts unterscheidet, von anderen, die sie verfolgen oder denen sie zur Nahrung dienen, am wenigsten gesehen und können also ihren Verfolgern leichter entgehen, sich ihrer Beute aber leichter nähern als anderen Individuen derselben Art, welche durch abstechende Färbung mehr auffallen und leichter bemerkt werden. Wenn also anfänglich von diesen Arten mehrere Spielarten von sehr mannigfacher Färbung nebeneinander existierten, so müssten späterhin die durch ihre Färbung bevorzugten jedenfalls die anderen verdrängen und überwinden. In ganz gleicher Weise lässt sich eine Menge scheinbar zufälliger Eigentümlichkeiten daraus erklären, dass sie den betreffenden Individuen oder Spielarten einen Vorzug vor anderen derselben Art verleihen. Letztere müssten ohne diesen Vorzug in dem Kampf um das Dasein notwendig ihren begünstigteren Mitbewerbern unterliegen.

Diesen höchst wichtigen Vorgang nennt Darwin die natürliche Auslese oder natürliche Zuchtwahl, indem er ihn mit der künstlichen Zuchtwahl vergleicht, welche der Mensch beständig bei der Kultur der Haustiere und Kulturpflanzen ausübt. Wenn wir die letzte Tätigkeit, die sogenannte Züchtung, näher ins Auge fassen, so finden wir, dass der Zweck des Züchters sich nicht darauf beschränkt, besonders brauchbare, gute, ihm nützliche Rassen zu erhalten und fortzupflanzen, sondern sich auch dahin erweitert, noch bessere, noch nützlichere Spielarten zu schaffen, zu erziehen oder, wie man sich kurz ausdrückt, die Rasse zu veredeln.

Diesen Zweck erreicht der Züchter lediglich dadurch, dass er zur Nachzucht, zur Fortpflanzung nur die besten und tüchtigsten Individuen benutzt. Oder, wenn er einen speziellen Züchtungszweck verfolgt, nur diejenigen, welche die ihm wünschenswerte Eigentümlichkeit in besonderem Grad entwickelt zeigen. So nimmt der Gärtner die Samen zur Aussaat nur von den besten und stärksten Samenpflanzen. Der Landwirt sucht aufs Sorgfältigste zur Nachzucht nur diejenigen Tiere aus, die sich von den übrigen derselben Herde durch Größe oder Schnelligkeit oder Kraft oder irgendeine besondere, ihm erwünschte individuelle Eigenschaft auszeichnen. Diese individuellen Vorzüge erscheinen dann gewöhnlich bei den Nachkommen wieder und zwar meist bei allen in ungleichem Grad. Werden dann von diesen wieder diejenigen zur Erzeugung der nächsten Generation ausgesucht, welche jene Eigenschaft am deutlichsten ausgeprägt zeigen und so fort, so wird der Vorzug bei den Nachkommen noch stärker hervortreten, und wenn dieselbe sorgfältige Auswahl viele Generationen hindurch fortgesetzt wird, so erscheinen schließlich die späten Nachkommen in so hohem Grad veredelt, haben einen gewissen Vorzug oder eine Summe vorzüglicher Eigenschaften so sehr entwickelt, dass die neu entstandene Form nicht mit dem viel unvollkommeneren alten Stammvater zu derselben Art zu gehören scheint. Die Differenzen zwischen den verschiedenen Rassen sind dann so groß geworden, dass wir sie unbedingt als ganz verschiedene Arten oder sogar als verschiedene Gattungen ansehen würden, wenn wir nicht wüssten, dass sie von einer und derselben Stammart durch fortgesetzte Abänderung entstanden und durch Zwischenstufen mit derselben verbunden sind. Die Mehrzahl unserer Haustiere ist in dieser Weise schon so weit von der wilden Stammform abgewichen, dass wir über die letzten ganz im Unklaren sind.

Genau derselbe Vorgang, den der Mensch hier zu seinem Nutzen willkürlich hervorruft und leitet, findet nach Darwin bei den wilden, im Naturzustand befindlichen Tieren und Pflanzen fortwährend zum Nutzen und zur beständigen Vervollkommnung dieser Geschöpfe selbst statt. Neue vollkommene Rassen entstehen fortwährend und veredeln sich im Kampf ums Dasein, während die unvollkommenen Rassen, ebenso wie oft die alten Stammformen zurücktreten, erlöschen und aussterben. Die Auslese der besten und tüchtigsten Individuen zur Nachzucht, welche bei der künstlichen Zuchtwahl nach des Menschen Willen und Absicht erfolgt, dieselbe wird im Naturzustand, bei der natürlichen Züchtung, durch die Notwendigkeit der Wechselbeziehungen zwischen allen Organismen erreicht, durch die Bedingungen, welche der Kampf um das Dasein einem jeden auferlegt.

Die Veränderung der Art fällt aber nicht, wie bei der künstlichen Auslese, zum Vorteil des Menschen aus, sondern zum Vorteil der veränderlichen Tiere und Pflanzen selbst. Das Ringen um die Existenz ist so allgemein, die Wechselwirkung aller Organismen so kompliziert, die Zahl der in Mitbewerbung befindlichen Individuen so groß, dass nur die besonders bevorzugten Individuen den Kampf bestehen können, während die bei weitem größere Zahl der schwächeren und unfähigen zu Grunde geht. Ganz unstreitig muss aus diesem allgemeinen Vorgang, wenn man ihn im Großen und Ganzen betrachet, eine beständige, allmähliche Veränderung der ganzen lebenden Welt, eine progressive Metamorphose, eine fortschreitende Umformung und Veredelung aller Organismen mit Notwendigkeit folgen. Die niedrigeren, unvollkommeneren Formen werden beständig erlöschen, die höheren, vollkommeneren fortdauern, und diese werden selbst wieder einer noch größeren Anzahl von noch vollkommeneren Formen durch fortdauernde Variation und Auseinandergehen in neue Spielarten den Ursprung geben.

Dass auf diesem Weg noch fortwährend Varietäten und Rassen entstehen, gibt jeder Zoologe und Botaniker zu, denn die Variationsfähigkeit der Arten ist unbeschränkt. Die meisten treten nur der weiteren Ausdehnung dieses Vorganges entgegen, welche Darwin behauptet, indem er auf ganz dieselbe Weise auch neue Arten und Gattungen entstehen lässt und weiterhin nach Analogie schließt, dass auf dieselbe Weise auch Gattungen aus Familien und Familien aus Klassen hervorgegangen seien.

Freilich sind wir nicht im Stande, diese letzteren Schlüsse durch direkte Beobachtung zu beweisen, denn obgleich die natürliche Züchtung fortwährend und überall tätig ist und jede günstige Chance benutzt, welche die Variation der Arten und der Kampf um das Dasein für die Entstehung neuer selbstständiger Formen darbietet, so wirkt sie doch andererseits sehr langsam und allmählich und erfordert meistens sehr lange Zeiträume, um das Resultat dieser beständigen Umformung unserem Auge sichtbar zu machen. Die natürliche Züchtung scheint auch zur Hervorbringung einer so selbstständigen Form, dass sie als gute Art betrachtet werden kann, weit längere Zeit zu brauchen als die künstliche Züchtung, bei welcher viele Umstände die Befestigung der neuen Form viel mehr begünstigen. Wenn aber schon viele Generationen nötig sind, um eine neue Art durch allmähliche Veränderung entstehen zu lassen, so übersteigen ohne Zweifel die Zeiträume, welche nötig sind, um aus einer einzigen Stammform eine ganze Gattung oder Familie oder gar eine ganze Klasse hervorgehen zu lassen, vollständig unsere Fassungskraft. Für eine solche Entwicklungsreihe sind Epochen erforderlich, welche nicht Hunderte und Tausende, sondern Hunderttausende und Millionen von Jahren umfassen. Die gesamte Erdgeschichte selbst aber vom Auftreten der ersten und einfachsten organischen Urform bis zu der reichen und mannigfaltigen Formenreihe der jetzigen Pflanzen- und Tierwelt herab setzt sich erfahrungsgemäß wieder aus einer erstaunlich langen Reihe von solchen Epochen zusammen. Vor den Ewigkeiten dieser Zeiträume, welche wir zwar annähernd berechnen, aber nicht anschaulich uns vorstellen können, tritt der letzte Moment derselben, die vielen tausend Jahre nämlich, seit denen der Mensch als das jetzige Endglied der Schöpfungskette auftrat, völlig verschwindend zurück. Darüber belehren uns die unwiderleglichen Erfahrungen der Geologie.

Wenngleich nun aus diesem Grund der direkte Beweis für die Entstehung großer Untergruppen aus einer einzigen Art gegenwärtig noch nicht durch unmittelbare Beobachtung zu liefern ist, so kennen wir doch eine große Summe von Tatsachen, welche für die Wahrheit der darwinschen Theorie in überzeugender Weise Zeugnis ablegen. Ganze Reihen der wichtigsten Naturerscheinungen lassen sich ohne sie gar nicht erklären und finden durch sie eine ebenso einfache wie harmonische Erklärung.

Dahin gehört vor allem die stufenweise fortschreitende Entwicklung, welche in der Reihenfolge der aufeinanderfolgenden Erdperioden die organische Bevölkerung derselben durchläuft. In den ältesten abgelagerten Erdschichten, in denen überhaupt noch deutlich erkennbare Reste enthalten sind, hat man überall nur sehr wenige und sehr einfach organisierte Vertreter von einzelnen großen Hauptabteilungen des Tier- und Pflanzenreichs entdeckt. Wenn man von da an Stufe für Stufe in der Schichtenfolge aufwärts steigt, so bemerkt man, wie diese niedrigen, unvollkommenen Geschöpfe durch zahlreichere, höhere, vollkommenere Formen verdrängt werden. Nicht nur wächst in jeder höheren, der Jetztwelt näher liegenden Epoche die Zahl der Organismen im Ganzen, sondern es werden auch die einfachen Formen mehr und mehr durch kompliziertere und mehr differenzierte ersetzt.

So z.B. finden wir von der Gruppe der Wirbeltiere in den ältesten Fossilien führenden Gesteinen nur unvollkommene Knorpelfische vor. Späterhin treten an deren Stelle höhere Fische, welche der Mehrzahl der jetzt lebenden Knochenfische sich mehr und mehr nähern. Auf diese folgen dann Amphibien (Labyrinthodonten), späterhin die Reptilien, besonders kolossale und vielgestaltige Eidechsen, und erst nachdem diese kaltblütigen Vierfüßer eine sehr langsame und lange andauernde Vervollkommnung bis zu vogelähnlichen Formen, den fliegenden Eidechsen, und bis zu Pachydermen ähnlichen, schwerfälligen Riesen, den Dinosauriern, durchgemacht haben, treten endlich in den jüngeren Erdformationen die höheren Wirbeltiere auf, die warmblütigen Vögel und Säugetiere.

Auch von diesen letzteren sind anfangs nur känguruhartige Beuteltiere vorhanden, die auf der tiefsten Stufe der Ausbildung in dieser Klasse stehen, und erst sehr allmählich entwickeln sich aus denselben die höheren vollkommeneren Säugetiere, welche endlich in der Ausbildung der menschenähnlichen Affen und zuletzt der Menschen selbst ihre höchste Stufe erreichen.

Nach allem, was wir von den frühesten Zeiten menschlicher Existenz auf der Erde wissen, sind wir zu der Annahme berechtigt, dass auch der Mensch weder als eine gewappnete Minerva aus dem Haupt des Jupiter hervorgesprungen noch als ein erwachsener, sündenfreier Adam aus der Hand des Schöpfers hervorgegangen ist, sondern sich nur äußerst langsam und allmählich aus dem primitiven Zustand tierischer Rohheit zu den ersten einfachen Anfängen der Kultur emporgearbeitet hat. Dafür sprechen außer verschiedenen, durch die neuere Geologie und Altertumsforschung an das Licht geförderten Tatsachen ganz besonders die neueren Entdeckungen auf dem Gebiet der vergleichenden Sprachforschung. Auch die Sprache trat nicht mit einem Mal plötzlich und unvermittelt als der vielgliedrige Organismus auf, den der Mensch gewöhnlich als besonderen Vorzug seiner Natur vor der tierischen rühmt. Vielmehr entstand auch die Sprache erst allmählich aus wenigen einfachen tierischen, rohen Lauten, die zur Bezeichnung der nächstliegenden Gegenstände und Bedürfnisse dienten. In wenig vollkommenerer Form verharrt die Sprache auch heute noch bei einigen Naturvölkern niedersten Ranges. Sehr langsam wuchs die Zahl dieser Ausdrücke, und sie wurden zu Silben und Worten, noch später zu einfachen Sätzen verbunden. Wie lange aber mag es gedauert haben, ehe sich aus dieser einen oder diesen wenigen einfachen Ursprachen durch fortschreitende Entwicklung und Differenzierung die vielfach verschiedenen Sprachstämme und Zweige entwickelten, welche die vergleichenden Linguisten nach ihrer näheren und entfernteren Verwandtschaft ebenso in ein baumförmig verzweigtes System ordnen, wie dies die Zoologen und Botaniker mit den Familien der Tiere und Pflanzen tun. Wie die Verwandtschaftsbeziehungen der letzteren sind auch die der Sprachen nur aus dem Prinzip der gemeinsamen Abstammung und der fortschreitenden Entwicklung zu erklären und zu verstehen.

Dasselbe Gesetz des Fortschritts finden wir dann weiterhin in der historischen Entwicklung des Menschengeschlechts überall wirksam; ganz natürlich, denn auch in den bürgerlichen und geselligen Verhältnissen sind es wieder dieselben Prinzipien, der Kampf um das Dasein und die natürliche Züchtung, welche die Völker unwiderstehlich vorwärts treiben und stufenweise zu höherer Kultur emporheben. Rückschritte im staatlichen und sozialen, im sittlichen und wissenschaftlichen Leben, wie sie die vereinigten selbstsüchtigen Anstrengungen von Priestern und Despoten in allen Perioden der Weltgeschichte herbeizuführen bemüht gewesen sind, können wohl diesen allgemeinen Fortschritt zeitweise hemmen oder scheinbar unterdrücken; je unnatürlicher, je anachronistischer aber diese rückwärts gerichteten Bestrebungen sind, desto schneller und energischer wird durch sie der Fortschritt herbeigeführt, der ihnen unfehlbar auf dem Fuße folgt. Denn dieser Fortschritt ist ein Naturgesetz, welches keine menschliche Gewalt, weder Tyrannenwaffen noch Priesterflüche jemals dauernd zu unterdrücken vermögen, und nur durch eine fortschreitende Bewegung ist Leben und Entwicklung möglich. Schon der bloße Stillstand ist ein Rückschritt, und jeder Rückschritt trägt den Keim des Todes in sich selbst. Nur dem Fortschritt gehört die Zukunft.

Wie die Tatsache der fortschreitenden Entwicklung sich aus Darwins Theorie vollkommen erklärt, so verhält es sich auch mit der anderen nicht minder wichtigen Tatsache, dass alle Geschöpfe, welche jetzt leben und welche jemals gelebt haben, zusammen ein einziges großes Ganzes bilden, einen einzigen uralten, weitverzweigten Lebensbaum, dessen sämtliche Teile bis in die feinsten Verzweigungen hinein nirgends isoliert, nirgends durch scharfe Lücken getrennt, sondern überall durch Zwischenglieder und Übergänge unmittelbar verbunden sind. In dieser Beziehung bildet das Studium der fossilen ausgestorbenen Tieren und Pflanzen eine notwendige Ergänzung zu der Naturgeschichte der heutigen Lebenswelt. Denn viele Lebewesen, welche in ihrer äußeren Körperform und inneren Organisation heutzutage weit verschiedener zu sein scheinen, werden aufs Innigste durch eine Kette vermittelnder Zwischenformen verbunden, deren Existenz zum Teil weit, weit in der Erdgeschichte zurückliegt. Will man daher ein sogenanntes natürliches System der Lebewesen aufstellen, so müssen notwendig die fossilen ausgestorbenen Formen ebenso wie die jetzt noch lebenden berücksichtigt werden. Erst wenn dies geschieht, erscheint das ganze natürliche System als ein einziger großer, organisch gegliederter Körper, als ein weitverzweigter Baum, dessen sämtliche Zweiggruppen, Abteilungen und Unterabteilungen durch strahlenförmig auseinandergehende Verbindungslinien verknüpft sind.

Diese auf den ersten Blick so überraschende Tatsache lässt sich durch keine andere Hypothese erklären als durch Darwins Annahme einer gemeinsamen Abstammung. Der mächtige, weitverzweigte Bau, unter dessen Bild man sich das natürliche System stets am Klarsten vorstellt, erhält dann seine volle Bedeutung als großer gemeinsamer natürlicher Stammbaum aller Tiere und Pflanzen, und das Wort Verwandtschaft bleibt nicht, wie bisher, ein bloß bildlicher Ausdruck, welcher den Grad der Ähnlichkeit oder Unähnlichkeit zwischen lebenden Wesen andeuten soll, sondern gewinnt seine volle ursprüngliche, sachliche Bedeutung wieder, indem er uns die gemeinsame Abstammung derselben von einem Stammvater, ihre wirkliche Blutsverwandtschaft, enthüllt. Längst schon hat man die näheren oder entfernteren Ähnlichkeitsbeziehungen, welche die neben und untereinander geordneten Gruppen verbinden, mit jenem Ausdruck der natürlichen Verwandtschaft bezeichnet, ohne zu ahnen, dass das vermeintliche Bild das wahre Wesen jener Beziehungen in der einzig richtigen Weise ausdrückt.

Ebenso wie uns Darwins Hypothese so den Schlüssel zum Rätsel der Verwandtschaft liefert, so erklärt sie auch die meisten anderen Erscheinungen der organischen Natur in ebenso einfacher als schlagender Weise, so z.B. die merkwürdigen Verhältnisse in der geografischen Verbreitung der Tiere und Pflanzen, die Erscheinungen der Arbeitsteilung, des Generationenwechsels, der Metamorphose, die Bedeutung der sogenannten rudimentären Organe, die morphologisch ebenso höchst wichtig wie physiologisch gänzlich wertlos sind. Endlich vor allem die höchst wichtige dreifache Parallele zwischen der embryologischen, der systematischen und der paläontologischen Entwicklung der Organismen. Auf diese dreifach parallele Stufenfolge, die ich für einen der stärksten Beweise der Wahrheit der Entwicklungstheorie halte, hier näher einzugehen, ist leider durch die zugemessene Zeit nicht gestattet. Diese und noch viele andere höchst interessante Phänomene, die von den früheren Naturforschern als »kuriose Naturspiele« angestaunt wurden, erscheinen uns ohne die Entwicklungstheorie als seltsame, unbegreifliche Rätsel, während sie durch dieselbe aus einem und demselben Gesichtspunkte sich erklären.

Freilich dürfen wir nun aber andererseits nicht vergessen, dass Darwins Entwicklungstheorie keineswegs ein reifes, fertiges, abgeschlossenes Lehrgebäude bildet; vielmehr liefert sie nur die Grundlinien eines zukünftigen und gibt den ersten mächtigen Anstoß zu einer durchgreifenden Reform des bestehenden. Viele Lücken und schwache Stellen des jungen aufstrebenden Baums erleichtern den zahlreichen Gegnern den Angriff sehr. Andererseits sind uns gewiss noch sehr viele Beziehungen ganz oder fast ganz unbekannt, die doch vielleicht von nicht minderem Gewicht für die Entstehung der Arten sind als die von Darwin allzu einseitig betonte natürliche Züchtung im Kampfe um das Dasein. Nicht weniger einflussreich als diese Wechselbeziehungen dürften in vielen Fällen die von Darwin doch wohl allzu sehr vernachlässigten äußeren Existenzbedingungen der anorganischen Natur sein, Klima und Wohnort, geographische und topografische Verhältnisse, denen sich die Charaktere der Organismen in sehr vielen Beziehungen anpassen.

Ein anderer und wohl der wichtigste Mangel der darwinschen Lehre liegt darin, dass sie uns für die spontane Entstehung oder Urzeugung des einen oder der wenigen allerältesten Stammorganismen, aus denen sich alle anderen entwickelten, keine Anhaltspunkte liefert. War es eine einfache Zelle, eine solche, wie sie noch jetzt an der zweifelhaften Grenze von Tier- und Pflanzenreich als selbstständige Wesen zahlreich existieren, oder eine solche, wie sie die Eier wohl aller Organismen zu irgendeiner Zeit darstellen? Oder war es in noch früherer Zeit bloß ein einfaches belebtes, der Ernährung, Fortpflanzung und Entwicklung fähiges Schleimklümpchen, ähnlich gewissen amöbenartigen Organismen, die noch nicht einmal die Organisationshöhe einer Zelle erreicht zu haben scheinen?

Auf diese und viele andere Fragen gibt auch der neue Aufschwung der Entwicklungstheorie durch Darwin keine Antwort. Indes erscheint das gewiss nicht befremdend, wenn man bedenkt, dass erst vor vier Jahren diese Untersuchungen durch Darwins epochemachende Arbeiten in jene fruchtbare Bahn hineingelenkt wurden, während die Mehrzahl der früheren Naturforscher bisher ein völlig entgegengesetztes Ziel verfolgt hat. Deshalb hat Darwins neue Schöpfungstheorie auch gerade unter den älteren Naturforschern zahlreiche und manche bedeutende Gegner gefunden. Wenn wir aber an die größte Entdeckung zurückdenken, die der Mensch je gemacht hat, an die Auffindung des Gravitationsgesetzes der Himmelskörper, und wenn wir bedenken, wie diese jetzt allgemein anerkannte Entdeckung Newtons ihrer Zeit nicht allein von vielen Priestern und Laien, sondern selbst von sehr bedeutenden Philosophen und Naturforschern wie z.B. von Leibniz, als eine verderbliche, revolutionäre, ketzerische Irrlehre verdammt und verfolgt wurde, so werden wir uns wahrlich nicht wundern, wenn derselbe ohnmächtige Bannfluch auch die Entwicklungstheorie Darwins trifft, diesen gewaltigsten naturwissenschaftlichen Fortschritt unserer Zeit, der für die organische Natur Ähnliches zu leisten verspricht, als Newtons Gravitationsgesetz für die anorganische geleistet hat.

Und so schließe ich denn, von der Wahrheit der Abstammungstheorie so fest als Darwin selbst überzeugt, diesen unvollkommenen Versuch einer kurzen Darstellung derselben, indem ich die Worte anführe, mit denen der Übersetzer Darwins, Bronn, obwohl selbst nur sehr bedingt der Theorie zustimmend, das Werk am Schluss empfiehlt: »Die Möglichkeit, nach Darwins Theorie alle Erscheinungen in der organischen Natur durch einen einzigen Gedanken zu verbinden, aus einem einzigen Gesichtspunkt zu betrachten, aus einer einzigen Ursache abzuleiten, die Möglichkeit, eine Menge bisher vereinzelt gestandener Tatsachen den übrigen aufs Innigste anzuschließen und als notwendige Ergänzungen derselben darzulegen, die Möglichkeit, die meisten Probleme daraus aufs Schlagendste zu erklären, drücken ihr den Stempel der reinen Wahrheit auf und berechtigen zu der Erwartung, auch die für diese Theorie noch vorhandenen großen Schwierigkeiten endlich zu überwinden.«

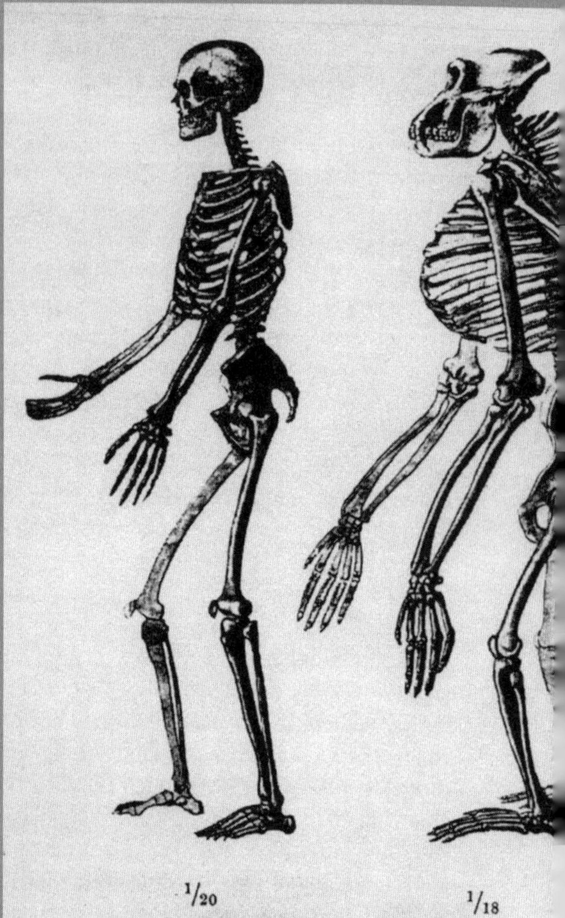
1/20
Mensch (Homo)
1/18
Gorilla (Gorilla

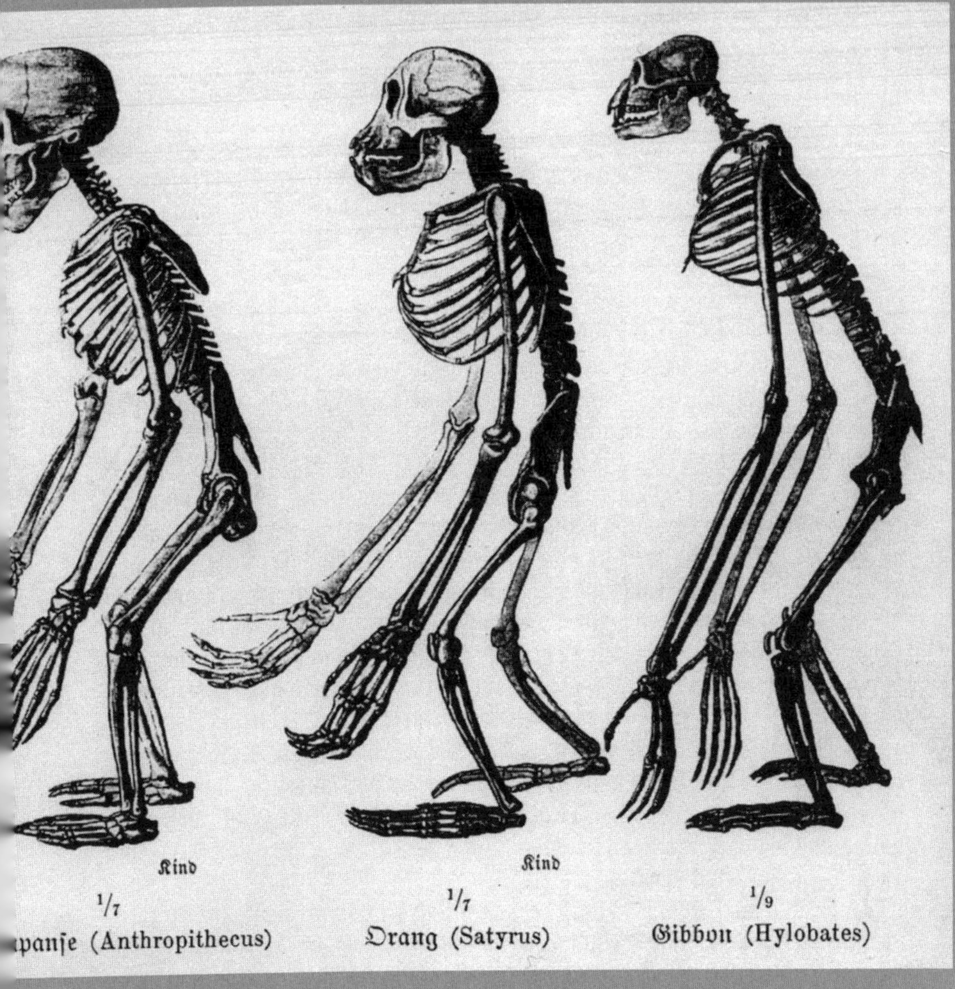

»Skelette von fünf Menschenaffen (Anthropomorpha)« (Haeckel 1905)

Biografie II **Auf der Suche nach dem Guten, Wahren, Schönen**
1862 – 1895

Nach der Lektüre von Darwins epochemachendem Werk in der ersten deutschen Übersetzung durch den Heidelberger Zoologen Bronn (1860) bekennt sich Haeckel spontan zu dieser noch sehr umstrittenen Theorie und wertet sie als einen ersten ernst gemeinten wissenschaftlichen Versuch, alle Erscheinungen der organismischen Natur von einem einheitlichen Gesichtspunkt aus zu erklären und an die Stelle von Wundern etc. »das begreifliche Naturgesetz« zu setzen. Der Gedanke an die Möglichkeit einer Veränderung der Organismen über die Artgrenzen hinaus hatte bis dahin noch keine Rolle gespielt, obwohl derartige Vorstellungen zu dem Zeitpunkt durchaus bekannt waren. Sie wurden oft als naturphilosophische Spekulationen abgetan.[1]

Mit der frühen Entscheidung für Darwin fixiert Haeckel sein künftiges Forschungsprogramm. Ein offenes und leidenschaftliches Engagement für die Anerkennung und Weiterführung der neuen Evolutionstheorie ist von nun an charakteristisch für sein Schaffen. Den erfolgreichen Darwin-Vorlesungen im Herbstsemester 1862/63 an der Jenaer Universität, die in der Folgezeit zum Anziehungspunkt für Studenten aus vielen Ländern werden, folgt sein viel beachteter und aufsehenerregender Vortrag auf der 38. Versammlung der deutschen Naturforscher und Ärzte in Stettin am 19. September 1863, »Ueber die Entwickelungstheorie Darwins«. Der Vortrag thematisiert von Beginn an (und im Gegensatz zu Darwin 1859) die Entstehung und Herkunft des Menschen sowie dessen Platz im Tierreich. So benennt Haeckel explizit den Menschen als das am höchsten organisierte Wirbeltier und dessen gemeinsame Vorfahren in »affenähnlichen Säugethieren«, »känguruhartigen Beutelthieren«, »eidechsenartigen Reptilien« und »niedrig organisirten Fischen.«[2]

Haeckel ist sich aber auch bewusst, dass sein Eintreten für Darwin nicht ohne Kontroversen und wissenschaftlich geführte Kämpfe vor sich gehen kann. Ihn fasziniert von Anfang an die Dimension dieses Kampfes, der das »grosse Heerlager der Zoologen und Botaniker, der Paläontologen und Geologen, der Physiologen und Philosophen in zwei schroff gegenüberstehende Parteien gespalten« hat. Auf der einen Seite stehen dabei die progressiven Darwinisten und favorisieren in ihrer Argumentation »Entwicklung und Fortschritt!«, auf der anderen Seite rufen die »conservativen Gegner Darwin's« nach »Schöpfung und Species!«[3] Für Haeckel selber findet – auch wenn er es so noch nicht benennt – Evolution als solche statt, und der Mensch ist Teil davon: indem er eben nicht »als eine gewappnete Minerva aus dem Haupte des Jupiter« bzw. »als ein erwachsener sündenfreier Adam aus der Hand des Schöpfers« hervorgegangen ist.[4] Dafür sprächen neuere Entdeckungen aus der Geologie und Altertumsforschung ebenso wie aus der vergleichenden Sprachforschung, fossile Funde kann er leider noch nicht anführen; der sogenannte Neandertaler wird erst 1856 entdeckt, 1890/91 der Pithecanthropus. Als stärksten Beweis »der Wahrheit der Entwickelungstheorie« führt Haeckel die »dreifache Parallele zwischen der embryologischen, der systematischen und der palaeontologischen Entwickelung der Organismen« an, eine Begriffskonstruktion, die später für die interdisziplinäre Genese bestimmter biowissenschaftlicher Disziplinen ausschlaggebend wird. Nicht mehr nur eine Fachdisziplin gibt dem Forscher Auskunft über den Gang der Evolution, sondern gleich mehrere: die Lehre von der Keimesentwicklung (Embryologie), die Wissenschaft von Lebewesen vergangener Erdzeitalter (Paläontologie) und die Wissenschaft von den Ordnungen sowie der Bestimmung und Benennung der Lebewesen (Systematik/Taxonomie).

Die Voraussetzung für das Entstehen neuer Arten bildet nach Haeckel die Wechselwirkung zwischen Vererbung und Anpassung. Durch die Fortpflanzung werden über den Zellkern nicht nur die charakteristischen Artmerkmale vererbt, sondern in bestimmtem Maße (und zwar über die Ernährung und das Zellplasma) auch Eigenschaften, die durch Umwelteinflüsse während des individuellen Lebens erworben wurden. Die auf diese Weise modifizierten Nachkommen unterliegen der natürlichen Auslese, die über ihr weiteres Schicksal entscheidet. Dieser Versuch Haeckels, Darwins Selektionstheorie mit der Hypothese Lamarcks von der Vererbung erworbener Eigenschaften (Lamarckismus) in Einklang zu bringen, gründet sich ebensowenig auf Experimente und Untersuchungen wie seine späteren Vorstellungen über die *Perigenesis der Plastidule* (1876), die auf der Annahme basieren, dass den Lebensteilchen bestimmte Wellenbewegungen eigen sind. Darwin, dem die individuellen Unterschiede zwischen den Organismen im Laufe der Jahrzehnte ebenfalls aufgefallen waren, war letztlich – wie Haeckel – auch nicht in der Lage, ein zutreffendes theoretisches Modell zu entwickeln, das diese Beobachtungen erklären konnte. Wegen der weitgehenden Unklarheit über die Gesetze der Vererbung – die Entstehung der Genetik mit Wiederentdeckung der Mendelschen Regeln um 1900 ließ noch mehrere Jahrzehnte auf sich warten –, hielt er ebenso lamarckistische Mechanismen für unverzichtbar. Darwin war sich zwar der Tatsache bewusst, dass nur die erbliche Variabilität für die Selektion Bedeutung hat, glaubte aber zugleich, dass ein Übergang zwischen erblichen und erworbenen Eigenschaften möglich sei. Er spekulierte ebenso über physiologische Mechanismen, die zwischen den Organen und Keimzellen vermitteln, und war Anhänger der Pangenesis-Theorie, nach der die Gewebe des Körpers direkt von den neuen Umweltbedingungen beeinflusst werden und in der Folge veränderte Gemmulae abwerfen, die mit ihren neu erworbenen Eigentümlichkeiten an die Nachkommen weitergegeben werden. All diese Tendenzen und Trends werden später in Haeckels Stammbaumdarstellungen miteinfließen. Besondere Beachtung verdient die Tatsache, dass Haeckel mit der Stettiner Rede seine eben erst begonnene akademische Laufbahn aufs Spiel setzt. Die Mehrzahl der damals führenden Biologen steht der darwinschen Theorie zu dem Zeitpunkt schließlich noch ablehnend oder zumindest abwartend gegenüber.

Fünf Monate nach dem Vortrag in Stetting trifft Haeckel an seinem dreißigsten Geburtstag mit dem Tod seiner Frau Anna ein schwerer Schicksalsschlag. Am selben Tag wird ihm als Anerkennung für die ungewöhnliche Radiolarien-Monografie, die auch aufgrund der vom Berliner Kupferstecher W. Wagenschieber meisterhaft ausgeführten Bildtafeln großes Interesse findet, die goldene Cothenius-Medaille der Leopoldina verliehen. Dass ein so junger Gelehrter diese Würde erhält, hat es bis dahin nicht gegeben und wiederholt sich auch nicht mehr. Mit seiner Frau Anna verliert Haeckel binnen kürzester Zeit den dritten innig geliebten Menschen und Freund. Im Jahr 1860 waren im Alter von 28 Jahren bereits sein Studienfreund Otto Beckmann sowie Friedrich Johannes Lachmann, ein langjähriger Assistent von Johannes Müller, verstorben. Haeckel verfällt in schwere Depressionen. Neben seinem Vater, der ebenfalls in jungen Jahren seine erste Frau verlor, ist es Italien-Freund Hermann Allmers, der Haeckel hilft, den Lebenswillen nicht aufzugeben und sich in die Arbeit zu vertiefen. Auch der Erfolg seiner Darwin-Vorlesung gibt Haeckel Kraft und Selbstbestätigung für sein weiteres Schaffen. Bis heute kann man es sein Verdienst nennen, dass vergleichende Anatomie und Entwicklungsgeschichte zu Beweismitteln der Abstammungslehre (Deszendenztheorie) geworden sind.

Das in der Stettiner »Jungfernrede« skizzierte Programm einer Reform der (evolutionären) Morphologie auf Basis der darwinschen Theorie, die gleichzeitig Grundlage für eine naturwissenschaftlich begründete Weltanschauung sein soll, verwirklicht er dann drei Jahre später konsequent in seinem Hauptwerk *Generelle Morphologie der Organismen*. Im bereits beschriebenen dreifachen Parallelismus (Einheit aus Embryologie, Paläontologie und Systematik) sieht Haeckel eine der größten, merkwürdigsten und wichtigsten allgemeinen Erscheinungsreihen der organischen Natur.[5] Diese Erklärung ist für ihn das »Grundgesetz der organischen Entwickelung«. Die *Generelle Morphologie* stellt zudem den genialen Versuch Haeckels dar, die Biologie als Wissenschaft auf der Basis der darwinschen Theorien grundlegend zu reformieren. Da es alle wesentlichen Grundgedanken der Evolutionstheorie enthält, die er in späteren Werken auszubauen versucht, kann das zweibändige Werk als das eigentliche Hauptwerk Haeckels angesehen werden.

Mithilfe der Morphologie, der Lehre von den Formen, versucht er, die Entstehung der vielfältigen Organismenwelt auf Grundlage der Abstammungslehre zu erklären. So findet sich auch erstmals eine Aussage zum wechselseitigen Kausalverhältnis von Ontogenie, der Entwicklung des einzelnen Lebewesens von der befruchteten Eizelle zum erwachsenen Lebewesen, und Phylogenie, der stammesgeschichtlichen Entwicklung der Gesamtheit aller Lebewesen. Haeckel notiert, dass die Ontogenesis die »kurze und schnelle Recapitulation der Phylogenesis« sei, beeinflusst durch die physiologischen Funktionen der Vererbung (über Fortpflanzung) und Anpassung (z.B. über die Ernährung). Das Individuum wiederhole hierbei während des raschen und kurzen Verlaufes seiner individuellen Entwicklung die wichtigsten derjenigen Formveränderungen, welche seine Eltern und Ahnen während des langsamen und langen Laufes ihrer paläontologischen Entwicklung nach den Gesetzen der Vererbung und Anpassung durchlaufen haben.[6] Vererbung und Anpassung werden als die treibenden Faktoren des Entwicklungsprozesses bezeichnet. (Bei Darwin waren es u.a. die Variation und Selektion.) Zwei Jahre später, in seiner *Natürlichen Schöpfungsgeschichte*, stellt Haeckel das Kausalverhältnis von Ontogenie und Phylogenie nochmals als bedeutsamsten und unwiderlegbaren Beweis der Deszendenztheorie dar.

Während Darwin in seinem *Origin* sich dazu nicht recht geäußert hatte, finden sich erste konkrete Aussagen von Haeckel zur Herkunft der Menschen bereits in seinen beiden Vorträgen *Ueber die Entstehung und den Stammbaum des Menschengeschlechts*, auf Anregung von August Schleicher im Herbst 1865 vor einem kleinen Privatkreis in Jena gehalten und 1868 gedruckt. Im ersten Vortrag (»Über die Entstehung ...«) stellt er nach Reflektionen über Kopernikus, Kepler, Galilei u.a. zunächst seine Ausgangssicht dar und bemerkt mit Darwin: »An die Stelle eines willkürlichen Schöpfungsaktes tritt ein nothwendiges Entwickelungsgesetz. Mithin wird die weitverbreitete Vermenschlichung (der Anthropomorphismus) der *göttlichen Schöpfungskraft* widerlegt, d.h. die falsche Anschauung, daß die letztere irgend eine Aehnlichkeit mit der menschlichen

Werkthätigkeit zeige.«[7] Im zweiten Vortrag (»Ueber den Stammbaum ...«) sind seine Aussagen noch präziser, leitet er doch hier direkt zur Ahnenreihe des Menschen über. Mithilfe der Schilderung und Beschreibung der acht verschiedenen Wirbeltierklassen versucht er, sich dem Themengegenstand zu nähern. Haeckel postuliert dabei eine Hypothese vom monophyletischen, also einheitlichen Ursprung des Menschen; die Urheimat der verschiedenen Menschen-Arten wiederum vermutet er in einem versunkenen Kontinent im Indischen Ozean, Lemurien genannt. Ferner nimmt er 1865 als Wurzel aller Tierarten noch durch Urzeugung entstandene Moneren an, lebendige Eiweißklümpchen ohne bestimmte Form.[8]

Im Sommer 1865 arbeitet Haeckel zunächst wieder auf Helgoland. Unter den Teilnehmern des zoologischen Doktoren-Kolloquiums ist auch Anton Dohrn, der spätere Begründer der Zoologischen Station in Neapel, eine zentrale Anlaufstelle marinebiologischer Forschung jener Jahre. Zeitgleich bemüht sich die Universität Jena, Haeckel in Jena zu halten, da dieser bisher noch kein Ordinariat erhalten hat und sich wegbewerben will. Auf Antrag der Universität wird am 4. Mai 1865 die Gründung einer ordentlichen Professur für Zoologie als elfte Stelle in der Philosophischen Fakultät beschlossen. Am 20. Mai erhält Haeckel das Ordinariat für Zoologie, mit dem Fakultätswechsel zudem am 13. Juli wird ihm die philosophische Doktorwürde verliehen. Sowohl die Botanik als auch die Zoologie werden bis Mitte des neunzehnten Jahrhunderts meist nebenamtlich von den Anatomen innerhalb der Medizinischen Fakultät oder im Rahmen der Naturgeschichte in der Philosophischen Fakultät vertreten. Erst allmählich verselbständigen sich mit der zunehmenden Spezialisierung der einzelnen Fachrichtungen die Lehrfächer, so beispielsweise 1864 in Jena die Botanik, 1865 mit Haeckel die Zoologie, und werden eigene Bestandteile des Fächerkanons der Philosophischen Fakultät.

Unmittelbar nach der Rückkehr aus Helgoland, im Spätherbst 1865, beginnt Haeckel dann mit den Vorarbeiten zur *Generellen Morphologie*, und fast genau ein Jahr danach erscheint das zweibändige Werk. Es wird also in nur einem Jahr (mehr als hastig) geschrieben und gedruckt. Der erste Band ist Carl Gegenbaur und Charles Darwin gewidmet und bietet den Schlüssel für Haeckels späteres Lebenswerk. Neben aller Kritik an diesem Buch steht neben der Benennung neuer Forschungsrichtungen wie Ökologie, Chorologie, Phylogenie und Ontogenie durch Haeckel auch sein Versuch, die bestehenden systematischen Großgruppen nach ihrer Abstammung zu ordnen und in Form von Stammbäumen darzustellen. Neben einem Pflanzen- und einem Tierreich begründet

Haeckel ebenso ein Reich der Protisten, in welches er alle einzelligen und nicht sicher dem Pflanzen- bzw. Tierreich zuzuordnenden Organismen einordnet. Er veröffentlicht in diesen Doppelbänden acht Stammbäume und ordnet den Menschen dabei ganz selbstverständlich in einen solchen Stammbaum ein – für ihn logische Konsequenz der Evolutionstheorie.

Der zweite Band des Werkes, gewidmet der »allgemeinen Entwickelungsgeschichte der Organismen«, kann als erster Versuch zur Begründung einer Evolutionsmorphologie betrachtet werden. So folgert Haeckel bereits im »Anhang zur systematischen Einleitung in die Entwickelungsgeschichte«, der Stammbaum des Menschen sei »mit viel grösserer Sicherheit und Leichtigkeit« zu bestimmen als der manch anderer Tiere.[9] Das von ihm aufgestellte System der »V. Ordo Simiae (Pitheci) Affen« umfasst drei Unterordnungen (Subordo): *Arctopitheci* – Krallenaffen, *Platyrrhinae* – Plattnasige Affen und *Catarrhinae* – Schmalnasige Affen. Die *Catarrhinae* werden dann noch in die Zweige *Menocerca* (Geschwänzte) – 1. Familia: *Anasca*, 2. Familia: *Ascoparea* sowie *Lipocerca* (Schwanzlose) gegliedert, der Mensch dabei eingeordnet wie folgt: 1. Familia: *Tylogluta, H.* (Hylobates), 2. Familia: *Lipotyla, H.* (Satyrus, Engeco, Gorilla, Dryopithecus) und 3. Familia: *Erecta s. Humana* (Pithecanthropus, Homo).[10] Als hypothetisches Verbindungsglied zwischen den Menschenaffen (Anthropoiden) und den echten (sprechenden) Menschen führt er im zweiten Band die Gattung Pithecanthropus ein, es ist die einundzwanzigste Stufe der tierischen Ahnenreihe. Anthropologie, die Wissenschaft vom Menschen, ist für Haeckel nichts anderes als ein spezieller Zweig der Zoologie, der sich in die Hauptzweige der menschlichen Morphologie und Physiologie (Lehre von den physikalischen, biochemischen und informationsverarbeitenden Funktionen von Lebewesen) unterteilen lässt. Die Morphologie spaltet sich in die Zweige der menschlichen Anatomie und der menschlichen Entwicklungsgeschichte. Die Physiologie des Menschen zerfällt hingegen in die »Conservations-Physiologie«, von ihm als Lehre von den Selbsterhaltungsverrichtungen der Organismen definiert, und die »Relations-Physiologie«, die Lehre von den Beziehungsverrichtungen der Organismen.

Entsprechend seiner Forderung nach einer mechanisch-kausalen Naturbetrachtung begründet Haeckel hier auch sein philosophisches System des Monismus. Danach besteht eine »absolute Einheit der anorganischen und organischen Natur«. Kraft und Stoff, Geist und Materie sind nirgends voneinander zu trennen. Das bedeutet für ihn eine kategorische Ablehnung der Schöpfungslehre, ebenso wendet er sich gegen das Eingreifen eines übernatürlichen personifizierten Schöpfers. Diese Weltanschauung prägt sein gesamtes Schaffen.[11]

Mit fortschreitendem Alter räumt Haeckel seiner monistischen Philosophie immer breiteren Raum in seiner schriftstellerischen Tätigkeit ein. Die *Generelle Morphologie* hat nicht den erhofften Erfolg, zumal sie vornehmlich für ein Fachpublikum geschrieben worden ist. Frisch zurückgekehrt von den Kanaren, wo Haeckel sich zusammen mit zwei Schülern hauptsächlich mit den Entwicklungsstadien der Medusen und Siphonophoren beschäftigt hat, macht er sich an ein neues Buch. Zumindest teilweise die Kritik der Kollegen Gegenbaur und Huxley an der *Generellen Morphologie* berücksichtigend (zu schnell geschrieben, keine ausgewogenen Diskussionen), lässt er nun seine erfolgreichen Darwin-Vorlesungen mitstenografieren und 1868 unter dem Titel *Natürliche Schöpfungsgeschichte* drucken. (Im Wintersemester 1867/68 nehmen immerhin zweihundert Hörer teil, was etwa einem Drittel der damals immatrikulierten Studenten entspricht.) Dieses nunmehr populär gehaltene Werk wird, ebenso wie die 1874 veröffentlichte *Anthropogenie oder Entwickelungsgeschichte des Menschen*, ein großer Erfolg und trägt wesentlich zur Popularisierung der darwinschen Evolutionstheorie bei. Allein die *Schöpfungsgeschichte* erreicht bis zu Haeckels Tod elf Auflagen und wird in zahlreiche Sprachen übersetzt, die *Anthropogenie* liegt in sechs Auflagen vor.

Darwin, der über die positive Resonanz seiner Theorie in Deutschland sehr erfreut ist, urteilt darüber in der Einleitung seines Buches *Die Abstammung des Menschen und die geschlechtliche Zuchtwahl* 1871 voller Hochachtung. Er steht mit Haeckel über zwanzig Jahre in regem Briefverkehr[12] und wird dreimal auf seinem Landsitz in Down von Haeckel besucht (21.10.1866, September 1876, 5./6.9.1879). Ein Brief Haeckels an Darwin vom 13. Januar 1876 offenbart den freundschaftlichen Umgang der beiden miteinander: »Hochverehrter teurer Freund! Hoffentlich haben Sie das neue Jahr in bester Gesundheit angetreten und arbeiten mit ungeschwächter Kraft an der Aufklärung der großen biologischen Probleme, welche Sie durch die Reform der Descendenztheorie und Ihre Begründung der Selektionstheorie der Wissenschaft geschenkt haben. Ich wünsche von Herzen, daß Ihnen Kraft und Lust dazu auch in diesem Jahre beständig bleiben mögen! Meine *Arabischen Korallen* werden Sie inzwischen erhalten haben. Ich hoffe, daß sie dem großen Naturforscher, dem wir die Erklärung der merkwürdigen Korallenriffe verdanken und der zuerst Licht in diese wunderbaren Produkte gebracht hat, einige Freude bereiten mögen. In dieser Hoffnung bitte ich, auch die Widmung der ›Monoxenia Darwinii‹ als einer der einfachsten und primitivsten Korallenformen freundlichst aufzunehmen. Es wäre mir sehr lieb, wenn Sie mir, hochverehrter Freund, Ihr kritisches Urteil über die ›Arabischen Korallen‹ zukommen lassen wollten. Da Sie die Korallenbänke genauer studiert haben und besser kennen als alle anderen Naturforscher, ist mir Ihr Urteil darüber von ganz besonderem Werte. Es würde mich sehr freuen, wenn die Darstellung der arabischen Korallenbank auf Taf. III Ihren Beifall finden sollte [Werk *Arabische Korallen*, 1876 – d.Verf.]. Mein Aufsatz über die ›Gastrula und die Eifurchung‹ scheint unter den Fachkollegen mehr Beifall zu finden als meine übrigen Arbeiten. Mr. Ray Lankester hat in der letzten Nummer von ›Quarterly Journal of Micros. Science‹ einen Auszug in englischer Sprache gegeben. Mit den besten Wünschen und den herzlichsten Grüßen bleibe ich auch im neuen Jahre, mein teurer Freund und Meister, Ihr treu ergebener Ernst Haeckel.«[13]

Bereits am 31. Januar 1876 kann sich Haeckel für die inzwischen eingetroffene Stellungnahme Darwins bedanken: »Es ist mir die größte Freude und Genugtuung, daß Sie als einer der genauesten Kenner und der besten Beurteiler der Korallenbänke mit den *Arabischen Korallen* so sehr zufrieden sind.« Im gleichen Brief begründet er die Wahl des Namens *Monoxenia Darwinii*: »Für den Reformator der Descendenztheorie ist gewiß eine solche uralte Stammform wie Monoxenia besonders interessant. Auch daß die ursprüngliche Gastrulaform (Archigastrula) in ihrer Ontogenie noch heute konserviert ist, spricht für ihr sehr hohes Alter.«[14]

In der *Natürlichen Schöpfungsgeschichte* finden sich nun allerdings auch erste rassenkundliche Bemerkungen und Abbildungen Haeckels, die eine Wertung in »niedere« und »höhere« Menschen-Arten erkennen lassen. Stellvertretend dafür seien die Abbildung »Die Familiengruppe der Katarrhinen« auf der inneren Umschlagseite der ersten Auflage (und nur hier!) sowie die detaillierten Äußerungen im XIX. Vortrag »Ursprung und Stammbaum des Menschen« bzw. im 23. Vortrag der Folgeauflagen zu erwähnen: »Die niedersten Menschen (Australneger, Afroneger, Tasmanier) stehen offenbar den höchsten Affen (Gorilla, Schimpanse, Orang) viel näher als dem höchsten Menschen.«[15] Das Titelbild [Die Familiengruppe der Katarrhinen] dient ihm ebenfalls zur Veranschaulichung der »höchst wichtigen Thatsache, daß in Bezug auf die Schädelbildung und Physiognomie des Gesichtes [...] die Unterschiede zwischen den niedersten Menschen und den höchsten Affen geringer sind, als die Unterschiede zwischen den niedersten und den höchsten Affen derselben Familie.« Ebenso wie andere Passagen im Text bietet diese bewusste Abstufung der Menschenrassen später Ansatzpunkte für weitere sozialdarwinistische und rassistische Überlegungen.

Nach der Schöpfungsgeschichte erscheint 1869 die Preisschrift der Gesellschaft für Kunst und Wissenschaft Utrecht mit dem Titel *Zur Entwicklungsgeschichte der Siphonophoren* (Staatsquallen) sowie der populär gehaltene Vortrag vor dem Berliner Handwerkerverein *Über Arbeitsteilung in Natur und Menschenleben;* 1872 folgt das dreibändige Werk *Monographie der Kalkschwämme*, wofür er wesentliches Material selbst von Reisen mitbringt – von der Westküste Norwegens im Jahr 1869 sowie 1871 von der Insel Lesina im Adriatischen Meer. *Die Kalkschwämme* werden ein voller Erfolg und bestätigen seinen Ruf als hervorragender Zoologe. Selbst Darwin schreibt nach der Lektüre des Werkes, am 20. Januar 1873, wiederum begeistert an Haeckel: »Mein lieber Haeckel! Ich empfing vor ungefähr zehn Tagen Ihr prachtvolles Werk über die Kalkschwämme und bin aufrichtig erstaunt über die Summe von Arbeit, die es gekostet haben muß. Die schönen Tafeln müssen, wie mir scheint, allein Monate harter Arbeit gekostet haben [...]«.

Die umfassendste Anwendung des Kausalzusammenhanges (Biogenetisches Grundgesetz) unternimmt Haeckel vor dem Erscheinen der Kalkschwämme aber mit seiner »Gastraea-Theorie«. Bei der Gastraea handelt es sich um die hypothetische Urform aller vielzelligen Tiere oder Metazoa. Sie lasse sich, so Haeckel, nicht paläontologisch, sondern eben nur in der Embryonalentwicklung vieler Tiere, und zwar im Gastrula-Stadium (Gastrula – zweischichtiger becherförmiger Keim), nachweisen. Mit dieser Theorie hofft er, den monophyletischen Ursprung aller vielzelligen Tiere, ihre einheitliche Abstammung nachweisen zu können. Falls Ekto- und Entoderm, die beiden primären Keimblätter der Tiere, tatsächlich bei allen Vielzellern homolog sind, dann hätte er den frühesten und wichtigsten embryologischen Vorgang, die Entstehung der Keimblätter, evolutionistisch erklärt. Selbst wenn seine weitgehenden Verallgemeinerungen nicht gemeinhin anerkannt werden, gilt die Embryologie (neben der Paläontologie und Systematik) doch bald als unverzichtbares Werkzeug. Selbst heute steht die evolutionäre Entwicklungsbiologie (auch als Evo-Devo = Evolution-Development bezeichnet) weitgehend in dieser Tradition. Mit dem »Biogenetischen Grundgesetz« schafft Haeckel zudem ein Konstrukt, das aktuell noch in der wissenschaftlichen Literatur und in den Schulbüchern zu finden ist.

Insgesamt sind die in den Sechziger- und Siebzigerjahren des neunzehnten Jahrhunderts gemachten Aussagen Haeckels konkreter als Darwins wenige Bemerkungen von 1859 über den Gang der Evolution, obwohl er wie dieser in erster Linie noch auf generalisierend-induktive Schlüsse aus der vergleichenden Anatomie und Embryologie an Primaten angewiesen war.

Die sich bereits zu Lebzeiten von Haeckel abzeichnende Debatte um das »Biogenetische Grundgesetz« spricht zudem für die fruchtbare Wechselwirkung von Embryologie und vergleichender Anatomie im neunzehnten Jahrhundert; sie offenbart aber auch damals wie heute, dass ontogenetische Befunde nur mit großer Vorsicht für evolutionsbiologische Betrachtungen zu verwenden sind (Stammzellen, Pränataldiagnostik). Da die von Haeckel eingeführten Formulierungen zur Klärung gewisser Fragen nicht ausreichen, unternehmen später verschiedene Biologen den Versuch, das »Grundgesetz« zu ergänzen bzw. zu ersetzen wie z.B. Victor Franz oder Alexej N. Sewertzoff.

In Konkurrenz zur evolutionistischen Embryologie entwickelt dann Wilhelm His eine reduktionistisch ausgerichtete Embryologie, indem er seine Aufmerksamkeit von der phylogenetischen Begründung der organischen Formen abwendet und sich für direkte, zunächst vor allem mechanische Einflüsse auf die organische Entwicklung interessiert, wie seine Arbeiten am embryonalen Herzen beweisen. Diese Richtung embryologischer Forschung erlebt in der Entwicklungsphysiologie, von Wilhelm Roux 1895 als Entwicklungsmechanik bezeichnet, ihren Höhepunkt.

Ende des zwanzigsten Jahrhunderts kam es überraschend zu einer Neuauflage des Streits um den von Haeckel im »Biogenetischen Grundgesetz« vertretenen Kausalzusammenhang zwischen Phylogenese und Ontogenese. Hauptkritikpunkt waren wieder/immer noch (seit der ersten Kontroverse mit dem Baseler Anatom Ludwig Rütimeyer 1868) die von Haeckel gezeichneten Embryonentafeln in seinen Büchern *Natürliche Schöpfungsgeschichte* (1868) und *Anthropogenie* (1874), die von seinen Gegnern damals zu »Fälschungen der Wissenschaft« deklariert wurden. Während der Überlieferung nach Charles Darwin in seinen Schlussfolgerungen kritisch-abwägend, manchmal Jahre lang abwartend, verfuhr, neigte Haeckel temperamentvoll zu vorschnellen Verallgemeinerungen, die von Seiten der Fachkollegen vielfach nicht gebilligt wurden. Dazu gehören eben auch einige zu stark schematisierende oder unkorrekt verwendete Embryonenbilder. Der Disput darüber dauert bis heute an.

Haeckel wollte mit der Darstellung der großen Ähnlichkeit der Embryonen in ihren Frühstadien aber keine direkte Beobachtung fixieren, sondern vielmehr ein Phänomen illustrieren. Die daraus gezogene Schlussfolgerung einer gemeinsamen Abstammung der Wirbeltiere war und ist der Stein des Anstoßes – und nicht etwa das Faktum der Gemeinsamkeiten, wie sie auch andere Forscher beschrieben hatten. Die schweren Anschuldigungen beantwortet Haeckel jedenfalls mit der sehr polemisch gehaltenen Schrift *Ziele und Wege der heuti-*

gen Abstammungslehre (1875). Für ihn gilt die Deszendenztheorie insoweit als gesichert, dass er in seiner Überzeugung von ihrer Richtigkeit bedenkenlos der Deduktionsmethode den Vorrang gibt, zumal ihm menschliche Embryonen als Untersuchungsmaterial verständlicherweise nicht zur Verfügung stehen, sodass er die Lücken in der Abstammungsreihe hypothetisch und deduktiv mit vorhandenem Vergleichsmaterial füllt. In jener vorphylogenetischen Epoche übernimmt er die Arbeitsmethoden der damals noch jungen marinen Biologie und soll sie zeitlebens beibehalten.

Nach 1860 werden lediglich die Ergebnisse der morphologisch/embryologisch-deskriptiv betriebenen Untersuchungen im Sinne der darwinschen Theorien gedeutet. Es steht zu vermuten, dass es seinen Gegnern weniger um das »Biogenetische Grundgesetz« geht als um dessen »Geist«, den Darwinismus. Die von Fritz Müller 1864 in seiner Schrift *Für Darwin* ebenso aufgezeigte Beziehung zwischen Phylogenese und Ontogenese weitergedacht zu haben, ist und bleibt ein Verdienst Haeckels; sein »Biogenetisches Grundgesetz« – schon von Otto Bütschli als »Kautschukparagraph« diskreditiert – hat zweifelsohne einen besonderen heuristischen Wert, da es plausibel die Bedeutung der Keimesentwicklung für die Klärung von Verwandtschaftsbeziehungen der Organismen beschreibt.

Immer wieder sieht Haeckel es zudem als wichtige Aufgabe, bei jeder sich bietenden Gelegenheit den Darwinismus zu popularisieren und zu verteidigen. Typisch dafür sind die Auseinandersetzungen, die 1877 durch einen Vortrag Haeckels »Über die heutige Entwicklungslehre im Verhältnis zur Gesamtwissenschaft« auf der fünfzigsten Versammlung Deutscher Naturforscher und Ärzte in München ausgelöst werden. Dort äußert Haeckel unter anderem die Auffassung, dass die Entwicklungslehre auch Moral und Religion veredele und als wichtigstes Bildungsmittel in der Schule maßgebend werden soll. Haeckels früherer Lehrer Virchow widerspricht in einer Entgegnung unter Hinweis auf unbewiesene Auffassungen Haeckels wie der Urzeugungshypothese oder der Annahme einer »Zellseele als Fundament der empirischen Psychologie«. Zudem habe die Entwicklungslehre eine weitere »ungemein bedenkliche Seite«, da der Sozialismus mit ihr Fühlung aufgenommen habe. Haeckel antwortet mit der Streitschrift *Freie Wissenschaft und Freie Lehre* (1878), in der er seine Auffassung verteidigt und auf das Gefährliche einer Übertragung naturwissenschaftlicher Theorien auf die praktische Politik hinweist. Was das betrifft, soll sich aber um 1900 Haeckels Einstellung grundsätzlich ändern; zählt er in Deutschland doch maßgeblich zu den führenden Köpfen einer sozialdarwinistischen Bewegung.

Trotz begeisterter Zustimmung in weiten Teilen der Bevölkerung ruft Haeckels leidenschaftlicher Kampf auch zunehmend die Gegner – insbesondere kirchlich gesinnte Kreise – auf den Plan. So ist beispielsweise 1879 der »Fall Hermann Müller in Lippstadt« Anlass zu einer dreitägigen Debatte im preußischen Abgeordnetenhaus, an der auch Virchow beteiligt ist, und der schließlich zum Verbot der Schriften Darwins und Haeckels in höheren Schulen führt. Man beschuldigt in dem Verfahren den als Blütenbiologen bekannten Oberlehrer Hermann Müller, die Abstammung des Menschen vom Affen gelehrt und damit das religiöse Gefühl seiner Schüler verletzt zu haben. Kurz darauf, im Jahr 1882, wird schließlich in Preußen der biologische Unterricht in den oberen Klassen der höheren Lehranstalten abgeschafft. Die Parallelen zu ähnlichen, Ende des zwanzigsten bzw. zu Beginn des einundzwanzigsten Jahrhunderts in den USA, aber auch in Russland etc. geführten Kreationismus-/Intelligent Design-Prozessen sind offensichtlich.

Diese und andere Entwicklungen machen verständlich, dass sich Haeckel fortan bei jeder sich ihm bietenden Gelegenheit für die Darwin'schen Lehren weiter einsetzt, wie z.B. mit dem Vortrag »Die Naturanschauung von Goethe, Darwin und Lamarck« anlässlich der 55. Versammlung der Deutschen Naturforscher und Ärzte 1882 in Eisenach sowie auf deren 59. Versammlung 1886 in Berlin. Mit dem Zeitungsartikel Real- und Formal-Gymnasium tritt er 1887 für eine Unterrichtsreform ein.

Neben dieser mehr populärwissenschaftlichen, oftmals nervenaufreibenden Tätigkeit arbeitet Haeckel dennoch zoologisch weiter. Als Ergebnis langjähriger Untersuchungen und seiner meeresbiologischen Exkursionen (Bretagne 1878, Riviera 1880) legt er in den Jahren 1879/80 eine dreibändige *Monographie der Medusen* vor. Der zweite Band *Die Tiefsee-Medusen der Challenger-Reise und der Organismus der Medusen* stellt eine erste Auswertung von Material dar, welches die englischen Tiefsee-Expedition »Challenger« in den Jahren 1872-1876 auf einer Weltreise gesammelt hat. Diese von der Royal Society mit Unterstützung der englischen Regierung durchgeführte Expedition mit der Korvette »Challenger« sollte neben umfangreichen Vermessungsarbeiten vor allem die physikalischen, chemischen und biologischen Bedingungen der Tiefsee untersuchen; zudem sollte ein transatlantisches Telegrafenkabel verlegt werden. Die Auswertung des Challenger-Materials beansprucht Haeckel stark und dauert zwölf Jahre. Zu der in fünfzig Quartbänden vorliegenden Gesamtauswertung der Expedition steuert er insgesamt 2.763 Seiten Text und 230 Abbildungstafeln bei. Er beschreibt in seinen vier Bänden (1882 *Report on the*

Deep Sea-Medusae, 1887 ... *on the Radiolaria*, 1888 ... *on the Siphonophorae*, 1889 ... *on the Deep Sea Keratosa*) dabei 739 Gattungen mit 4.318 Arten, darunter allein etwa 3.500 neue Radiolarienarten. Eine auch aus heutiger Sicht immense Leistung, die allein ausgereicht hätte, ein Forscherleben zu füllen. In jenen Jahren unternimmt er nebenbei noch 16 weitere ausgedehnte Reisen, unter anderem in die Tropen (1881/82) und den vorderen Orient und bekleidet zudem 1876 sowie 1884/85 das Amt des »Prorektor Magnificus« an der Universität Jena.

Als letzte große biowissenschaftliche Arbeit Haeckels fasst schließlich die *Systematische Phylogenie oder der Entwurf eines natürlichen Systems der Ordnungen* (1894-1896) die Fortschritte der phylogenetischen Forschung seit dem Erscheinen der *Generellen Morphologie* zusammen. Nach der *Systematischen Phylogenie der Protisten und Pflanzen* (1894) erscheinen in den beiden darauffolgenden Jahren die *Systematische Phylogenie der Wirbeltiere* (1895) und die *Systematische Phylogenie der wirbellosen Thiere*.

So schließt sich nach dreißig Jahren zoologischer Tätigkeit – Haeckel ist knapp über sechzig Jahre alt – ein Betätigungskreis, der mit dem Erscheinen der *Generellen Morphologie* seinen Anfang genommen hat. Von nun an soll Haeckel fast nur noch als Monist, als Verkünder einer neuen Weltanschauung und Ersatzreligion in Erscheinung treten, weniger als Zoologe. Sein Leitspruch »Impavidi progrediamur«[16] wird im letzten Lebensabschnitt noch mehr Programm für sein Handeln.

Anmerkungen | **1** Nach einem Bericht von Wilhelm O. Focke (1914) hatte auch dessen Studienfreund Haeckel um 1857 noch keinen ernsthaften Zweifel an der Konstanz der Arten gehegt. **2** Haeckel 1863, S. 17. **3** Ebd., S. 20. **4** Ebd., S. 26. **5** Haeckel 1866, 2. Bd., S. 371. **6** Ebd., S. 300. **7** Haeckel 1868, S. 12, Hervorhebung im Orig. **8** Ebd., S. 10. **9** Haeckel 1866, 1: S. CLI. **10** Ebd., S. CLX. **11** Vgl. hierzu das 29. Kapitel »Die Einheit der Natur und die Einheit der Wissenschaft (System des Monismus)« – S. 441 – 447 sowie das 30. Kapitel »Gott in der Natur« (Amphitheismus und Monotheismus) – S. 448-452. **12** 98 Briefe von Haeckel an Darwin; 54 Briefe von Darwin an Haeckel sind im Haeckel-Nachlass erhalten. **13** Briefbestand des Ernst-Haeckel-Hauses Jena. **14** Ebd. **15** Haeckel 1868, S. 486-520, 555. **16** Dt. »Lasst uns voranschreiten!«

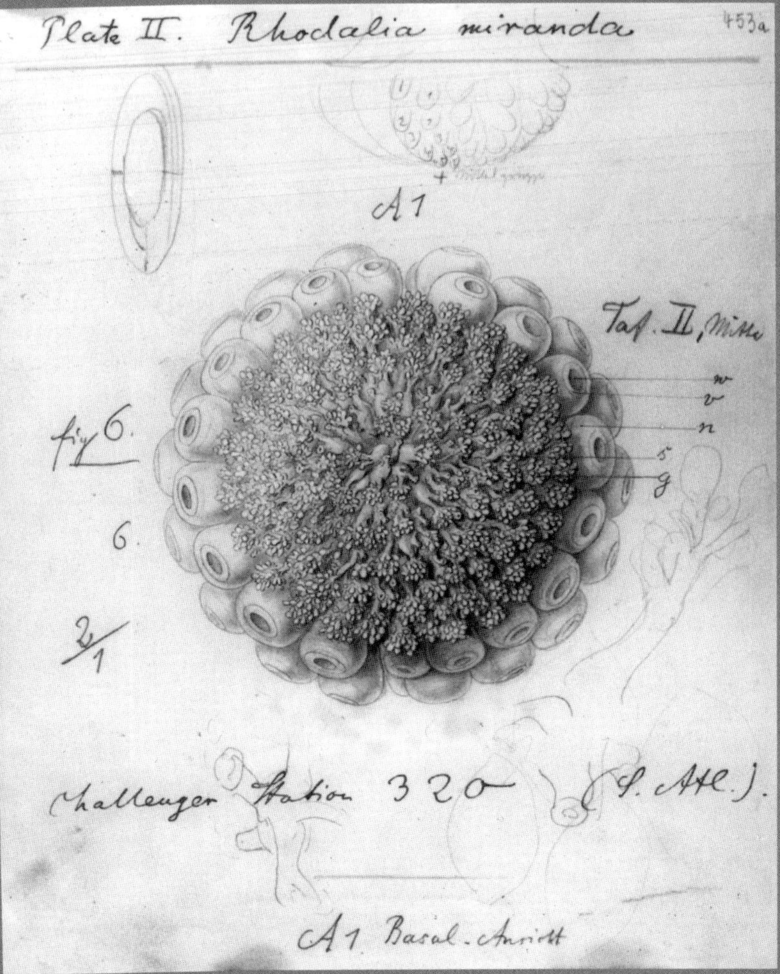

Meduse, gezeichnet auf der Challenger-Expedition

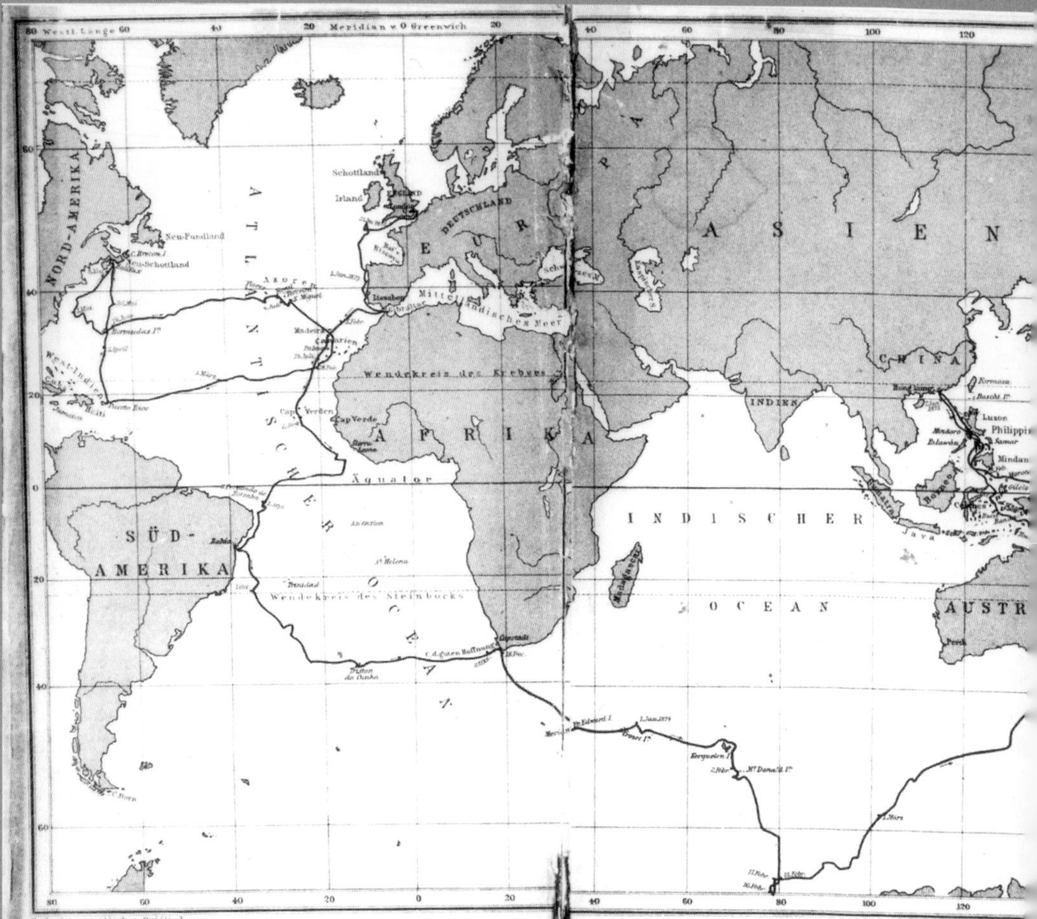

Nach einem englischen Original.

Ferd. Hir

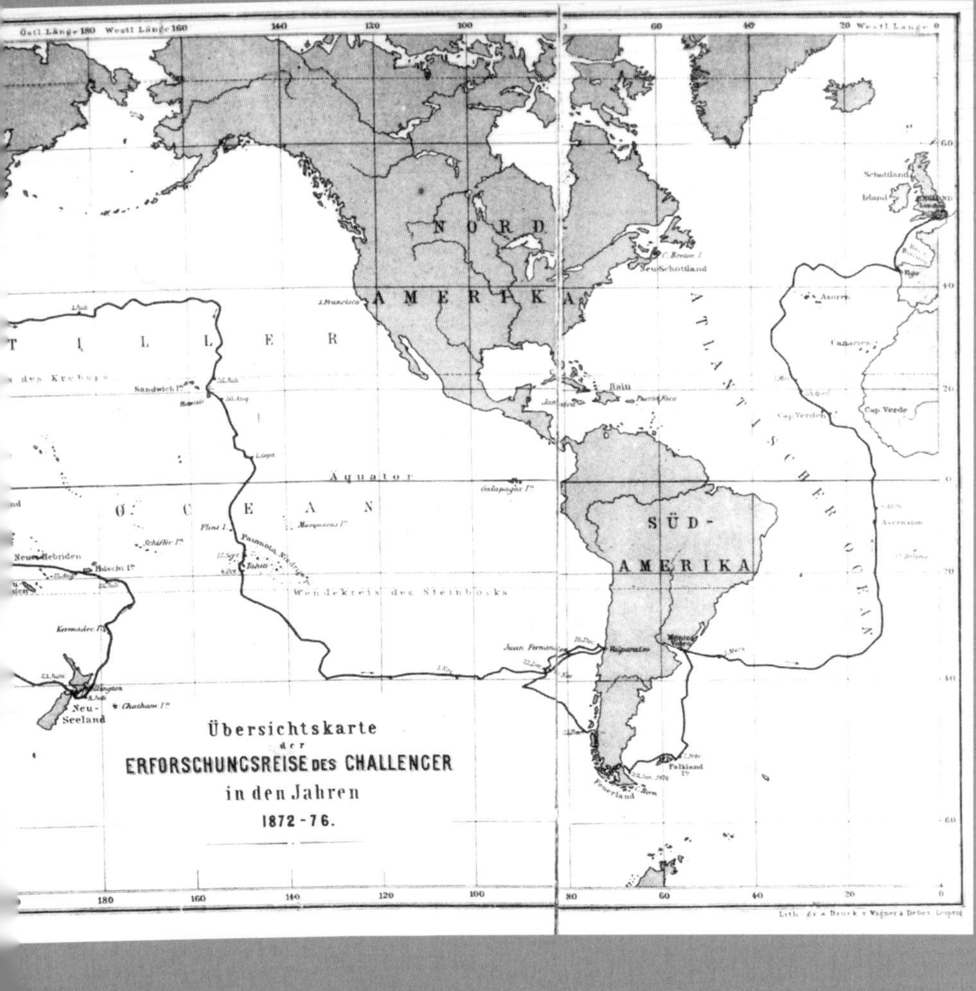

Fahrtroute der Challenger in den Jahren 1872 – 1876

Dualismus und Monismus

»Die Richtung des Denkens der Neuzeit läuft unverkennbar auf Monismus hinaus. Der Dualismus, fasse man ihn nun als Gegensatz von Geist und Natur, Inhalt und Form, Wesen und Erscheinung oder wie man ihn sonst bezeichnen mag, ist für die naturwissenschaftliche Anschauung unserer Tage ein vollkommen überwundener Standpunkt. Für diese gibt es keine Materie ohne Geist (ohne die sie bestimmende Notwendigkeit), aber ebenso wenig auch Geist ohne Materie. Oder vielmehr es gibt weder Geist noch Materie im gewöhnlichen Sinne, sondern nur eins, das beides zugleich ist. Diese auf Beobachtung beruhende Ansicht des Materialismus zu beschuldigen, ist ebenso verkehrt, als wollte man sie des Spiritualismus zeihen.« August Schleicher[1]

Diese Worte des berühmten komparativen Linguisten, der die naturwissenschaftliche Untersuchungsmethode in der vergleichenden Sprachforschung durchgeführt und als der Erste von allen Sprachforschern die Theorie Darwins mit ebenso viel Geist als Erfolg auf diesen Teil der vergleichenden Physiologie angewandt hat, bezeichnen mit treffender Wahrheit den unversöhnlichen Gegensatz zwischen Dualismus und Monismus, der unsere gesamte Naturwissenschaft wie die ganze Denktätigkeit unserer Zeit in zwei feindliche Heerlager trennt. Wir können nicht umhin, hier am Schluss unserer kritisch-methodologischen Einleitung noch kurz bei einer Betrachtung dieses Gegensatzes zu verweilen, obschon die vorhergehenden Abschnitte zur Genüge gezeigt haben werden, dass wir den Monismus in aller Schärfe und in seinem vollen Umfang für die einzig richtige Weltanschauung und folglich auch für die einzig richtige Methode in der gesamten Naturwissenschaft halten, und dass wir jede dualistische Erkenntnismethode verwerfen.

Die tatsächliche Vereinigung und vollkommene Versöhnung, welche im Monismus solche scheinbaren Gegensätze finden, wie es Kraft und Stoff, Geist und Körper, Freiheit und Natur, Wesen und Erscheinung sind, ist auf keinem Gebiet des Erkennens mehr hervorzuheben als auf demjenigen der Biologie und vor allem auf dem der organischen Morphologie. Denn, wie schon im Vorhergehenden vielfach gezeigt worden ist, hat nichts so sehr einer gesunden und natürlichen Entwicklung unserer Wissenschaft geschadet als der künstlich erzeugte Dualismus, durch welchen man bei jeder Beurteilung eines Organismus seiner materiellen körperlichen Erscheinung eine davon unabhängige Idee oder einen »Lebenszweck« entgegensetzte, ein Dualismus, welcher sich von der naturwissenschaftlichen Untersuchungsmethode als Gegensatz von Philosophie und Naturwissenschaft, von Denken und Erfahren überall zum größten Schaden einer natürlichen Erkenntnis entwickelt hat. Wie unendlich viel weiter würde unsere Wissenschaft jetzt sein, wenn man sich dieses künstlich erzeugten Zwiespalts bewusst geworden wäre, und wenn man mit klarem Bewusstsein die monistische Beurteilungsweise als die einzig mögliche Methode einer wirklichen Naturerkenntnis befolgt hätte.

Indem der Monismus als philosophisches System nichts anderes als das reinste und allgemeinste Resultat unserer allgemeinen wissenschaftlichen Weltanschauung, unserer gesamten Naturerkenntnis ist, bildet seine unterste und festeste Grundlage das allgemeine Kausalgesetz: »Jede Ursache, jede Kraft hat ihre notwendige Wirkung, und jede Wirkung, jede Erscheinung hat ihre notwendige Ursache.« Schon hieraus ergibt sich, dass derselbe jede Teleologie und jeden Vitalismus, welche Form dieser auch annehmen mag, absolut verneint, und insofern ist die monistische Methode, in der Biologie zugleich die mechanische, die kausale, deren alleinige Berechtigung der vorige Abschnitt dargetan hat. Da nun die viel bestrittene Geltung des mechanischen Kausalgesetzes in der organischen Natur durch nichts so sehr gefördert und so bestimmt begründet worden ist als durch Darwins Theorie, können wir auch diese Lehre als eine rein monistische bezeichnen. Und in der Tat beruht dieses ganze wundervolle Lehrgebäude, wie alle einzelnen Teile desselben, vollkommen auf reinen monistischen Anschauungen. Wenn wir dereinst mithilfe der Deszendenztheorie die gesamte Morphologie der Organismen auf die allein sichere Grundlage der mechanischen Naturgesetze begründet, die Erscheinungen der organischen Morphologie mechanisch-kausal, aus ihren wirkenden Ursachen werden erklärt haben, wird das darauf gegründete System der Morphologie der Organismen ein absolut monistisches Lehrgebäude sein, wie es freilich jede wahre Wissenschaft, insofern sie Naturwissenschaft sein will und muss, mit Notwendigkeit erstreben muss.

Da der Ausdruck Monismus in unzweideutiger Weise diejenige kritische Auffassung der gesamten (organischen und anorganischen) Natur und diejenige kritische Methode ihrer Erkenntnis, welche wir auf den vorhergehenden Seiten als die allein mögliche und durchführbare dargetan haben, bezeichnet, werden wir uns dieses kurzen und bequemen Ausdrucks stets bedienen, wo es darauf ankommt, an die von uns ausschließlich befolgte Methode zu erinnern; andererseits werden wir als Dualismus stets kurz diejenigen verschiedenen, der unseren entgegengesetzten Auffassungsweisen der Natur und Methoden ihrer Erkenntnis bezeichnen, welche als »teleologische« und »vitalistische«, als »systematische« und »spekulative« Dogmen für die Beurteilung und Erkenntnis der organischen Natur andere Methoden fordern als für die Beurteilung und Erkenntnis der anorganischen Natur allgemein anerkannt sind.

Von allen Gegensätzen, welche der Dualismus künstlich erzeugt und aufstellt, und welche der Monismus versöhnt und aufhebt, ist keiner für die gesamte Wissenschaft wichtiger als der auch jetzt noch meist so allgemein festgehaltene Gegensatz von Kraft und Stoff, von Geist und Materie, und der auf diese künstliche Antinomie gegründete Gegensatz von Erfahrung und Denken, von empirischer Naturwissenschaft und spekulativer Philosophie. Wir haben oben im Eingang unserer methodologischen Erörterungen die absolute Notwendigkeit einer Vereinigung dieser Richtungen nachzuweisen versucht, und wir müssen hier am Ende nochmals kurz darauf zurückkommen, da nach unserer festesten Überzeugung die versöhnende Aufhebung dieses Gegensatzes den Anfang und das Ende, das A und das O aller wirklichen »Wissenschaft« bildet. Leider wird ja immer noch von so vielen Seiten der durchaus künstliche Gegensatz, durch welchen man Empirie und Philosophie zu trennen sucht, und welcher vorzüglich einer höchst einseitigen Verfolgung jeder der beiden Richtungen entsprungen ist, so starr festgehalten, dass nicht genug auf die Notwendigkeit ihrer Versöhnung durch den Monismus hingewiesen werden kann.

Die vollendete Philosophie der Zukunft, welche wir oben als das reife Resultat der notwendigen und vollkommenen gegenseitigen Durchdringung von Empirie und Philosophie bezeichnet haben, wird in der Tat nichts weiter sein als ein vollendetes System des Monismus. Freilich wird zur Erreichung dieses hohen Zieles vor allem die erste Vorbedingung zu erfüllen sein, dass die Naturforscher Philosophen werden und sich die Philosophen in Naturforscher umwandeln, oder dass sich, mit anderen Worten, dieser durchaus künstliche und höchst schädliche Zwiespalt aufhebt. In der Tat ist, wenn wir an beide die Anforderung einer vollständig reifen Ausbildung auf ihrem Gebiet stellen, nicht ein Unterschied – wir sagen, nicht ein Unterschied – zwischen Naturforschern und Philosophen, zwischen Natur-Wissenschaft und Natur-Philosophie ausfindig zu machen. Beide sind vielmehr stets und überall ein und dasselbe. Die höher entwickelte Zukunft wird diesen künstlich erzeugten Dualismus nicht mehr kennen. Ihre monistische Weltanschauung wird Naturwissenschaft und Philosophie zu dem großen Ganzen einer einzigen allumfassenden Wissenschaft verschmelzen.

Von dieser absoluten Wahrheit des Monismus unerschütterlich durchdrungen, schließen wir diese kritische und methodologische Einleitung, wie wir sie begonnen, mit einem Ausspruch unseres unvergleichlichen Goethe: »Weil die Materie nie ohne Geist, der Geist nie ohne Materie existiert und wirksam sein kann, so vermag auch keine Materie sich zu steigern, sowie sich's der Geist nicht nehmen lässt, anzuziehen und abzustossen; wie derjenige nur allein zu denken vermag, der genugsam getrennt hat, um zu verbinden, genugsam verbunden hat um wieder trennen zu mögen.«

Anmerkungen | **1** August Schleicher, Die *Darwinsche Theorie und die Sprachwissenschaft.* Weimar 1863, S. 8. Indem ich meinem lieben Freund und Kollegen Schleicher, der diese kleine Schrift in Form eines öffentlichen Sendeschreibens an mich publizierte, hierfür bei dieser Gelegenheit öffentlich meinen herzlichsten Dank abstatte, erlaube ich mir zugleich, die Naturforscher, welche sich für die weitere Begründung der Deszendenztheorie interessieren (und alle Biologen sollten dies tun), auf die schlagende und überraschende Beweisführung hinzuweisen, welche Schleicher dort zugunsten derselben mit seinem linguistischen Material liefert. In der Tat treten viele Verhältnisse der natürlichen Zuchtwahl im Kampf um das Dasein bei den Sprachen in viel klarerer und einfacherer Weise hervor, als es bei anderen Funktionen des Tierleibs der Fall ist. Wenn die vergleichende Sprachforschung erst ihren natürlichen Platz als empirisch-philosophische Naturwissenschaft in der Physiologie des Menschen gefunden haben wird, wird zweifelsohne dieses wichtige und interessante Verhältnis eine gerechtere und allgemeinere Würdigung finden, als es bisher der Fall gewesen ist.

Der Reisende vor Jenenser Tropenkulisse: Ernst Haeckel 1882

Die Einheit der Natur und die Einheit der Wissenschaft

Nachdem wir versucht haben, in dem Objekt unserer Untersuchung, in der gesamten organischen Formenwelt, die absolute Herrschaft eines einzigen, allumfassenden Naturgesetzes, des allgemeinen Kausalgesetzes, nachzuweisen, nachdem wir gezeigt haben, dass alle Organismen ohne Ausnahme, den Menschen mit inbegriffen, diesem obersten und höchsten Naturgesetz der absoluten Notwendigkeit unterworfen sind, erscheint es am Schluss unserer Darstellung wohl nicht unpassend, von dem so errungenen Standpunkt aus einen Blick auf das Verhältnis zur Gesamtnatur sowie insbesondere auf das Verhältnis der organischen Morphologie zur gesamten Naturwissenschaft zu werfen.

Kosmos oder Weltall nennen wir das allumfassende Naturganze, wie es der Erkenntnis des Menschen zugänglich ist. Dieser Kosmos ist die Gesamtsumme aller Materie und aller Kraft, da wir uns als Menschen weder eine Vorstellung von einer Materie ohne Kraft, noch von einer Kraft ohne Materie machen können.[1] Man kann diesen Kosmos oder Mundus, das Universum (*To Pan*)[2], wie es Alexander von Humboldt in der großartigsten Weise als Ganzes erfasst und dargestellt hat, in einen siderischen und in einen tellurischen Teil zerlegen, von denen der Letztere sich bloß mit dem vom Menschen bewohnten Planeten, der Erde, der Erstere mit dem gesamten übrigen, außerirdischen Weltall beschäftigt. Der tellurische Kosmos wird wiederum in eine anorganische und in eine organische Natur aufgeteilt.

Kosmologie oder Weltlehre können wir im weitesten Sinne die menschliche Wissenschaft vom Weltall nennen. Diese allumfassende Wissenschaft ist zugleich die Wissenschaft *Kat' exochen*[3], da es eine andere Erkenntnisquelle als das Weltall oder die Gesamtnatur nicht gibt. Alle wirklichen Wissenschaften sind also entweder Teile der Kosmologie oder das umfassende Ganze der Kosmologie selbst. Der Einteilung des Kosmos in siderischen und tellurischen Teil entsprechend kann man die Uranologie (Himmelskunde) und die Pangeologie (Erdkunde im weitesten Sinne, oder Gesamtwissenschaft von der Erde) unterscheiden. Die Pangeologie ist ebenso ein Teil der Kosmologie wie die Anthropologie ein Teil der Biologie. Die Pangeologie zerfällt wiederum in die beiden Zweige der anorganischen Erdwissenschaft (Abiologie) und der organischen Erdwissenschaft (Biologie).

Die Materie und die davon untrennbare Kraftsumme der Welt sind in Zeit und Raum unbeschränkt, ewig und unendlich. Da aber ein ununterbrochenes Wechselspiel von Kräften, eine unbeschränkte Wechselfolge und Gegenwirkung von Anziehungen und Abstoßungen, die Materie in beständiger Bewegung erhält, befindet sich ihre Form in beständiger Veränderung. Während also Stoff und Kraft ewig und unendlich sind, ist dagegen ihre Form in ewiger und unendlicher Veränderung (Bewegung) begriffen. Die Wissenschaft von dieser ewigen Bewegung des Weltalls kann als Weltgeschichte im weitesten Sinne oder auch als Entwicklungsgeschichte des Universums, als Kosmogenie bezeichnet werden. Die Kosmogenie zerfällt in die beiden Zweige der Uranogenie (welche Kant sehr richtig die »Naturgeschichte des Himmels« nannte) und in die Pangeogenie, die »Naturgeschichte der Erde« oder die Entwicklungsgeschichte der Erde, welche auch häufig mit dem mehrdeutigen Namen der »Geologie« bezeichnet wird.[4]

Wenn wir von der Entwicklungsbewegung des Weltalls als solcher absehen und das fertige Resultat derselben in irgendeinem Zeitmoment betrachten, bezeichnen wir die wissenschaftliche Kenntnis dieses Resultates als Weltbeschreibung oder Kosmografie, welche wiederum in einen siderischen und tellurischen Teil, in die Uranografie und in die Pangeografie zerfällt. Diese Wissenschaften nehmen zu den vorhergehenden (zur Kosmogenie, Uranogenie und Pangeogenie) dieselbe Stellung ein wie die Anatomie der Organismen zu ihrer Entwicklungsgeschichte. Erst durch die Erkenntnis der Letzteren gelangen wir zum Verständnis der Ersteren. Erst durch die Geschichte der Welt oder eines Teils derselben wird ihre Beschreibung zur wirklichen Wissenschaft, zur Erkenntnis. Wir erhalten demnach folgendes Schema vom gegenseitigen Verhältnis der obersten Hauptzweige menschlicher Wissenschaft zueinander:

Kosmologie oder Naturphilosophie
(Weltkunde oder Gesamtwissenschaft von der erkennbaren Welt; die einzige, allumfassende, wirkliche Wissenschaft, identisch mit der natürlichen Theologie)

I. Uranologie oder Himmelskunde
(Gesamtwissenschaft von der außerirdischen Natur)
Siderischer Teil der Kosmologie

A. Uranogenie oder Naturgeschichte des Himmels
(Entwicklungsgeschichte der außerirdischen Natur)
Siderischer Teil der Kosmologie

B. Uranografie oder Naturbeschreibung des Himmels
(Gesamtwissenschaft der außerirdischen Natur in irgendeinem Zeitmoment)
Siderischer Teil der Kosmologie

II. Pangeologie oder Erdkunde (Geologie im weitesten Sinn)
Gesamtwissenschaft von der irdischen Natur
Tellurischer Teil der Kosmologie (Abiologie und Biologie)

A. Pangeogenie oder Naturgeschichte der Erde
(Entwicklungsgeschichte der irdischen Natur)
Tellurischer Teil der Kosmogenie

B. Pangeografie oder Naturbeschreibung der Erde
(Gesamtwissenschaft von der irdischen Natur in irgendeinem Zeitmoment)
Tellurischer Teil der Kosmografie

Diese wenigen obersten Wissenschaftszweige umfassen das gesamte Gebiet der menschlichen Erkenntnissphäre. Alle menschliche Wissenschaft ist Kosmologie, und zwar entweder Uranologie oder Pangeologie; und diese Letztere wiederum ist entweder Abiologie oder Biologie. Es existieren nun zwar dem Namen nach eine Menge anderer Wissenschaften, welche in keine dieser Kategorien zu gehören scheinen; indessen sind diese angeblichen Wissenschaften entweder untergeordnete Zweige der Kosmologie, oder es sind gar keine Wissenschaften.[5]

»Nihil est in intellectu, quod non ante fuerit in sensu.«[6] Dieser Satz bildet den Ausgangspunkt für die richtige Wertschätzung unseres Erkenntnisvermögens.

»Homo naturae minister et interpres tantum facit et intelligit, quantum de naturae ordine, re et mente observaverit; nec amplius scit aut potest.«[7] Mit diesen Worten hat bereits Baco von Verulam den wichtigen Grundsatz festgestellt, dass alle menschliche Erkenntnis in letzter Instanz sinnlich, das heißt a posteriori ist. Es gibt keine Erkenntnisse a priori. Der weit verbreitete Irrtum, dass solche existieren, konnte nur auf einer falschen anthropologischen Basis sich erheben. Seitdem wir in der wahren Erkenntnis der menschlichen Deszendenz, in der Gewissheit, dass sich der Mensch aus niederen Wirbeltieren entwickelt hat, den allein richtigen Standpunkt für die Wertschätzung seiner Geistestätigkeit ein für allemal gewonnen haben, ist es klar, dass man nicht mehr von Erkenntnissen a priori sprechen kann. Die Vererbungsgesetze und namentlich das Gesetz der abgekürzten oder vereinfachten Vererbung erklären uns vollkommen jenen Irrtum. Alle Erkenntnisse ohne Ausnahme sind a posteriori, durch die sinnliche Erfahrung, erworben; sie scheinen aber häufig a priori zu sein, weil sie schon durch viele Generationen vererbt sind. Ebenso werden auch die durch Dressur anerzogenen Fähigkeiten bestimmter Hunderassen (z.B. der Spürhunde) durch Vererbung zu angeborenen (a priori). Von der Mathematik, welche am meisten von allen wirklichen Wissenschaften als a priori konstruiert gelten könnte, hat bereits John Stuart Mill in seiner vortrefflichen induktiven Logik gezeigt, dass dieselbe in der Tat eine Wissenschaft a posteriori ist. Jede Zahlgröße, jede Raumgröße, jedes Gesetz über deren Verhältnisse ist eine Abstraktion aus vorhergegangener Erfahrung oder ein durch Kombination mehrerer solcher Abstraktionen gewonnener Schluss.

Hier tritt nun die unermessliche Bedeutung, welche die allgemeine Entwicklungsgeschichte der Organismen und die des Menschen im Besonderen für die universale Kosmologie besitzt, in ihr volles Licht. Lediglich mittels der durch die Deszendenztheorie erworbenen Erkenntnis, dass der Mensch nichts weiter ist als einer der letzen und jüngst entwickelten Zweige des Wirbeltierstammes, gelangen wir zu einem richtigen, naturgemäßen Verständnis der Anthropologie und somit auch der Erkenntnisgrenzen des Menschen und des Verhältnisses seiner Wissenschaft zum Weltganzen. Nur wenn man auf den Grund der Deszendenztheorie und der durch sie kausal begründeten Morphogenie die »Stellung des Menschen in der Natur« richtig begriffen und konsequent durchdacht hat, kann man auch zu dem allein wahren, das heißt naturgemäßen Verständnis der menschlichen Wissenschaft gelangen.

Der Grundgedanke, welcher unser System der »generellen Morphologie der Organismen« als roter Faden durchzieht, und welcher nach unserer unerschütterlichen Überzeugung die unerlässliche Basis aller wahrhaft wissenschaftlichen Bestrebungen zum Verständnis der organischen Formenwelt sein muss, ist der Gedanke von der absoluten Einheit der Natur; der Grundgedanke, dass es ein und dasselbe allmächtige und unabänderliche Kausalgesetz ist, welches die gesamte Natur ohne Ausnahme, die organische wie die anorganische Welt regiert. Dieses Kausalgesetz ist die allumfassende Notwendigkeit, die *Anangke*[8], welche ebenso wenig einen »Zufall« wie einen »freien Willen« zulässt. Durch eingehende Vergleichung der Organismen und der Anorgane hinsichtlich ihrer Stoffe, Formen und Kräfte haben wir im fünften Kapitel zu zeigen versucht, dass diese äußerst wichtige philosophische Erkenntnis von der Einheit der organischen und anorganischen Natur empirisch fest begründet ist.

Dieser Einheit der Natur entspricht vollständig die Einheit der menschlichen Naturerkenntnis, die Einheit der Naturwissenschaft, oder was dasselbe ist, die Einheit der Wissenschaft überhaupt. Alle menschliche Wissenschaft ist Erkenntnis, welche auf Erfahrung beruht, ist empirische Philosophie, oder wenn man lieber will, philosophische Empirie. Die denkende Erfahrung oder das erfahrungsmäßige Denken sind die einzigen Wege und Methoden zur Erkenntnis der Wahrheit. So kommen wir auf den wichtigen Satz zurück, welchen wir bereits im vierten Kapitel begründet haben:

Alle wahre Naturwissenschaft ist Philosophie und alle wahre Philosophie ist Naturwissenschaft. Alle wahre Wissenschaft aber ist Naturphilosophie.

Anmerkungen | **1** Bei der allgemeinen Selbsttäuschung, welche in dieser Beziehung unter den Menschen herrscht, kann nicht oft genug darauf hingewiesen werden, dass alle Kräfte ohne Ausnahme, also auch die geistigen, an die Materie gebunden sind und nur an ihr zur Erscheinung kommen. Wir sind als Menschen vollkommen unvermögend, uns irgendeine immaterielle Kraft vorzustellen. Alle angeblichen Vorstellungen einer solchen sind in Wirklichkeit nur Vorstellungen von gasförmigen Materien oder von feineren, schwerelosen Materien, gleich dem expansiven Wärmestoff zwischen den kohäsiven Atomen und Molekülen der Materie. **2** griech. das Ganze **3** griech. an sich, vor allem **4** Die Erde als Planet, als Teil unseres Sonnensystems, hat sich ebenso entwickelt wie jeder andere Teil der Welt. Die einzige Theorie, welche wir von der Entwicklung der Erde besitzen, ist die bekannte, mathematisch begründete Theorie von Kant und Laplace, nach welcher die Erde allmählich durch Abnahme der Temperatur aus dem gasförmigen in den feurigflüssigen, aus diesem in den festen (oder wenigstens auf der oberflächlichen Rinde festen) Aggregatzustand übergegangen ist. Diese Theorie involviert selbstverständlich einen zeitlichen Anfang des organischen Lebens auf der Erde, da diese erst dann entstehen konnte, nachdem die Temperatur bis zur tropfbarflüssigen Verdichtung des Wassers gesunken war. Eine notwendige Konsequenz dieser Theorie ist die Autogenie, das heißt, die (wenigstens einmal stattgehabte) unmittelbare Entstehung von einfachsten Organismen (Moneren) aus anorganischen Materien. Diese Kant-Laplace'sche Theorie befindet sich in vollkommenem Einklang mit allen unseren sonstigen Naturerkenntnissen, insbesondere mit der Astronomie und der Morphogenie. Alle Tatsachen der Ontogenie und Phylogenie, vor allem aber die äußerst wichtige dreifache genealogische Parallele der phyletischen, biontischen und systematischen Entwicklung beweisen mit der größten Sicherheit und Übereinstimmung, dass das organische Leben auf der Erde zu irgendeiner Zeit einen Anfang hatte (mag derselbe auch noch so viele Milliarden von Jahrtausenden hinter uns liegen). Sie beweisen ferner mit der größten Evidenz das große Gesetz des Fortschritts oder der Vervollkommnung, welche eine notwendige Wirkung der Selektion ist. Das sicherste Argument dafür finden wir in der individuellen Entwicklungsgeschichte der Organismen, welche bloß eine kurze und schnelle Rekapitulation ihrer paläontologischen Entwicklung ist. **5** Wie die gelehrte Scholastik des Mittelalters noch vielfach unsere Anschauungen beherrscht, zeigt sich vielleicht nirgends so auffallend als in der üblichen und althergebrachten Einteilung der Wissenschaften, wie sie sich namentlich auch in der Einteilung der Fakultäten auf unseren Universitäten offenbart. Voran steht die Theologie. Die wirklich natürliche, das heißt, wahrheitsgemäße Theologie fällt zusammen mit der Kosmologie, oder was dasselbe ist, mit der Naturphilosophie. Denn da Gott allmächtig, da er die Summe aller Kräfte in der Welt ist, da er das ganze Universum umfasst, so muss er auch in allen Teilen des Kosmos erkennbar sein, ist jede Naturerscheinung eine Wirkung Gottes, oder was dasselbe ist, des Kausalgesetzes und die allumfassende Naturwissenschaft ist zugleich Gotteserkenntnis. Die scholastische Theologie dagegen, wie sie gewöhnlich gelehrt wird, ist in ihrem historischen Teile (als Entwicklungsgeschichte der Glaubensdichtungen) ein kleiner Teil der Anthropologie und speziell der genetischen Psychologie; in ihrem dogmatischen Teil ist sie keine Wissenschaft, da Dogma und Erkenntnis sich als solche ausschließen. Zum großen Teil gehört die Theologie in das psychiatrische Gebiet; zum großen Teil ist sie, ebenso wie die Jurisprudenz und Medizin, eine Kunst, eine praktische Sammlung von Kenntnissen und Anweisung zu deren Gebrauch, aber keine reine Wissenschaft. Dass alle Wissenschaften, welche speziell menschliche Verhältnisse betreffen, insbesondere auch die historischen, philologischen, statistischen

Wissenschaften etc. Teile der Anthropologie und mithin der Zoologie sind, wurde bereits im vorigen Kapitel gezeigt. Es bleibt als einzige reine, allumfassende Wissenschaft in der Tat nur die Naturphilosophie (identisch mit der Kosmologie) übrig, von welcher die Anthropologie nur ein ganz kleiner beschränkter Teil ist. Die Mathematik ist ein Teil der allgemeinen Kosmologie, wie die Psychologie ein Teil der speziellen Anthropologie und die Logik ein Teil der Psychologie. **6** lat. »Nichts ist im Verstand, was nicht vorher in den Sinnen war.« **7** dt. »Der Mensch, Diener und Erklärer der Natur, schafft und begreift nur so viel, als er von der Ordnung der Natur durch die Sache oder den Geist beobachten kann; mehr weiß oder vermag er nicht.« **8** griech. Zwangsläufigkeit

»Alle Erkenntnisse ohne Ausnahme sind [...] durch die sinnliche **Erfahrung** erworben.«

Gott in der Natur

Amphitheismus und Monotheismus

Der Monismus, wie wir denselben in der generellen Morphologie der Organismen als das unentbehrliche Fundament der Wissenschaft und die notwendige Voraussetzung der reinen Erkenntnis nachgewiesen und allgemein durchgeführt haben, ist von vielen Seiten als Atheismus und als Materialismus verschrien und als solcher auf das heftigste bekämpft worden. Wir sind darauf gefasst, diesen Vorwurf auch gegen unsere monistische Naturanschauung erhoben zu sehen, umso mehr, als wir die herrschende, dualistische Vorstellung eines persönlichen Schöpfers, wie jeder »Schöpfung« überhaupt, auf das Entschiedenste verwerfen und bekämpfen. Bei der allgemeinen Unklarheit und Urteilslosigkeit, welche gerade in der empirischen Morphologie in Betreff dieser wichtigsten Grundprinzipien herrscht, erscheint es passend, am Schluss dieses Werks unseren Standpunkt klar zu bestimmen und kurz zu zeigen, dass der von uns ausschließlich kultivierte Monismus zugleich der reinste Monotheismus ist.

Was zunächst den Vorwurf des Materialismus betrifft, den man gegen den Monismus erhoben hat, so ist derselbe, wie schon Schleicher bemerkt hat, ganz »ebenso verkehrt, also wollte man ihn des Spiritualismus zeihen«. Der Monismus kennt weder die Materie ohne Geist, von welcher der Materialismus spricht, noch den Geist ohne Materie, welchen der Spiritualismus annimmt. Vielmehr gibt es für ihn »weder Geist noch Materie im gewöhnlichen Sinne, sondern nur Eins, das Beides zugleich ist.« Wir kennen eine geistlose Materie, das heißt einen Stoff ohne Kraft, ebenso wenig wie einen immateriellen Geist, das heißt eine Kraft ohne Stoff. Jeder Stoff als solcher besitzt eine Summe von Spannkräften, welche als lebendige Kraft in die Erscheinung treten, und jede Kraft kann nur in der Materie, an welcher sie haftet, als solche wirksam sein. Diese rein monistische Ansicht, welche wir auf das Entschiedenste vertreten, ist schon vor langer Zeit von einem unserer hervorragendsten Denker und Naturforscher, von Wolfgang Goethe, so klar und bestimmt ausgesprochen worden, dass wir nichts Besseres tun können, als seinen merkwürdigen Ausspruch hier nochmals hervorzuheben: »Weil die Materie nie ohne Geist, der Geist nie ohne Materie existiert und wirksam sein kann, so vermag auch die Materie sich zu steigern, sowie sich's der Geist nicht nehmen lässt, anzuziehen und abzustossen; wie derjenige nur allein zu denken vermag, der genugsam getrennt hat, um zu verbinden, genugsam verbunden hat, um wieder trennen zu mögen.«

Was nun aber zweitens den Vorwurf des Atheismus betrifft, den zweifelsohne sowohl gedankenlose Naturkenner als auch kenntnislose Naturdenker gegen unseren Monismus erheben werden, so schleudern wir diesen schweren Vorwurf dadurch auf sie zurück, dass wir ihren angeblichen Theismus als Amphitheismus, unseren Monismus dagegen als reinen Monotheismus nachweisen.

Es ist in der Tat nicht schwer, bei objektiver und vorurteilsfreier Betrachtung zu der klaren Überzeugung zu gelangen, dass der mythologisch begründete Theismus, welcher angeblich als »reiner Monotheismus« die Kulturvölker der neueren Zeit beherrscht, und welcher in der organischen Morphologie als Schöpfungsmythos noch gegenwärtig eine so hervorragende Rolle spielt, in der Tat kein Monotheismus, sondern Amphitheismus ist. Monotheismus war diese herrschende Gotteslehre nur so lange, als alle Naturerscheinungen ohne Ausnahme für das unmittelbare Resultat der persönlichen göttlichen Weltherrschaft galten; nur so lange, als alle anorganischen und organischen Phänomene – vom Wehen des Windes und dem Rollen des Donners bis zum Licht der Sonne und dem Lauf der Gestirne, von dem Blütenduft der Pflanze und dem Flug des Vogels bis zu der Gedankenbildung des Menschen und der Entwicklungsgeschichte der Völker – direkte Wirkungen eines monarchischen, persönlichen Schöpfers waren.

Als aber die neuere Naturwissenschaft nachwies, dass das gesamte Gebiet der anorganischen Natur durch feste und ausnahmslose Naturgesetze regiert werde, als Physik und Chemie die Abiologie in mathematische Formeln brachten, wurde dem persönlichen Schöpfer die Hälfte seines Gebiets entrissen, und es blieb ihm nur noch die organische Natur übrig, und selbst von dieser wurde durch die neuere Physiologie abermals die Hälfte abgelöst, sodass bloß noch die organische Morphologie dem persönlichen Willkürregiment des mediatisierten Weltherrschers unterworfen blieb.

So wurde aus dem früheren Monotheismus der vollständige Amphitheismus, welcher gegenwärtig die moderne Weltanschauung der Kulturvölker beherrscht und welcher in der Wissenschaft als der grundverkehrte Dualismus erscheint, den wir in der generellen Morphologie auf das Entschiedenste bekämpft haben.

Denn was ist dieser Dualismus anderes als der Kampf zwischen zwei Göttern von grundverschiedener Natur? Dort sehen wir auf dem von dem Mechanismus eroberten Gebiet der Abiologie die ausschließliche Herrschaft von ausnahmslosen und notwendigen Naturgesetzen, von der *Anangke,*[1] welche zu allen Zeiten und an allen Orten dieselbe und sich beständig gleich bleibt. Hier dagegen erblicken wir auf dem von der Teleologie noch beherrschten Gebiet der Biologie und vorzüglich auf dem der organischen Morphologie die launenhafte Willkürherrschaft eines persönlichen und durchaus menschenähnlichen Schöpfers, welcher sich vergeblich abmüht, endlich einmal einen »vollkommenen« Organismus zu schaffen, und beständig die früheren Schöpfungen der »Vorwelt« verwirft, indem er neue, verbesserte Auflagen an deren

Stelle setzt. Wir haben schon gezeigt, warum wir diese klägliche Vorstellung des »persönlichen Schöpfers« verwerfen müssen. In der Tat ist dieselbe eine Entwürdigung der reinen Gottesidee. Die meisten Menschen stellen sich diesen »lieben Gott« durchaus menschenähnlich vor; er ist in ihren Augen ein Baumeister, welcher nach einem vorher entworfenen Plan den Weltbau ausführt, aber nie damit fertig wird, weil er während der Ausführung immer auf neue, bessere Ideen kommt; er ist ein Theaterdirektor, welcher die Erde wie ein großes Marionettentheater dirigiert, und die zahllosen Drähte, an denen er der Menschen Herzen lenkt, gewöhnlich mit leidlicher Geschicklichkeit zu handhaben weiß; er ist ein halbbeschränkter König, der nur auf anorganischem Gebiet konstitutionell, nach fest beschworenen Gesetzen, auf organischem Gebiet dagegen absolut, als patriarchalischer Landesvater herrscht und sich hier durch die Wünsche und Bitten seiner Landeskinder, unter denen die vollkommensten Wirbeltiere die am meisten begünstigten sind, bestimmen lässt, seinen Weltenplan täglich abzuändern.

Wenden wir uns weg von diesem unwürdigen Anthropomorphismus der modernen Dogmatik, welcher Gott selbst zu einem gasförmigen Wirbeltier erniedrigt, und betrachten wir dagegen die unendlich erhabenere Gottesvorstellung, zu welcher uns der Monismus hinführt, indem er die Einheit Gottes in der gesamten Natur nachweist und den Gegensatz eines organischen und eines anorganischen Gottes aufhebt, welcher den Todeskeim in der Brust jedes herrschenden Amphitheismus bildet.[2] Unsere Weltanschauung kennt nur einen einzigen Gott, und dieser allmächtige Gott beherrscht die gesamte Natur ohne Ausnahme. Die gesamte anorganische Körperwelt ist ihr ebenso wie die gesamte organische unterworfen. Wenn jeder Körper im luftleeren Raum in der ersten Sekunde 15 Fuß fällt, wenn jedes Mal drei Atome Sauerstoff mit einem Atom Schwefel sich zu Schwefelsäure verbinden, wenn der Winkel, den eine Säulenfläche des Bergkristalls mit der benachbarten bildet, stets 120 Grad beträgt, so sind diese Erscheinungen ebenso die unmittelbaren Wirkungen Gottes, wie es die Blüten der Pflanzen, die Bewegungen der Tiere, die Gedanken der Menschen sind. Wir sind alle »von Gottes Gnaden«, der Stein so gut wie das Wasser, das Radiolar so gut wie die Fichte, der Gorilla so gut wie der Kaiser von China.

Nur diese Weltanschauung, welche Gottes Geist und Kraft in allen Naturerscheinungen erblickt, ist seiner allumfassenden Größe würdig; nur wenn wir alle Kräfte und alle Bewegungserscheinungen, alle Formen und Eigenschaften der Materie auf Gott, als den Urheber aller Dinge, zurückführen, gelangen wir zu der menschlichen Gottesanschauung und Gottesverehrung, welche seiner unendlichen Größe in Wahrheit entspricht. Denn »in ihm leben, weben und sind wir«. So wird die Naturphilosophie in der Tat zur Theologie. Der Kultus der Natur wird zu jenem wahren Gottesdienst, von welchem Goethe sagt: »Gewiss es gibt keine schönere Gottesverehrung als diejenige, welche aus dem Wechselgespräch mit der Natur in unserem Busen entspringt!«

Gott ist allmächtig; er ist der einzige Urheber, die Ursache aller Dinge, das heißt mit anderen Worten: Gott ist das allgemeine Kausalgesetz. Gott ist absolut vollkommen, er kann niemals anders als vollkommen gut zu handeln, das heißt, Gott ist die Notwendigkeit. Gott ist die Summe aller Kräfte, also auch aller Materie. Jede Vorstellung von Gott, welche ihn von der Materie trennt, setzt ihm eine Summe von Kräften gegenüber, welche nicht göttlicher Natur sind; jede solche Vorstellung führt zum Amphitheismus, mithin zum Polytheismus.

Indem der Monismus die Einheit in der gesamten Natur nachweist, zeigt er zugleich, dass nur ein Gott existiert, und dass dieser Gott in den gesamten Naturerscheinungen sich offenbart. Indem der Monismus die gesamten Phänomene der organischen und anorganischen Natur auf das allgemeine Kausalgesetz begründet und dieselben als die Folgen »wirkender Ursachen« nachweist, zeigt er zugleich, dass Gott die notwendige Ursache aller Dinge und das Gesetz selbst ist. Indem der Monismus keine anderen als die göttlichen Kräfte in der Natur erkennt, indem er alle Naturgesetze als göttliche anerkennt, erhebt er sich zu der größten und erhabensten Vorstellung, welcher der Mensch als das vollkommenste aller Tiere fähig ist, zu der Vorstellung der Einheit Gottes und der Natur.

Anmerkungen | **1** griech. Zwangsläufigkeit **2** Wir sehen hier ganz davon ab, dass außer dem anorganischen (notwendigen) und dem organischen (willkürlichen) Gott, welche gegenwärtig in der Weltanschauung der meisten Menschen sich gegenüberstehen, gewöhnlich noch eine Anzahl anderer Götter (z.B. der Teufel, die Engel, die Heiligen) verehrt oder gefürchtet werden, welche diesen Amphitheismus zum vollen Polytheismus stempeln.

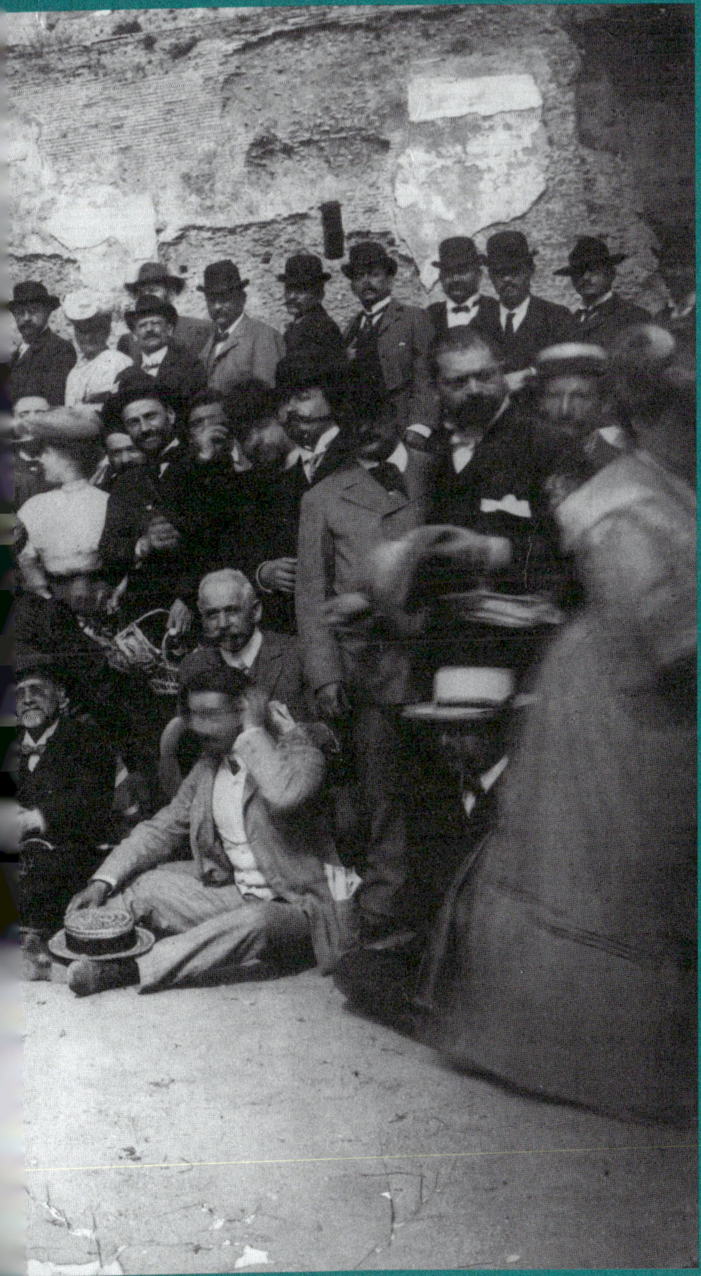

Der Gegenpapst: Haeckel (Bildmitte) mit Teilnehmern des Internationalen Freidenkerkongresses im Forum Romanum in Rom, 22.9.1904

Begriff und Aufgabe der Morphologie der Organismen

Die Bezeichnung »Embryologie« ist der Entwicklungsgeschichte der Wirbeltiere entnommen, bei denen fast immer (nur die Amphibien, Cyclostomen und einige Fische ausgenommen) sämtliche wesentliche Formveränderungen des Körpers innerhalb der Eihüllen durchlaufen werden. Hier kann daher der Ausdruck Embryologie mit einigem Recht zur Bezeichnung der gesamten Entwicklungsgeschichte des Organismus verwandt werden, zumal die späteren oder postembryonalen Formveränderungen (z.B. diejenigen, welche die Senilität einleiten und die Dekreszenz begleiten) in der Regel nicht von der Morphologie in Betracht gezogen werden (obschon sie es verdienten). Ganz anders gestaltet sich aber die Bedeutung der Embryologie bei den wirbellosen Tieren, bei denen, gleichwie bei den Amphibien, Cyclostomen etc. bedeutende Formveränderungen, und zwar häufig die größten und wichtigsten, erst in der Periode des Larvenlebens eintreten, wenn der Embryo die Eihüllen verlassen und damit seinen embryonalen Charakter aufgegeben hat. Wollen wir bei diesen Organismen, welche also eine »Metamorphose« durchlaufen, für die Erkenntnis der embryonalen Formveränderungen die Bezeichnung der Embryologie beibehalten, so können wir diese nur als einen Zweig ihrer Entwicklungsgeschichte ansehen und müssen diesem den anderen Zweig der Wissenschaft von den postembryonalen Formveränderungen (Metamorphosen etc.) entgegensetzen; dieser ließe sich dann passend als Metamorphologie (Metamorphosenlehre) oder als Schadonologie[1] (Larvenlehre) bezeichnen.

Die gesamte Entwicklungsgeschichte der Individuen würde demnach in zwei Teile zerfallen, die Embryologie oder Entwicklungsgeschichte des Organismus innerhalb der Eihüllen und die Schadonologie oder Entwicklungsgeschichte des Organismus außerhalb der Eihüllen. Für die gesamte Entwicklungsgeschichte des Individuums, welche sich aus diesen beiden Disziplinen zusammensetzt, würden wir, da es an einer technischen Bezeichnung für dieselbe gänzlich fehlt, den Ausdruck Ontogenesis oder Ontogenie vorschlagen. Onta[2] sind die konkreten Individuen (räumlich abgeschlossene Formeinheiten), welche zu einer gegebenen Zeit konkretes Objekt der Betrachtung und der Untersuchung sind, und die Onta oder Individuen in diesem Sinne stehen gegenüber den Phyla oder Individuenstämmen, unter welchen wir die abstrakte Summe aller durch Blutsverwandtschaft verbundenen konkreten Onta verstehen. Hieraus ergibt sich schon zum Teil, inwiefern wir die Ontogenie der Phylogenie entgegensetzen können.

Wenn wir unter Onta demgemäß allgemein die organischen Individuen als selbstständige und räumlich abgeschlossene Formeinheiten und unter Ontogenie die Entwicklungsgeschichte dieser Individuen verstehen, so drängt sich nun zunächst die Frage auf, zu welcher von den oben aufgezählten sechs Ordnungen organischer Individuen diese Onten gehören. Hierauf ist zu antworten, dass jede dieser sechs verschiedenen Individualitäten ihre eigene Entwicklungsgeschichte hat, und dass sie demnach alle sechs als Onten betrachtet und so Objekt der Entwicklungsgeschichte oder Ontogenie werden können. Diese Wissenschaft würde demgemäß wiederum in sechs untergeordnete Disziplinen zerfallen, welche den sechs morphologischen Individualitäten verschiedener Ordnung entsprechen, nämlich:

1. Ontogenie der Plastiden oder Individuen erster Ordnung

Entwicklungsgeschichte der Plastiden (Cytoden und Zellen). Plastidogenie. Diese Disziplin, welche noch sehr jugendlichen Alters ist, wird gewöhnlich als Histogenie oder Entwicklungsgeschichte der Gewebe bezeichnet und als solche der Histologie (Plastidologie) angefügt. Diese Bezeichnung ist aber insofern nicht korrekt, als ein Teil der »Gewebe« bereits zu den Organen oder Individuen zweiter Ordnung gehört.

2. Ontogenie der Organe oder Individuen zweiter Ordnung

Entwicklungsgeschichte der Organe verschiedener Ordnung (Zellenstöcke, einfache Organe, zusammengesetzte Organe, Organsysteme, Organapparate). Diese Wissenschaft bildet den größten Bestandteil der gewöhnlich so genannten »Embryologie« und wird bisweilen als Organogenie den übrigen Teilen derselben und insbesondere der Histogenie entgegengesetzt.

3. Ontogenie der Antimeren oder Individuen dritter Ordnung

Entwicklungsgeschichte der Gegenstücke oder homotypischen Teile. Antimerogenie. Diese wichtige Disziplin, welche für unser Verständnis der Gesamtform der Organismen von der größten Wichtigkeit ist, ist bisher fast gänzlich unbeachtet geblieben und gehört, wie die gesamte Antimerologie, der Zukunft an, in der sie sicher eine bedeutende Entwicklung erreichen wird.

4. Ontogenie der Metameren oder Individuen vierter Ordnung

Entwicklungsgeschichte der Folgestücke oder homodynamen Teile. Metamerogenie. Diese Wissenschaft, welche in der Entwicklungsgeschichte aller aus Metameren zusammengesetzten Organismen, der Wirbeltiere, Gliedertiere, Echinodermen, Phanerogamen eine bedeutende Rolle spielt, wird ebenfalls erst in der Zukunft ihre volle Würdigung finden. Es gehört hierher z.B. die Lehre von dem sukzessiven Auftreten und der Entwicklung der einzelnen Urwirbel bei den Wirbeltieren, der Zoniten (Segmente) bei den Gliedertieren, der Stengelglieder bei den Phanerogamen.

5. Ontogenie der Personen oder Individuen fünfter Ordnung

Entwicklungsgeschichte der »Individuen« im engsten Sinne, der Prosopen oder Personen. Prosopogenie. Dieser Zweig der Entwicklungsgeschichte begreift in der Embryologie der Wirbeltiere (welche bisher vor allen anderen tierischen Entwicklungsgeschichten sich durch planvolle und denkende Behandlung ausgezeichnet hat) denjenigen Teil, welcher gewöhnlich als »Entwicklung der äußeren Körperform« bezeichnet wird. Seine Hauptaufgabe ist die Darstellung der Entwicklung der Person aus den differenzierten Metameren.

6. Ontogenie der Stöcke oder Individuen sechster Ordnung

Entwicklungsgeschichte der Stöcke (Cormi) oder Colonien. Cormogenie. Diese Wissenschaft, welche natürlich nur bei denjenigen Organismen existiert, bei denen Personen zur Bildung von Stöcken zusammentreten, würde die Gesetze zu bestimmen haben, nach denen dieser Zusammentritt stattfindet. In der Botanik ist diese Disziplin als die »Lehre von der Sprossfolge« in hohem Grade entwickelt, auf den entsprechenden Gebieten der Zoologie dagegen (z.B. bei den Coelenteraten, deren Stockbildung auf ganz ähnlichen Gesetzen, wie die der Phanerogamen beruht) kaum begonnen.

Die Gesamtsumme der Formen, welche jeder individuelle Organismus von seiner ersten Entstehung im Ei an bis wieder zur Produktion von Eiern durchläuft, ist von verschiedenen Morphologen (insbesondere von Huxley) als das organische »Individuum« *Schadon* hingestellt worden; eine Auffassung, welche besonders in England vielen Beifall gefunden hat. Diese Formenreihe wird bald nur durch ein einziges physiologisches Individuum, bald aber (beim Generationswechsel) durch eine Mehrzahl von physiologischen Individuen, welche alle einem und demselben Ei ihre Entstehung verdanken, repräsentiert. Von einem gewissen Gesichtspunkt aus lässt sich die Auffassung dieser kontinuierlich zusammenhängenden Formenkette (als eines zeitlichen Individuums) allerdings rechtfertigen. Im dritten Buch, wo wir dies näher ausführen werden, haben wir diese Individualität als ein »genealogisches Individuum erster Ordnung« oder als »Eiprodukt« bezeichnet. Die Ontogenie könnte daher genauer auch als Entwicklungsgeschichte der genealogischen Individuen erster Ordnung oder als Entwicklungsgeschichte der Eiprodukte bezeichnet werden.

Anmerkungen | **1** *Schadon,* griech. die Larve, besonders die Insekten-Larve (Aristoteles) **2** *Ta onta,* griech. die konkreten, wirklichen Körper, im Gegensatz zu den abstrakten, gedachten.

E. Haeckel del.

Lith. Anst. v. J. G. Bach Leipzig

Einteilung der Morphologie in untergeordnete Wissenschaften

Einteilung der Morphologie in Anatomie und Morphogenie

Indem wir die Begriffe der einzelnen untergeordneten Wissenschaften nach Inhalt und Umfang zu bestimmen suchen, aus denen sich die Morphologie der Organismen zusammensetzt, werden wir diese letztere Wissenschaft, ebenso wie bei allen folgenden Untersuchungen, in dem soeben näher bestimmten engeren Sinne fassen, in welchem die statische Organochemie oder die Chemie der organischen Substrate von der Morphologie ausgeschlossen wird. Es bleibt uns dann als Aufgabe lediglich die erklärende Betrachtung der organischen Formen an sich, ohne jede Rücksicht auf die ihnen zugrunde liegenden chemischen Substrate und auf ihre stoffliche Zusammensetzung.

Da unsere Aufgabe nun dahin geht, die verschiedenen Formen der Organismen nicht allein kennenzulernen und zu beschreiben, sondern dieselben auch vergleichend zu untersuchen und ihre Bildung auf allgemeine Gesetze zurückzuführen, würde sich als nächste Einteilung der Morphologie vielleicht die Spaltung in eine beschreibende und in eine erklärende Formenlehre darbieten. Diese Unterscheidung ist in der Tat theoretisch gemacht und häufig auch praktisch durchgeführt worden. Auf ihr beruht z.B. die Differenz zwischen der »Zootomie« und der »vergleichenden Anatomie«, von denen sich die Erstere auf die Beschreibung aller einzelnen tierischen Organisationsverhältnisse beschränkt, während die Letztere dieselben zu erklären, das heißt, auf allgemeine Gesetze zurückzuführen strebt. Während die Zootomie in dem Labyrinth der zahllosen Einzelformen und in der unendlichen Mannigfaltigkeit der einzelnen Organisationsweisen sich verliert und es bloß zu einer einfachen Aneinanderreihung der beobachteten Tatsachen bringt, weiß die vergleichende Anatomie den leitenden Ariadne-Faden durch alle verwickelten Windungen des Labyrinths hindurch festzuhalten und schwingt sich dadurch zum beherrschenden Überblick des Ganzen empor. So wesentlich dieser Unterschied zwischen beiden Disziplinen aber auch ist, so ist er doch im Grunde nur ein Unterschied in der Methode und in der Intensität der Erkenntnis. Die Zootomie verfährt analytisch und begnügt sich mit der Kenntnis, die vergleichende Anatomie verfährt synthetisch und strebt nach der Erklärung der Erscheinungen; daher können wir eigentlich nur die Letztere als wirklich wissenschaftliche Morphologie bezeichnen, welcher die Erstere als untergeordnete Hilfswissenschaft nur das Material liefert. Die Spaltung der Morphologie in eine beschreibende (deskriptive) und eine erklärende (philosophische) Formenlehre als zwei koordinierte Hauptzweige ist demnach zu verwerfen.

Weit wichtiger ist für uns der Unterschied zwischen der werdenden und der vollendeten Form der Organismen. Jedes Sein wird nur durch sein Werden erkannt. Dieser wichtige Grundsatz ist in der wissenschaftlichen Morphologie längst tatsächlich vielfach berücksichtigt und daraufhin die Entwicklungsgeschichte der organischen Formen als einer der wichtigsten Zweige der Letzteren anerkannt worden. Wir teilen diese Anerkennung so sehr, dass wir der Wissenschaft von der werdenden und sich entwickelnden Form des Organismus den gleichen Wert wie der Wissenschaft von der vollendeten Form zugestehen und daraufhin die gesamte Morphologie in die beiden koordinierten Zweige der Anatomie und der Morphogenie oder Entwicklungsgeschichte spalten.

Einteilung der Anatomie und Morphogenie in vier Wissenschaften

Größere Schwierigkeiten als die Unterscheidung bietet uns die weitere Einteilung der genannten beiden Hauptzweige der Morphologie dar. Die Anatomie wird gewöhnlich in die beiden Zweige der gröberen Anatomie oder Organologie und der feineren (mikroskopischen) Anatomie oder Histologie gespalten; der Ersteren wird die Untersuchung der Zusammensetzung des Körpers aus seinen verschiedenen Organen zugewiesen, der Letzteren die Erforschung der Zusammensetzung seiner Gewebe aus den Elementarteilen. Indes beruht diese Unterscheidung auf unvollständiger Basis der Erkenntnis und kann, wie wir unten zeigen werden, nicht in dieser Weise beibehalten werden.

Um zu einer weiteren Einteilung der Anatomie und der Morphogenie in untergeordnete Wissenschaftszweige zu gelangen, erscheint es notwendig, die verschiedenen Qualitäten der organischen Formen, welche das Objekt jener Disziplinen bilden, eingehender zu betrachten. Diese stellen sich am deutlichsten und klarsten heraus, wenn man die anorganischen und organischen Formen miteinander vergleicht.

Alle Naturkörper der Erde, Organismen und Anorgane, haben miteinander gemein, dass sie uns entweder als bestimmt abgeschlossene räumliche Einheiten, als Individuen unmittelbar entgegentreten, oder dass sie sich in mehrere derartige konkrete Raumeinheiten oder Individuen zerlegen lassen. Diese Individuen, deren Form des Morphologen konkretes und nächstes Objekt ist, sind nun bei Organismen und Anorganen von wesentlich verschiedener Qualität.

Die anorganischen Individuen, wie z.B. die einzelnen Kristalle, die einzelnen amorphen Körner unkristallinischer Verbindungen, die einzelnen Wassertropfen etc., zeigen sich fast stets durch und durch homogen, in sich gleichartig, aus Molekülen einer und derselben Art zusammengesetzt. Da sie im Inneren nicht aus ungleichartigen Teilen zusammengesetzt sind, können wir, wenigstens im gröberen Sinne, keine

Organe an denselben unterscheiden; und die ganze Morphologie dieser Körper wird sich daher wesentlich auf eine Untersuchung ihrer äußeren Form beschränken. Von einer Organologie kann bei den Anorganen ebenso wenig als von einer Zusammensetzung des Körpers aus Individuen verschiedener Ordnung die Rede sein.[1]

Ganz anders zeigen sich schon auf den ersten oberflächlichen Blick die organischen Individuen, wie z.B. die einzelnen Wirbeltiere. Diese Körper sind durch und durch heterogen, in sich ungleichartig, aus Molekülen nicht nur, sondern auch aus gröberen Teilen von ganz verschiedener Art zusammengesetzt. Die ungleichartigen Teile, welche ihren Körper zusammensetzen, können wir, entweder in gröberem oder in feinerem Sinne, Organe nennen. Diese Zusammensetzung des organischen Körpers aus verschiedenen Organen ist es, welche in der gewöhnlichen Anschauung den Organismus macht. Die Morphologie dieser Körper kann sich mithin unmöglich auf die Untersuchung ihrer äußeren Form beschränken, sondern sie muss neben dieser notwendig ebenso auch die innere Form berücksichtigen, das heißt, den Bau (die Struktur) des Organismus, oder seine Zusammensetzung aus verschiedenen gleichartigen und ungleichartigen Teilen; so wie dann weiterhin die Form dieser Teile selbst, ihr gegenseitiges Lagerungs- und Verbindungsverhältnis und endlich ihre eventuelle weitere Zusammensetzung aus verschiedenartigen Formteilen, Gegenstand der organischen Morphologie sein wird. Gegen diesen wichtigsten Teil der Morphologie der Organismen tritt die Betrachtung ihrer äußeren Form ganz zurück oder erscheint vielmehr nur als ein sekundäres Resultat der Ersteren.

Ein zweiter wesentlicher Unterschied in der Form zwischen den organischen und anorganischen Individuen beruht darauf, dass die Form der anorganischen Individuen (wenn es nicht vollkommen unregelmäßig gestaltete, ganz amorphe Körper sind) einer vollkommen exakten mathematischen Betrachtung ohne Weiteres zugänglich ist, und dass mit der stereometrischen Ausmessung derselben die Aufgabe ihrer morphologischen Erkenntnis völlig gelöst ist. Die anorganischen Individuen sind fast immer von ebenen Flächen, geraden Linien und bestimmten messbaren Winkeln begrenzt. Die Hauptaufgabe der Kristallografie, welche den größten Teil der abiologischen Morphologie ausmacht, ist daher die Ausmessung und Berechnung dieser relativ einfachen geometrischen Formverhältnisse.

In vollem Gegensatz hierzu sind organische Individuen, deren Form einer stereometrischen Behandlung zugänglich ist, seltene Ausnahmen. Fast immer ist ihr Körper von gekrümmten Flächen, gebogenen Linien und unmessbaren sphärischen Winkeln begrenzt. Die Kurven, welche hier sich finden, sind so zusammengesetzter und dabei meist scheinbar so unbestimmter Natur, dass ihre Ausmessung und Berechnung als ein unlösbares Problem erscheint. Zwar wird die stereometrische Behandlung der organischen Formen sehr häufig als Ziel einer späteren vollendeteren, exaktmathematischen Methode ihrer Untersuchung hingestellt.

Diese neue Lehre von den Grundformen (Promorphen[2]) oder Promorphologie werden wir als einen besonderen und höchst wesentlichen Teil der Morphologie der Organismen auszubauen haben. Er wird uns das Äquivalent einer organischen Kristallografie sein. Die Betrachtung der Form der einzelnen Individuen verschiedener Ordnung, welche den Organismus zusammensetzen, wird sich stets an diese Betrachtung der geometrischen Grundformen als an ihr festes und sicheres Skelett anlehnen müssen.

Während die beiden wesentlichen eben hervorgehobenen Unterschiede in der Formbildung der Organismen und der Anorgane die vollendete Form betreffen, finden wir zwei andere, nicht minder bedeutende Differenzen zwischen beiden Hauptreihen von Naturkörpern in der Entstehung der Formen. Die Formen der anorganischen Individuen entstehen dadurch, dass sich die gleichartigen Moleküle der homogenen Materie, aus der sie bestehen, nach bestimmten physikalischen Gesetzen um einen bestimmten Mittelpunkt herum ansammeln. Die Form des Individuums (z.B. des Kristalls) ist hier zu jeder Zeit seiner Existenz dieselbe; sobald der Kristall überhaupt in bestimmter Form gebildet ist, bleibt diese mathematisch bestimmbare Form, so lange er besteht, dieselbe, mag das Individuum nachher noch so sehr an Größe zunehmen. Jedes Wachstum der Anorgane beruht bloß auf Apposition neuer Moleküle von außen her. Weder die innere Gleichartigkeit der Substanz noch die äußere charakteristische Form wird durch dieses Wachstum irgendwie verändert. Das anorganische Individuum entwickelt sich nicht.

Grundverschieden von dieser Wachstumsart der Anorgane durch äußere Apposition ist das Wachstum der Organismen, welches durch innere Intussuszeption geschieht und welches nicht bloß eine Veränderung der Größe, sondern auch der Form des organischen Individuums herbeiführt. Das organische Individuum entwickelt sich. Es durchläuft während seines Lebens eine Reihe von verschiedenen Formen. Wir können daher niemals die Form des konkreten organischen Individuums aus einem einzigen gegebenen Formzustand wahrhaft erkennen, sondern müssen zu diesem Zweck die ganze Kette von aufeinander folgenden Formen untersuchen und vergleichen, welche das organische Individuum während der ganzen Zeit seines Lebens von Anfang bis zu Ende durchläuft. Diese Aufgabe löst die Entwicklungsgeschichte oder die Embryologie, welche passender Ontogenie heißen würde.

Ein vierter und letzter sehr wesentlicher Unterschied zwischen den Formen der anorganischen und der organischen Individuen betrifft nicht die Beschaffenheit oder Entstehung der Form der konkreten einzelnen Individuen, sondern diejenige der abstrakten Einheiten, welche man Arten nennt. Unter dem Namen der Art oder Spezies fasst man gewöhnlich oberflächlich alle diejenigen Individuen zusammen, welche einander gleich oder ähnlich sind, welche also in allen sogenannten wesentlichen Charakteren übereinstimmen. Alle unorganischen Individuen, welche zu einer und derselben Art gehören, z.B. zu einer bestimmten Kristallart, haben vollkommen dieselbe Form (feste Kristallform) und dieselbe chemische Zusammensetzung. Die einzelnen Individuen jeder anorganischen Spezies unterscheiden sich lediglich durch ihre Größe. Andererseits gehören alle anorganischen Individuen, welche entweder durch ihr chemisches Substrat oder durch ihre Form (Kristallform etc.) verschieden sind, verschiedenen Arten an. Die Form jeder anorganischen Art ist aber unveränderlich, und die Kochsalzkristalle, welche zu allererst auf unserer Erde entstanden sind, werden in keiner Beziehung verschieden von denjenigen gewesen sein, die heutzutage sich bilden.

Eine ganz andere Bedeutung hat der Begriff der Art oder Spezies für die Form der organischen Individuen. Hier ist das Kriterium der Spezies nicht die Gleichheit der Form aller Individuen, auch nicht einmal die Ähnlichkeit derselben. Denn in vielen Fällen sind Larven und Erwachsene, Männchen und Weibchen derselben Art so gänzlich verschiedene Formen, dass sie in keinem einzigen speziellen Formcharakter übereinstimmen, und dass man sie nur in eine einzige Spezies zusammenstellt, weil sie von einem und demselben gemeinsamen Stammvater abstammen. Nun sind aber diese »Arten« oder Spezies, welche der Inbegriff aller Deszendenten einer einzigen Stammform sind, keineswegs unveränderlich. Es erzeugt nicht Gleiches nur Gleiches, wie gewöhnlich falsch gesagt wird, sondern Ähnliches erzeugt Ähnliches, und nach Verlauf eines gewissen Zeitraums gehen die organischen Spezies unter, während neue sich aus ihnen entwickeln. Die Form jeder organischen Spezies ist also durchaus veränderlich, und die Spezies selbst mithin keine abgeschlossene Einheit.

Wohl aber ist eine solche reale und vollkommen abgeschlossene Einheit die Summe aller Spezies, welche aus einer und derselben gemeinschaftlichen Stammform allmählich sich entwickelt haben, wie z.B. alle Wirbeltiere. Diese Summe nennen wir Stamm (Phylon).[3] Die Untersuchung der Entwicklung dieser Stämme und die Feststellung der genealogischen Verwandtschaft aller Spezies, die zu einem Stamm gehören, halten wir für die höchste und letzte besondere Aufgabe der organischen Morphologie. Im sechsten Buch werden wir die Grundzüge dieser Phylogenie oder Entwicklungsgeschichte der organischen Stämme (Kreise oder »Typen«) festzustellen haben. Das Material zu dieser bisher gänzlich vernachlässigten Wissenschaft liefert uns vor allem die Paläontologie, die Erkenntnis der ausgestorbenen Lebensformen, welche die Stammeltern und Blutsverwandten der jetzt lebenden Organismen sind.

Die ganze Disziplin könnte aber auch als organische Verwandtschaftslehre oder Genealogie bezeichnet werden.

Aus den vorausgehenden Erörterungen über die charakteristischen Qualitäten der organischen Formen haben sich uns nun bereits von selbst die speziellen einzelnen Aufgaben entwickelt, welche die Morphologie der Organismen als die erklärende organische Formenlehre zu lösen haben wird. Es wird jede der vier angeführten Qualitäten der organischen Form ihre gesonderte Behandlung verlangen, und es wird diese Aufgabe vier gesonderten Disziplinen zufallen.

Wir werden zunächst als die beiden Hauptzweige, in welche sich die Morphologie der Organismen (nach Ausschluss der statischen Organochemie) spaltet, zu unterscheiden haben: I) die Wissenschaft von der vollendeten organischen Form oder die Anatomie und II) die Wissenschaft von der werdenden organischen Form oder die Entwicklungsgeschichte, Morphogenie.

Die Anatomie (im weitesten Sinne) oder die gesamte Formenlehre des vollendeten Organismus wird auch häufig als Organologie oder als Morphologie bezeichnet und von anderen wieder als ein Teil der Systematik betrachtet. Die verschiedenen hierüber herrschenden Ansichten sowie die verschiedenen Einteilungen der Anatomie in untergeordnete Disziplinen werden wir sogleich einer gesonderten Betrachtung unterwerfen. Nach unserer Anschauung, die wir soeben entwickelt haben, spaltet sich die Anatomie zunächst in zwei verschiedene Disziplinen: A) die Lehre von der Zusammensetzung des Organismus aus gleichartigen und ungleichartigen Teilen, welche man passend entweder Zusammensetzungslehre oder Baulehre (Tektologie) oder Lehre von den Teilen (Merologie) nennen könnte, und B) die Lehre von den Formen der einzelnen Teile oder der einzelnen Individuen verschiedener Ordnung und insbesondere von deren geometrischen Grundformen, Promorphologie, an welche sich unmittelbar die Betrachtung der nicht geometrisch bestimmbaren äußeren Formen derselben anschließen wird.

Die Morphogenie oder die Entwicklungsgeschichte (im weitesten Sinne) als die Formenlehre des werdenden Organismus zerfällt ebenfalls in zwei Disziplinen, welche nach unserer Anschauung nächstverwandt und eng verbunden sind, obwohl sie gewöhnlich als weit getrennte Wissenschaften behandelt werden. A) Die Erste derselben untersucht die Entwicklungsgeschichte der Individuen und kann demgemäß als Ontogenie bezeichnet werden. Gewöhnlich wird sie »Embryologie« genannt, obwohl dieser Begriff viel zu eng und nur auf die höheren Organismen anwendbar ist. B) Der andere Zweig der Morphogenie ist die Entwicklungsgeschichte der Stämme oder Phylogenie und untersucht die zusammenhängende Formenkette aller derjenigen organischen Individuen, die von einer und derselben gemeinsamen Stammform sich abgezweigt haben. Da so wesentlich die Erkenntnis der Verwandtschaft der organischen Formen ihre Aufgabe ist, könnte sie auch Genealogie der Organismen, und da ihr Wesentliches empirisches Substrat die Petrefaktenkunde ist, »wissenschaftliche Paläontologie« genannt werden.

Das gegenseitige Verhältnis dieser vier Disziplinen, welche wir als die Hauptzweige der Morphologie der Organismen betrachten, ist bisher, teils wegen der einseitig herrschenden analytischen Erkenntnismethoden, teils wegen des allgemeinen Glaubens an das Speziesdogma, meist vollständig verkannt worden. Unsere Auffassung desselben dürfte durch folgendes Schema übersichtlich erläutert werden:

Morphologie der Organismen
(im engeren Sinn, nach Ausschluss der statischen Chemie)

Anatomie (oder Morphologie im engsten Sinn) Gesamtwissenschaft von der vollendeten Form der Organismen		**Morphogenie** (oder Entwicklungsgeschichte) Gesamtwissenschaft von der werdenden Form der Organismen	
Tektologie (oder Strukturlehre) Wissenschaft von der Zusammensetzung der Organismen aus organischen Individuen verschiedener Ordnung	**Promorphologie** (oder Grundformenlehre) Wissenschaft von den äußeren Formen der organischen Individuen und deren stereometrischen Grundformen	**Ontogenie** (oder Embryologie) Entwicklungsgeschichte der organischen Individuen (Onta)	**Phylogenie** (oder Paläontologie) Entwicklungsgeschichte der organischen Stämme (Phyla)

Anmerkungen | **1** Wir stellen hier absichtlich die wesentlichen Formunterschiede zwischen Organismen und Anorganen so scharf und durchgreifend gegenüber wie dies fast von allen Naturforschern geschieht. Im zweiten und sechsten Buch werden wir dagegen zeigen, dass diese Unterschiede keineswegs so absoluter Natur sind und dass auch hier wahre Übergangsbildungen und Zwischenstufen vorkommen. **2** griech. *Promorphe*; die Grundform, Vorform, Urform. **3** griech. *Phylon*; der Stamm (Volksstamm, Nation).

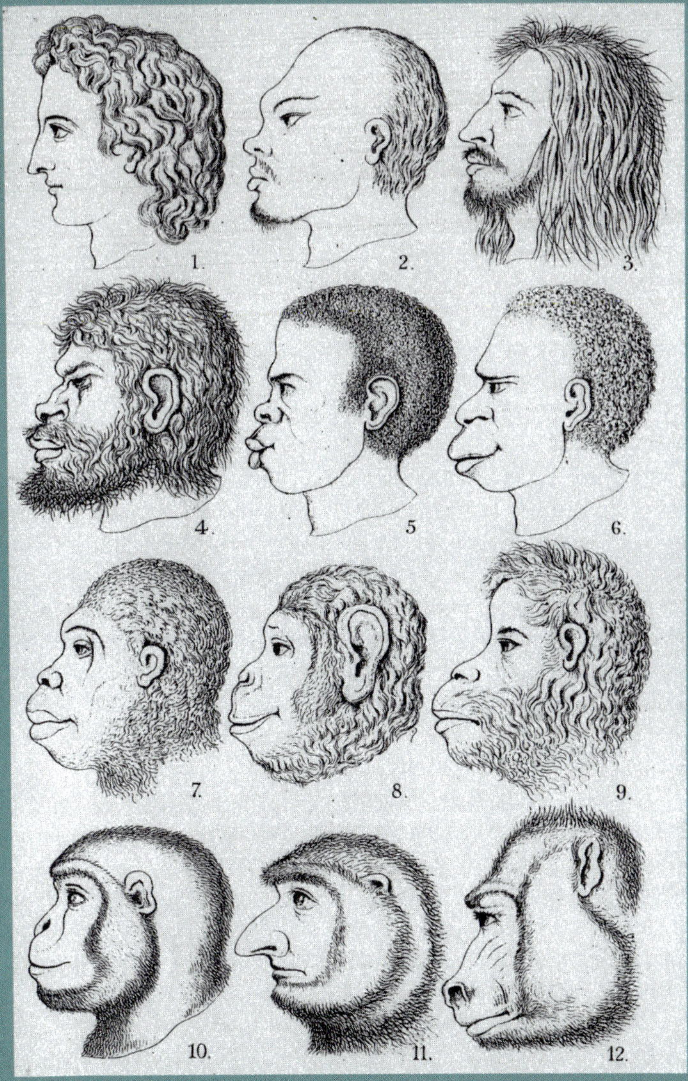

»Familiengruppe der Katarrhinen« (in der ersten Auflage der *Natürlichen Schöpfungsgeschichte* von 1868)

Ökologie und Chorologie

In den vorhergehenden Abschnitten haben wir wiederholt darauf hingewiesen, dass alle großen und allgemeinen Erscheinungsreihen der organischen Natur ohne die Deszendenztheorie vollkommen unverständliche und unerklärliche Rätsel bleiben, während sie durch dieselbe eine ebenso einfache wie harmonische Erklärung erhalten.[1] Dies gilt in ganz vorzüglichem Maße für zwei biologische Phänomenkomplexe, welche wir schließlich noch mit einigen Worten besonders hervorheben wollen, und welche das Objekt von zwei besonderen, bisher meist in hohem Grad vernachlässigten physiologischen Disziplinen bilden, für die Ökologie und Chorologie der Organismen.[2]

Unter Ökologie verstehen wir die gesamte Wissenschaft von den Beziehungen des Organismus zur umgebenden Außenwelt, wozu wir im weiteren Sinne alle »Existenzbedingungen« rechnen können. Diese sind teils organischer, teils anorganischer Natur; sowohl diese als jene sind, wie wir vorher gezeigt haben, von der größten Bedeutung für die Form der Organismen, weil sie dieselbe zwingen, sich ihnen anzupassen. Zu den anorganischen Existenzbedingungen, welchen sich jeder Organismus anpassen muss, gehören zunächst die physikalischen und chemischen Eigenschaften seines Wohnortes, das Klima (Licht, Wärme, Feuchtigkeits- und Elektrizitätsverhältnisse der Atmosphäre), die anorganischen Nahrungsmittel, Beschaffenheit des Wassers und des Bodens etc.

Als organische Existenzbedingungen betrachten wir sämtliche Verhältnisse des Organismus zu allen übrigen Organismen, mit denen er in Berührung kommt, und von denen die meisten entweder zu seinem Nutzen oder zu seinem Schaden beitragen. Jeder Organismus hat unter den übrigen Freunde und Feinde, solche, welche seine Existenz begünstigen und solche, welche sie beeinträchtigen. Die Organismen, welche als organische Nahrungsmittel für andere dienen oder als Parasiten auf ihnen leben, gehören ebenfalls in diese Kategorie der organischen Existenzbedingungen. Von welcher ungeheueren Wichtigkeit alle diese Anpassungsverhältnisse für die gesamte Formbildung der Organismen sind, wie insbesondere die organischen Existenzbedingungen im Kampf um das Dasein noch viel tiefer umbildend auf die Organismen einwirken als die anorganischen, haben wir in unserer Erörterung der Selektionstheorie gezeigt. Der außerordentlichen Bedeutung dieser Verhältnisse entspricht aber ihre wissenschaftliche Behandlung nicht im mindesten. Die Physiologie, welcher dieselbe gebührt, hat bisher in höchst einseitiger Weise fast bloß die Konservationsleistungen der Organismen untersucht (Erhaltung der Individuen und der Arten, Ernährung und Fortpflanzung),und von den Relationsfunktionen bloß diejenigen, welche die Beziehungen der einzelnen Teile des Organismus zueinander und zum Ganzen herstellen. Dagegen hat sie die Beziehungen desselben zur Außenwelt, die Stellung, welche jeder Organismus im Naturhaushalt, in der Ökonomie des Naturganzen einnimmt, in hohem Grade vernachlässigt und die Sammlung der hierauf bezüglichen Tatsachen der kritiklosen »Naturgeschichte« überlassen, ohne einen Versuch zu ihrer mechanischen Erklärung zu machen.

Diese große Lücke der Physiologie wird nun von der Selektionstheorie und der daraus unmittelbar folgenden Deszendenztheorie vollständig ausgefüllt. Sie zeigt uns, wie alle die unendlich komplizierten Beziehungen, in denen sich jeder Organismus zur Außenwelt befindet, wie die beständige Wechselwirkung desselben mit allen organischen und anorganischen Existenzbedingungen nicht die vorbedachten Einrichtungen eines planmäßig die Natur bearbeitenden Schöpfers, sondern die notwendigen Wirkungen der existierenden Materie mit ihren unveräußerlichen Eigenschaften und deren kontinuierlicher Bewegung in Zeit und Raum sind. Die Deszendenztheorie erklärt uns also die Haushaltsverhältnisse der Organismen mechanisch, als die notwendigen Folgen wirkender Ursachen, und bildet somit die monistische Grundlage der Ökologie. Dasselbe gilt nun auch für die Chorologie der Organismen.

Unter Chorologie verstehen wir die gesamte Wissenschaft von der räumlichen Verbreitung der Organismen, von ihrer geografischen und topografischen Ausdehnung über die Erdoberfläche. Diese Disziplin hat nicht bloß die Ausdehnung der Standorte und die Grenzen der Verbreitungsbezirke in horizontaler Richtung zu projizieren, sondern auch die Ausdehnung der Organismen oberhalb und unterhalb des Meeresspiegels, ihr Herabsteigen in die Tiefen des Ozeans, ihr Heraufsteigen auf die Höhen der Gebirge in vertikaler Richtung zu verfolgen. Im weitesten Sinne gehört die gesamte »Geografie und Topografie der Tiere und Pflanzen« hierher, sowie die Statistik der Organismen, welche diese Verbreitungsverhältnisse mathematisch darstellt. Nun ist zwar dieser Teil der Biologie in den letzten Jahren mehr als früher Gegenstand der Aufmerksamkeit geworden. Insbesondere hat die »Geografie der Pflanzen« durch die Bemühungen Alexander von Humboldts und Frederik Schouws lebhaftes und allgemeines Interesse erregt.

Auch die »Geografie der Tiere« ist von Berghaus, Schmarda und anderen als selbstständige Disziplin bearbeitet worden. Indessen verfolgten alle bisherigen Versuche in dieser Richtung entweder vorwiegend oder ausschließlich nur das Ziel einer Sammlung und geordneten Darstellung der chorologischen Tatsachen, ohne nach den Ursachen derselben zu forschen. Man suchte zwar die unmittelbare Abhängigkeit der Organismen von den unentbehrlichen Existenzbedingungen vielfach als die nächste Ursache ihrer geografischen und topografischen Verbreitung nachzuweisen, wie sie dies zum Teil auch ist. Allein eine tiefere Erkenntnis der weiteren Ursachen, und des kausalen Zusammenhangs aller chorologischen Erscheinungen war unmöglich, solange das Dogma von der Spezieskonstanz herrschte und eine vernünftige, monistische Beurteilung der organischen Natur verhinderte. Erst durch die Deszendenztheorie, welche das Erstere vernichtete, wurde die Letztere möglich, und wurde eine ebenso klare, als durchschlagende Erklärung der chorologischen Phänomene gegeben. Im elften und zwölften Kapitel seines Werkes hat Charles Darwin gezeigt, wie alle unendlich verwickelten und mannigfaltigen Beziehungen in der geografischen und topografischen Verbreitung der Tiere und Pflanzen sich aus dem leitenden Grundgedanken der Deszendenztheorie in der befriedigendsten Weise erklären, während sie ohne denselben vollständig unerklärt bleiben. Wir verweisen hier ausdrücklich auf jene geistvolle Darstellung, da wir an diesem Ort keine Veranlassung haben, auf den Gegenstand selbst näher einzugehen.

Alle Erscheinungen, welche uns die rein empirische Chorologie als Tatsachen kennen gelehrt hat – die Verbreitung der verschiedenen Organismenarten über die Erde in horizontaler und vertikaler Richtung; die Ungleichartigkeit und veränderliche Begrenzung dieser Verbreitungsbezirke; das Ausstrahlen der Arten von sogenannten »Schöpfungsmittelpunkten«; die zunehmende Variabilität an den Grenzen der Verbreitungsbezirke; die nähere Verwandtschaft der Arten innerhalb eines engeren Bezirkes; das eigentümliche Verhältnis der Süßwasserbewohner zu den Seebewohnern, wie der Inselbewohner zu den benachbarten Festlandsbewohnern; die Differenzen zwischen den Bewohnern der südlichen und nördlichen, wie der östlichen und westlichen Hemisphäre – alle diese wichtigen Erscheinungen erklären sich durch die Deszendenztheorie als die notwendigen Wirkungen der natürlichen Züchtung im Kampf um das Dasein, als die mechanischen Folgen wirkender Ursachen. Wenn wir von jener Theorie ausgehend uns ein allgemeines theoretisches Bild von den notwendigen allgemeinen Folgen der natürlichen Züchtung für die geografische und topografische Verbreitung der Organismen entwerfen wollten, so würden die Umrisse dieses Bildes vollständig mit den Umrissen des chorologischen Bildes zusammenfallen, welches uns die empirische Beobachtung liefert.

Wir finden also, dass die tatsächlich existierenden Beziehungen der Organismen zur Außenwelt, wie sie sich in der gesamten Summe der ökologischen und chorologischen Verhältnisse aussprechen, durch die Deszendenztheorie als die notwendigen Folgen mechanischer Ursachen erklärt werden, während sie ohne dieselbe vollkommen unerklärt bleiben, und wir erblicken in dieser Erklärung einen starken Stützpfeiler der Deszendenztheorie selbst.

Anmerkungen | **1** Diese ungeheure mechanisch-kausale Bedeutung der Deszendenztheorie für die gesamte Biologie, und insbesondere für die Morphologie der Organismen, können wir nicht oft genug und nicht dringend genug den gedankenlosen oder dualistisch verblendeten Gegnern derselben entgegen halten, deren teleologische Dogmatik nur darin ihre Stärke besitzt, das sie alle diese großen und allgemeinen Erscheinungsreihen der organischen Natur gar nicht zu erklären vermögen. **2** Von griech. *Oikos*, der Haushalt, die Lebensbeziehungen; von griech. *Chora*, der Wohnort, der Verbreitungsbezirk.

Kepplerbund gegen Häckel.

„Merkwürdigerweise wehren sich gerade diejenigen Menschen am meisten gegen die Abstammung vom Affen, die sich bezüglich ihrer Gehirnentwicklung am wenigsten vom Affen entfernt haben.“ (Erste Vorrede zur natürlichen Schöpfungsgeschichte.)

»Arabische Korallen« (Ernst Haeckel, 1875)

Die Deszendenztheorie als Fundament der organischen Morphologie

Die Selektionstheorie und die durch sie kausal begründete Deszendenztheorie sind physiologische Theorien, welche für die Morphologie der Organismen das unentbehrliche Fundament bilden. Die unermessliche Bedeutung jener Theorien liegt nach unserer Ansicht darin, dass sie die gesamten Erscheinungen der Biologie, und ganz besonders der Morphologie der Organismen, monistisch, das heißt mechanisch erklären, indem sie dieselben als die notwendigen Folgen wirkender Ursachen nachweisen. Die beiden physiologischen Funktionen der Anpassung, welche mit der Ernährung, und der Vererbung, welche mit der Fortpflanzung zusammenhängt, genügen, um durch ihre mechanische Wechselwirkung in dem allgemeinen Kampf um das Dasein die ganze Mannigfaltigkeit der organischen Natur hervorzubringen, welche die entgegengesetzte dualistische Weltansicht nur als das künstliche Produkt eines zweckmäßig tätigen Schöpfers betrachtet, und somit nicht erklärt.

Bei den vielfachen Missverständnissen, welche in dieser Hinsicht über die Bedeutung der Selektionstheorie und der Deszendenztheorie herrschen, und bei der falschen Beurteilung, welche dieselben in so weiten Kreisen gefunden haben, erscheint es passend, das Verhältnis der beiden Theorien zueinander, zur Entwicklungsgeschichte und dadurch zur gesamten Morphologie der Organismen nochmals ausdrücklich hervorzuheben. Die Selektionstheorie von Darwin ist die kausale Begründung der von Goethe und Lamarck aufgestellten Deszendenztheorie. Die erstere zeigt uns, warum die unendlich mannigfaltigen Organismenarten sich in der Weise aus gemeinsamen Stammformen durch Umbildung und Divergenz entwickeln, wie es die Deszendenztheorie behauptet hatte.

Wir selbst haben gezeigt, wie die beiden formenden Bildungstriebe, welche Darwin als die beiden Faktoren der Selektion nachwies, Vererbung und Anpassung, keine besonderen, unbekannten und rätselhaften Naturkräfte, sondern einfache und notwendige Eigenschaften der organischen Materie, mechanisch erklärbare physiologische Funktionen sind. Es ist möglich, dass neben der natürlichen Züchtung auch andere ähnliche mechanische Verhältnisse in der organischen Natur entdeckt werden, welche bei der Umwandlung der Spezies mit wirksam sind. Indessen erscheint uns die natürliche Züchtung vollkommen ausreichend, um die Entstehung der Spezies auf mechanischem Wege zu erklären. Die Deszendenztheorie ist die kausale Begründung der Entwicklungsgeschichte und dadurch der gesamten Morphologie der Organismen. Hier wollen wir als besonders wichtig nochmals hervorheben, dass der Grundgedanke der Deszendenztheorie, die gemeinsame Abstammung der »verwandten« Organismen von einfachsten Stammeltern, der einzige Gedanke ist, welcher überhaupt die Entwicklung der Organismen und dadurch ihre gesamten Formverhältnisse mechanisch erklärt. Es gibt keine andere Theorie und es ist auch keine andere Theorie denkbar, welche uns die gesamten Formverhältnisse der Organismen erklärt. Hierin finden wir einen Unterschied zwischen der Deszendenztheorie und der Selektionstheorie.

Die Deszendenztheorie steht nach unserer Ansicht als einzig mögliche unerschütterlich fest und kann durch keine andere ersetzt werden. Es gibt keine andere Erklärung für die morphologischen Erscheinungen als die wirkliche Blutsverwandtschaft der Organismen. Eine Vervollkommnung der Deszendenztheorie kann daher nur insofern stattfinden, als die Abstammung der einzelnen Organismengruppen von gemeinsamen Stammformen im einzelnen näher bestimmt und die Zahl und Beschaffenheit der Letzteren ermittelt wird. Dagegen kann die Selektionstheorie wohl dadurch noch ergänzt werden, dass neben der natürlichen Züchtung andere mechanische Verhältnisse entdeckt werden, welche in ähnlicher Weise die Umbildung der Arten bewirken oder doch befördern helfen. Die der Deszendenztheorie entgegengesetzte dualistische Behauptung, dass jede Art oder Spezies unabhängig von den verwandten entstanden und die Formenverwandtschaft der ähnlichen Arten keine Blutsverwandtschaft sei, ist ein unwissenschaftliches Dogma und als solches keiner Widerlegung bedürftig. Es erscheint daher hier keineswegs angemessen, noch weiter auf dieses ganz unhaltbare Dogma einzugehen und die absurden Konsequenzen, zu denen dasselbe notwendig führt, hervorzuheben. Nur das wollen wir hier noch bemerken, dass gerade in dieser Absurdität und vollständigen Grundlosigkeit des Speziesdogma und der damit zusammenhängenden Schöpfungshypothesen seine innere Stärke liegt.

Die Kulturgeschichte der Menschheit, und ganz besonders die Religionsgeschichte, zeigt uns auf jeder Seite, dass willkürlich ersonnene Dogmen um so fester und tiefer wurzeln, um so sicherer und allgemeiner geglaubt werden, je unbegreiflicher sie sind und je mehr sie sich einer wissenschaftlichen Begründung entziehen. Es fehlt dann der gemeinschaftliche Boden, auf welchem der Kampf zwischen beiden entschieden werden könnte: Zugleich finden alle solche Dogmen eine kräftige Stütze in der Trägheit des Denkvermögens bei den meisten Menschen. Die große Mehrheit scheut sich, anstrengenden Gedanken über den tieferen Kausalnexus der Erscheinungen nachzuhängen und ist froh, wenn ein aus der Luft gegriffenes Dogma sie dieser Anstrengungen enthebt. Dies gilt ganz besonders von den organischen Morphologen, welche von jeher in dieser Beziehung sich vor allen anderen Naturforschern ausgezeichnet haben. Natürlich liegt dies nicht an den Personen, sondern an der Sache selbst. Die Beschäftigung mit der unendlichen Fülle, Mannigfaltigkeit und Schönheit der organischen Formen sättigt so sehr den Anschauungstrieb (Naturgenuss) der organischen Morphologen, dass darüber der höhere Erkenntnistrieb meistens nicht zur Entwicklung kommt. Man begnügt sich mit der Kenntnis der Formen, statt nach ihrer Erkenntnis zu streben. Der heitere Formengenuss tritt an die Stelle des ernsten Formenverständnisses. Hieraus und aus der mangelhaften philosophischen Bildung der meisten Morphologen erklärt sich ihr Abscheu gegen den wissenschaftlichen Ernst der Deszendenztheorie und ihre Vorliebe für das sinnlose Speziesdogma. Die Annahme einer selbstständigen Erschaffung konstanter Spezies und die damit zusammenhängenden dualistisch-teleologischen Vorstellungen wenden sich an transzendentale, vollkommen unbegreifliche, unerklärliche und unerforschliche Kräfte und Prozesse, und entfernen sich somit gänzlich von dem empirischen Boden der Wissenschaft.

Die Deszendenztheorie und die Selektionstheorie sind keine willkürlichen Hypothesen, sondern vollberechtigte Theorien. Nicht allein die verblendeten und unverständigen Gegner derselben, sondern auch manche treffliche und verständige Anhänger derselben nennen die Deszendenztheorie eine Hypothese. Diese Bezeichnung müssen wir entschieden verwerfen. Die Deszendenztheorie behauptet keine Vorgänge, welche nicht empirisch festgestellt sind, sondern sie verallgemeinert nur die Resultate zahlloser übereinstimmender empirischer Beobachtungen und zieht daraus einen mächtigen Induktionsschluss, welcher so sicher steht wie jede andere wohl begründete Induktion. Eine solche Induktion ist aber keine bloße Hypothese, sondern eine vollberechtigte Theorie. Sie verbindet die Fülle aller bekannten Erscheinungen in der organischen Formenwelt durch einen einzigen erklärenden Gedanken, welcher keiner einzigen bekannten Tatsache widerspricht. Eine Hypothese, wenngleich eine notwendige, und zugleich eine Hypothese, welche die Schlusskette der gesamten Deszendenztheorie vervollständigt, ist unsere Annahme der Autogenie. Wir bedürfen dieser Hypothese durchaus, um die einzige Lücke noch auszufüllen, welche die Deszendenztheorie in dem mechanischen Gebäude der monistischen Morphologie gelassen hat. Wir können nicht zweifeln, dass zu irgendeiner Zeit des Erdenlebens Moneren durch Autogonie entstanden sind. Indessen bleibt die Autogonie (und ebenso die Plasmogonie, als die andere Form der Archigonie) eine reine Hypothese, weil wir darin einen Naturprozess, den Übergang lebloser Materie in belebten Stoff, annehmen, welcher bis jetzt noch durch keine sichere Beobachtung eine empirische Begründung erhalten hat.

Ganz anders verhält es sich mit der Deszendenztheorie und der Selektionstheorie, welche sich in jedem Punkt auf eine Fülle von empirischen Erfahrungen stützen, und für welche die gesamte Morphologie der Organismen, sobald man ihre Tatsachenketten objektiv beurteilt und richtig verknüpft, eine einzige zusammenhängende Beweiskette herstellt. Daher wissen auch die kenntnisreicheren Morphologen, welche Gegner derselben sind, keine Tatsache gegen diese vorzubringen, sondern nur Einwürfe, welche teils Ausflüsse blinden Autoritätenglaubens, teils konsequente Folgen einer falschen dualistisch-teleologischen Gesamtauffassung der organischen Natur sind.[1]

Die Selektionstheorie Darwins bedarf zu ihrer vollen Gültigkeit keiner weiteren Beweise.

Anmerkungen | **1** Eine vergleichende Zusammenstellung der verschiedenen antidarwinistischen Urteile ergibt ebenso erheiternde als belehrende Resultate. Auf der einen Seite finden wir bei ausgebildetem Verstand und gesunder Urteilsfähigkeit große Unkennntnis der Tatsachen, auf der anderen Seite bei reicher Kenntnis derselben völlige Unfähigkeit, sie richtig zu beurteilen und aus ihrer Verknüpfung allgemeine Schlüsse zu ziehen. Sehr oft sind sowohl Tatsachenkenntnis als Urteilsfähigkeit vorhanden; aber Vorurteile, die seit vielen Generationen ererbt, und durch lange Vererbung befestigt sind, hindern die Entwicklung einer vernünftigen Erkenntnis. Die außerordentliche Stärke, welche der Autoritätsglaube an das gelehrte Dogma besitzt, zeigt sich hier in seiner ganzen Macht. Da der Verstand nichts gegen Darwin und seine Lehre auszurichten vermag, so appelliert das autoritätsbedürftige Gefühl an den »Glauben«, und an die »allgemeine Meinung der Menschheit von Alters her«. Für Letzteres nur ein Beispiel. Einer der eifrigsten Gegner Darwins, Keferstein, Professor der Zoologie (nicht der Theologie!) in Göttingen, äußert sich in den »Göttinger gelehrten Anzeigen« (1861. S. 1875 und 1862. S. 198) folgendermaßen über die »neuerdings von Darwin ausgesprochenen Ansichten, welche bei allgemeiner Teilnahme und dem größten Aufsehen jetzt von einigen als eine besondere Lehre der Naturwissenschaften (!) unter dem Namen Darwinismus betrachtet werden, und selbst in Deutschland nicht ohne Anhänger zu sein scheinen« (!): – »Es erfüllt den strebenden Naturforscher mit Beruhigung, einen Mann wie Agassiz, durch die großartigsten Arbeiten in der Zoologie zur Autorität(!) geworden, eine Lehre unbedingt verwerfen zu sehen, die den Jahrhunderte langen Fleiß der Systematiker auf einmal zu Schanden machen wollte (!!), und zu sehen, dass also die durch Generationen ausgebildeten Ansichten und zugleich die allgemeine Meinung der Menschheit von Alters her (!!) fester stehen, als die wenn auch mit noch so großer Beredsamkeit ausgeführten Lehren eines Einzelnen (!).« Wenn wir nicht irren, war früher auch die »allgemeine Meinung der Menschheit von Alters her«, dass die Sonne sich um die Erde drehe, dass die Krankheiten Strafen der Gottheit für die sündigen Menschen, und dass die Petrefakten »Naturspiele«, so wie die Walfische Fische seien. Und doch sind diese »durch Generationen ausgebildeten Ansichten« auf den bösen Anfang des Zweifels »eines Einzelnen« hin jetzt wohl ziemlich allgemein verlassen.

Haeckel am Strand von Rapallo, 1903/1904

Arbeitsteilung in Natur- und Menschenleben

»Arbeitsteilung« zum Gegenstand eines naturwissenschaftlichen Vortrages zu wählen, dürfte vielleicht vielen seltsam, aber wohl auch insofern überflüssig erscheinen, als fast jeder mit dem Wesen und den Wirkungen dieses wichtigen Verhältnisses schon aus der Erfahrung des alltäglichen Lebens hinreichend bekannt zu sein glauben wird. Braucht man ja nur den Blick auf irgendeinen Verband von menschlichen Individuen in unseren Kulturstaaten zu werfen, um überall die Arbeitsteilung, die verschiedenartige Tätigkeit der zu gemeinsamem Zweck verbundenen Individuen, als einen der mächtigsten Kulturhebel zu erkennen. Ist sie doch die unerlässliche Grundlage, auf welcher die Existenz und Wirksamkeit des ganzen Verbandes beruht.

In jeder Werkstätte, in jeder Fabrik, auf jedem Landgut ist die zweckmäßige Verteilung der verschiedenen Aufgaben an die verschiedenen Arbeiter die erste Vorbedingung für die gedeihliche Blüte. Ja, für die ganze Entwicklung des menschlichen Kulturlebens ist sogar die Arbeitsteilung von solcher fundamentalen Bedeutung, dass man geradezu den Grad der Letzteren als Maßstab für die Ausbildungsstufe des ersteren benutzen könnte. Den wilden Naturvölkern, die bis auf den heutigen Tag auf der tiefsten Stufe stehen geblieben sind, fehlt mit der Kultur auch die Arbeitsteilung, oder sie beschränkt sich, wie bei den meisten Tieren, auf die verschiedenartige Beschäftigung der beiden Geschlechter. Andererseits können wir eine Hauptursache der riesigen Fortschritte, welche das Kulturleben in den letzten fünfzig Jahren gemacht hat, geradezu in dem außerordentlich hohen Grad unserer modernen Arbeitsteilung, namentlich auf dem Gebiet der Naturwissenschaften und ihrer praktischen Bewertung, finden. Die moderne Wissenschaft mit ihren Mikroskopen und Instrumenten, der moderne Verkehr mit seinen Eisenbahnen und Telegrafen, der moderne Krieg mit seinen Zündnadeln und Sprenggeschossen – sie sind alle nur möglich durch die unendlich weitgehende Arbeitsteilung unserer Zeit; sie sind nur dadurch möglich, dass jedes Instrument, jede Maschine, jede Waffe, hunderte von Menschenhänden in verschiedener Weise in Bewegung setzt. Wie viele neue Arbeitsformen und Handwerkzeuge sind dadurch in der neuesten Zeit entstanden und wie umbildend haben diese sowohl auf die Produkte der modernen Arbeit als auch auf den Charakter der Arbeiter und Handwerker eingewirkt!

Neben diesen allgemein bekannten Verhältnissen der Arbeitsteilung gibt es nun aber in der Natur sowohl als im Menschenleben eine Reihe von besonderen Formen derselben, welche nicht minder bedeutend sind und dennoch gewöhnlich ganz übersehen werden. Ja, so seltsam es auch klingen mag, die allerwichtigsten und weitreichendsten Erscheinungen der Arbeitsteilung sind selbst jetzt noch den meisten Menschen ganz unbekannt und zum Teil erst in den letzten Jahrzehnten durch die Bemühungen der Naturforscher entdeckt worden. Dahin gehören namentlich jene Formen der Arbeitsteilung, welche die Naturforscher als Sonderung oder Differenzierung, als Spezifikation oder Spezialisation, als Polymorphismus der Individuen und als Divergenz des Charakters bezeichnen.[1] Gerade für einige von diesen wenig bekannten Erscheinungen, deren Kenntnis doch für das Verständnis des menschlichen Lebens von der höchsten Bedeutung ist, wünschte ich durch diesen Vortrag die wohlverdiente allgemeine Teilnahme zu erwecken.

Am zweckmäßigsten erscheint es hierbei, von denjenigen Verhältnissen im Tierleben auszugehen, welche der bekannten Arbeitsteilung im Menschenleben am nächsten stehen. Denn hier, wie in so vielen anderen Fällen, erkennt der unbefangene Blick des Naturforschers, dass die menschlichen Lebensverhältnisse im Tierleben wiederkehren, und dass die einfacheren Formen des letzteren zu dem wahren Verständnis für die verwickelten Formen des ersteren führt.

Freilich ist leider auch jetzt noch jenes Vorurteil weit verbreitet, welches in den Erscheinungen des menschlichen Lebens etwas ganz Besonderes, außerhalb der Natur Stehendes erblickt und welches jeder Vergleichung mit den verwandten tierischen Erscheinungen den Blick verschließt. Indes, die mächtig fortschreitende Erkenntnis vom einheitlichen Grund aller Erscheinungen, mit Inbegriff der menschlichen, reißt täglich mehr jene künstlichen Schranken nieder und lässt den unbefangen vergleichenden Beobachter klar erkennen, dass der Mensch zwar ein höchst bevorzugter und höchst entwickelter Organismus ist, aber doch nur ein Organismus, welcher Bau und Zusammensetzung, Lebenstätigkeit und Ursprung mit allen übrigen Organismen teilt. Dieselben ewigen und unabänderlichen Naturgesetze, welche im Leben der Pflanzen und Tiere walten, beherrschen auch das gesamte Menschenleben in fortschreitendem Entwicklungsgang.

Gerade die Erscheinung der Arbeitsteilung ist vorzüglich geeignet, diese Anschauung zu bekräftigen. Denn wie beim Menschen, so ist auch beim Tier der höhere Grad der Vollkommenheit wesentlich von dem höheren Grad der Arbeitsteilung abhängig. Es gibt sehr viele Tierarten, bei denen sich die Arbeitsteilung der gesellig verbundenen Individuen wie bei den rohesten Naturvölkern auf ihre einfachste soziale Form, auf die verschiedene Beschäftigung und Ausbildung der beiden Geschlechter, die Ehe beschränkt.[2] Es gibt aber auch manche Tierarten, bei denen die Arbeitsteilung der zu Gesellschaften verbundenen Individuen viel weiter geht und sogar zur Organisation jener höheren sozialen Verbände führt, die wir mit dem Namen der Staaten bezeichnen.

Der bekannteste von diesen Tierstaaten ist der monarchische Bienenstaat. An der Spitze desselben steht eine Königin, welche im eigentlichen Sinn des Wortes die Mutter des ganzen Volkes ist. Dieses besteht aus 15.000 – 20.000 Arbeitern und aus 600 – 800 Drohnen oder männlichen Bienen. Den fleißigen Arbeiterbienen fällt alle Last und Mühe des Staates zu: Das Sammeln des Blumenstaubes, die Bereitung von Honig und Wachs, der Bau der Waben, die Pflege der Jungen usw. Die faulen Drohnen, welche den Hofstaat der Königin bilden, leben gleich dieser bloß vom Genuss, und ihre einzige Aufgabe ist die Erhaltung der Art.

Die Ökonomie und die merkwürdigen sozialen Verhältnisse des Bienenstaates sind so allgemein bekannt, dass wir hier mit ihrer Betrachtung keine Zeit verlieren wollen. Weniger bekannt, aber noch interessanter, sind die Tierstaaten vieler anderer Insektenarten, vor allem der Ameisen und der Termiten oder so genannten »weißen Ameisen«. Auch bei diesen Insekten finden wir in einem und demselben Staat wenigstens drei, nicht selten aber auch vier und selbst fünf verschiedene Formen von Individuen vor, welche durch regelmäßige Arbeitsteilung entstanden sind. Die drei stets im Ameisenstaat vorhandenen Stände sind 1. die geflügelten Männchen, 2. die geflügelten Weibchen und 3. die flügellosen Arbeiter, von denen letztere an Zahl bei weitem die beiden ersteren übertreffen. Wenn vier Stände ausgebildet sind, so scheiden sich die flügellosen Arbeiter wieder in zwei Gesellschaftsklassen, in eigentliche Arbeiter und in Soldaten, beide von sehr verschiedener Körperbildung.

Wie bei den Bienen, so fällt auch bei den Ameisen und Termiten die ganze Last und Mühe des Lebens auf die unermüdlichen Arbeiter. Die drei anderen Stände leben größtenteils dem Genusse. Die geflügelten Männchen und Weibchen, welche bloß die Art zu erhalten haben, amüsieren sich bei schönem Wetter durch Spazierausflüge und Tanzgesellschaften in der sonnigen Luft. Die Soldaten, welche den Staat zu verteidigen haben, können an jenen Vergnügungen allerdings keinen Teil nehmen, da sie, gleich den Arbeitern, flügellos sind. Desto mehr lassen sie sich die leckere Kost schmecken, mit welcher der Ameisenstaat fortwährend im Überfluss durch die Arbeiter versorgt wird.

Die Nahrung der Ameisen besteht bekanntlich aus allen möglichen pflanzlichen und tierischen Stoffen. Die Lieblingsspeisen aber sind süße Säfte, und unter diesen steht als auserlesenes Nationalgericht an der Spitze ein honigähnlicher Saft, welchen die Blattläuse bereiten. Diese kleinen Insekten haben auf dem Rücken zwei Röhren, aus denen jene feinste Delikatesse der Ameisen abfließt. Die letzteren saugen den süßen Blattlaushonig aus jenen Röhren, ebenso wie wir die Milch von den Kühen melken. Durch Streicheln mit den Fühlhörnern bestimmen sie die Blattläuse, ihren Honig abfließen zu lassen. Der eifrigste Landwirt kann daher nicht mehr auf die

Pflege und Züchtung seiner Kühe bedacht sein, als die Ameisen auf diejenige ihres Melktriebes. Wenn auf dem von Blattläusen bevölkerten Strauch ein Ast welk wird, tragen die Ameisen sorgfältig die darauf sitzenden Blattläuse auf einen frisch grünenden Ast hinüber. Nach dem Strauch hin bauen sie von ihrem Stock aus kunstvolle bedeckte Gänge. Ja, sie versetzen selbst solche Blattläuse, die auf Wurzelstöcken hausen, samt diesen in ihre Nester und räumen ihnen dort besondere Ställe ein, um jederzeit das kostbare Melkvieh zur Hand zu haben.

Während so ein Teil der Arbeiter im Ameisenstaat Viehzucht treibt oder den Stock mit anderen Vorräten verproviantiert, ist ein anderer Teil mit der Erhaltung, Säuberung und Erweiterung der ungeheuren Wohnung beschäftigt, in welcher das ganze Volk des Ameisenstaates beisammen haust. Was sind unsere größten Paläste, Kasernen, Klöster und Gasthöfe gegenüber diesen Bauten, in denen viele Tausende von Individuen friedlich beisammen wohnen? Äußerlich freilich sehen die Häuser der meisten Ameisenarten roh und unförmig genug aus. Aber im Innern bergen sie ein Labyrinth von vielen hundert gewundenen Gängen, Korridoren und Treppen, welche Tausende von Kammern und Zimmern in bequeme Verbindung miteinander setzen. Viele von diesen sind Kinderstuben, in denen die junge Brut erzogen wird.

Die Pflege dieser jungen Brut, insbesondere der verpuppten Larven, welche unter dem falschen Namen der Ameiseneier allbekannt sind, fällt einem anderen Teil der Arbeiter anheim. Diese Kindermägde, von der zärtlichsten Liebe für ihre Pfleglinge erfüllt, schleppen dieselben bei schönem sonnigen Wetter hinaus an die frische Luft; sobald es aber abends kühl wird, bringen sie sie wieder in das warme Innere des Stockes zurück. Die Soldaten, obwohl größer und stärker, nehmen an allen diesen schweren Arbeiten keinen Anteil.[3]

Es gibt übrigens auch Ameisenarten, bei denen sämtliche Arbeiter zu Soldaten geworden sind und welche demgemäß das menschliche Kulturideal der neuesten Zeit, den modernen Militärstaat, bereits verwirklicht haben. Diese Soldatenstaaten sind dann gezwungen, entweder die häuslichen Arbeiten durch Sklaven besorgen zu lassen oder nur von Raub und Plünderung zu leben. Das Letztere tun z.B. die berüchtigten südamerikanischen Raubameisen aus der Gattung Eciton. Auch hier begegnen wir bei jeder Art wieder vier verschiedenen Formen, den geflügelten Männchen und Weibchen und zweierlei flügellosen Arbeitern von sehr verschiedener Form und Größe. Die kleineren Arbeiter, welche die Hauptmasse des ganzen Eciton-Staates bilden, dienen sämtlich als gemeine Soldaten. Die größeren Arbeiter dagegen, welche sich vorzüglich durch einen sehr großen Kopf und ungeheure Fresswerkzeuge auszeichnen, befehligen die Armee als Offiziere. Gewöhnlich kommt ein Offizier auf eine Kompanie von etwa dreißig Mann. Auf dem Marsch sind die Offiziere zu beiden Seiten der langen Heersäule verteilt und klettern oft auf erhöhte Standpunkte, um von da aus den Zug der Truppen zu überwachen und zu leiten. Die Befehle und Anordnungen sowie überhaupt alle geistigen Mitteilungen geschehen bei diesen wie bei den anderen Ameisen, soviel wir wissen, nicht durch Tonsprache, sondern durch Gebärden- und Tastsprache. Insbesondere dienen die Fühlhörner teils durch winkende Bewegungen als Telegrafen zum Zeichengeben in die Ferne, teils durch unmittelbare Berührung zur Mitteilung von Wünschen, Empfindungen und Gedanken an die Umstehenden.

Die Wanderheere dieser Raubameisen verheeren gleich den Vandalen und Hunnen zur Zeit der Völkerwanderung alle Gegenden, die sie durchziehen, und werden von den brasilianischen Indianern mit Recht außerordentlich gefürchtet. Alles Lebendige, was ihnen in den Weg kommt, wird ohne Rücksicht und Erbarmen angegriffen und getötet. Spinnen und Insekten aller Ordnungen, besonders Larven und Puppen, aber auch selbst Nestvögel und kleine Säugetiere, unterliegen ihrem Angriff. Der Mensch, der zu seinem Unglück in ein solches Nomadenheer hineingerät, wird augenblicklich von dichten schwarzen Scharen umringt, die mit unglaublicher Wut und Schnelligkeit zu Tausenden an den Beinen hinauflaufen und mit ihren scharfen Kiefern sich in das Fleisch einbeißen. Die einzige Rettung ist dann, so rasch als möglich an das hintere Ende des Heerzuges zu laufen und wenigstens den Hinterleib der eingebissenen Kämpfer abzureißen; Kopf und Kiefer bleiben meistens in der Wunde stecken und verursachen oft böse Geschwüre.

So furchtbar und blutdürftig diese Nomadenhorden auf ihren Kriegszügen sind, so unterhaltend und lustig erscheinen sie im Biwak, wenn sie gesättigt und in guter Laune an sonnigen Waldplätzen sich der Ruhe und Erholung hingeben. Zuerst putzen sie sich die Fühlhörner mit den Vorderbeinen. Die Hinterbeine lecken sie sich gegenseitig ab. Dabei treiben sie allerlei Mutwillen und Kurzweil; auch kommt es oft zu Raufereien zwischen den allzu lustigen Soldaten.

Weit merkwürdiger noch als die Militärstaaten der brasilianischen Eciton sind die Sklavenstaaten oder die so genannten »Amazonen-Staaten«, welche mehrere von unseren einheimischen Ameisenarten bilden, insbesondere die blutrote und die blonde Ameise (*Formica rufe* und *Formica rufescens*). Bei diesen Ameisen finden wir nur drei Stände, neben den geflügelten Männchen und Weibchen nur einen Stand flügelloser Arbeiter. Diese arbeiten aber nicht selbst, sondern rauben aus den Stöcken anderer (meist kleinerer, schwarzer) Ameisenarten die Puppen, welche sie großziehen und welche als Sklaven alle Arbeit des fremden Stockes verrichten müssen. Gewöhnlich wird der Sklavenraub von diesen Amazonen-Ameisen in der Weise ausgeführt, dass die gesamte Streitmacht der Schwarzen durch die Hauptmasse der Blonden zum freien Kampf auf offenem Feld hervorgelockt wird, und dass inzwischen eine kleine Schar von den blonden Räubern in den schwarzen Staat einfällt und die Puppen aus dem von Verteidigern entblößten Stocke wegschleppt. Die Beobachtung des erbitterten Kampfes selbst ist höchst interessant, die Verwundeten und selbst die Leichen der getöteten Kämpfer werden von ihren Freunden, wie weiland im trojanischen Krieg, aus dem blutigen Getümmel weggeschleppt und hinter der Kampflinie in Sicherheit gebracht. Das Merkwürdigste aber ist, dass die aus den geraubten Puppen aufgezogenen schwarzen Sklaven nicht allein alle Arbeit des Stockes, Baudienste, Futtersammeln, Pflege und Erziehung der Kinder ihrer Herren übernehmen, sondern sie später sogar auf ihren Raubzügen unterstützen und die geraubte Jugend ihres eigenen Stammes zu den Sklavendiensten abrichten.

So finden wir hier in den Amazonen-Staaten der deutschen Ameisen dasselbe Verhältnis der Sklaverei, welches in den menschlichen Staaten Nordamerikas erst durch den letzten Krieg sein Ende gefunden hat. Man pflegt gewöhnlich diese und ähnliche Einrichtungen im Tierleben, welche den Menschen durch ihre unleugbare Übereinstimmung mit seinen eigenen Institutionen in Erstaunen versetzen, als Ausflüsse des sogenannten »Instinkts« zu bezeichnen und glaubt dieselben dadurch erklärt zu haben. Wenige Worte haben zu so unklarer und verkehrter Auffassung eines großen Gebietes wichtiger Erscheinungen geführt, wie dieses Wort: »Instinkt«! Man denkt sich dabei meistens, dass einer jeden Tierart beim Schöpfungsakt eine gewisse Summe von Trieben und Fähigkeiten und dazu noch eine besondere Lebensregel (gewissermaßen eine Dienstinstruktion) vom Schöpfer mit auf die Welt gegeben wurde, nach welcher dieselbe nun ausnahmslos und unabänderlich leben müsse.

Nichts ist irrtümlicher und dem wahren Naturverhältnis widersprechender als diese weit verbreitete Vorstellung. So wenig die einzelnen Tierarten als solche erschaffen worden sind, so wenig sind ihnen auch ihre besonderen Instinkte, die geistigen Eigentümlichkeiten der Spezies, anerschaffen worden. Vielmehr haben sich dieselben durch Arbeitsteilung des zentralen Nervensystems bei den verschiedenen Tierarten, im Zusammenhang mit ihrer gesamten Organisation, aus gemeinsamer Grundlage entwickelt.[4] Mit Recht fragt ein ausgezeichneter Naturforscher, dass derjenige, der eine Grenzlinie zwischen Instinkt und Verstand oder Vernunft ziehen will, sich dadurch allein schon das beste Zeugnis ausstellt, dass er niemals sorgfältig mit prüfendem und unbefangenem Blick das Leben und Treiben der Tiere und namentlich der Insekten beobachtet habe.

Wenn man die angeführte staatliche Organisation bei den Ameisen und Bienen, wenn man überhaupt all die verschiedenen Verhältnisse in der Ökonomie und Lebensweise der Tiere und vor allem ihre Arbeitsteilung als Ausfluss von »blinden Instinkten«

betrachten will, so muss man es mit gleichem Recht als »blinden Instinkt« bezeichnen, wenn die Eskimos ihr Zelt aus Rentierfellen, die nordamerikanischen Indianer aus Büffelhäuten, die brasilianischen Rothäute dagegen aus Palmenzweigen und Bananenblättern bauen. Man muss es ebenso blinden Instinkt nennen, dass viele Südseeinsulaner fast bloß von Fischen leben, dass die Chinesen fast bloß Reis und die Gauchos in den südamerikanischen Pampas fast bloß Fleisch essen. Man muss es ebenso als blinden Instinkt bezeichnen, wenn die Völker Europas, mit einer einzigen Ausnahme, die monarchische Staatsform beibehalten, gleich den Bienen; und wenn andererseits die Völker Amerikas, wieder mit einer einzigen Ausnahme, die republikanische Staatsform vorziehen, gleich den Ameisen.

Das wahre Sachverhältnis ist hier, wie überall, dass die Gewohnheit und überhaupt die Anpassung an die umgebenden Lebensbedingungen die Lebensweise und die sozialen Einrichtungen des Menschen ganz ebenso wie des Tieres bestimmt, und dass diese Lebensweise, durch lange Übung und Gewöhnung befestigt, endlich zur anderen Natur wird. Sie wurzelt als solche in der Art umso fester, je größer die Zahl der Generationen ist, durch welche sie bereits vererbt wurde. Anpassung und Vererbung in ihrer beständigen gegenseitigen Wechselwirkung, das heißt, die natürliche Züchtung durch den Kampf ums Dasein, sind die ewigen Bildungstriebe oder Gestaltungskräfte, welche alle die unendliche Mannigfaltigkeit in der tierischen Organisation und Lebensweise und somit auch im Seelenleben der Tiere, im sogenannten Instinkt, nach mechanischen Gesetzen hervorbringen.

Anmerkungen | **1** »Divergenz des Charakters« nennt Darwin in dem vierten Kapitel seines berühmten Buchs *Über die Entstehung der Arten* diejenige Art der Arbeitsteilung, welche zwischen den an ein und demselben Ort beisammen lebenden Individuen einer und derselben Spezies stattfindet und welche im Kampf derselben ums Dasein zur Bildung von Abarten und weiterhin von neuen Spezies führt. Diese »Divergenz des Charakters« der Individuen beruht als morphologischer Prozess ebenso auf der physiologischen Arbeitsteilung wie die sogenannte »Sonderung oder Differenzierung der Organe«, welche das Hauptthema der vergleichenden Anatomie bildet. In beiden Fällen ist das Wesentliche des Prozesses die »Hervorbildung ungleichartiger Formen aus gleichartiger Grundlage«, wie ich im neunzehnten Kapitel meiner »Generellen Morphologie« ausführlich gezeigt habe. **2** Die Ehe, die verschiedenartige Tätigkeit und Ausbildung der beiden Geschlechter, auf welcher das Familienleben des Menschen und der Tiere beruht, ist eine der ursprünglichsten und weitest verbreiteten Formen der sozialen Arbeitsteilung. Bei den meisten Tieren hat dieselbe, wie beim Menschen, zu bedeutenden Unterschieden in der körperlichen Formbildung und geistigen Charakterbildung der beiden Geschlechter geführt. Jedoch fehlen diese Unterschiede noch bei vielen niederen Tieren, wo die beiden Geschlechter – abgesehen von der verschiedenen Form der Fortpflanzungsorgane – gar nicht zu unterscheiden sind. Andererseits ist die geschlechtliche Arbeitsteilung, welche das ursprüngliche Wesen der Ehe bildet, bei zahlreichen Tieren viel weiter als beim Menschen gegangen und hat zu einer so gänzlich verschiedenen Körperbildung der beiden Geschlechter geführt, dass die Zoologen, ehe sie deren Zusammenhang kannten, sehr häufig Männchen und Weibchen einer Spezies als zwei ganz verschiedene Spezies oder selbst als Tiere zweier ganz verschiedener Klassen beschrieben haben. Die sittliche Basis, durch welche die Ehe bei den höheren Kulturmenschen in so hohem Maße veredelt worden ist, fehlt gänzlich vielen niederen Naturvölkern, den amerikanischen Indianerstämmen, vielen Negerstämmen, den Australnegern usw. Bei diesen viehlichen Menschen, bei denen das Weib kaum den Rang und Behandlung eines nützlichen Haustieres genießt, kann von einer moralischen Grundlage der Ehe keine Rede sein, viel eher bei den in strenger Monogamie lebenden Tieren, wie den Tauben, Papageien und vielen anderen Vögeln. Außer der geschlechtlichen Arbeitsteilung hat übrigens auch die geschlechtliche Auslese oder die von Darwin sogenannte »sexuelle Selektion« bedeutend umbildend auf beide Geschlechter eingewirkt. **3** Am weitesten geht die Arbeitsteilung bei den Sahuben, den blättertragenden Ameisen in den brasilianischen Urwäldern *(Oecodoma cephalotes)*. Hier gibt es nicht weniger als drei in Größe und Körperform gänzlich verschiedene Kasten von Arbeitern, so dass mit Einschluss der geflügelten Männchen und Weibchen nicht weniger als fünf verschiedene Ameisen-Formen in ein und demselben Staat beisammen leben. Die Hauptmasse bilden kleinköpfige Arbeiter, welche die Bäume entlauben, die Blätter derselben ausschneiden und transportieren und die künstlichen Wohnungen des Stocks damit austapezieren. Zwischen ihnen gehen größere Arbeiter mit sehr großem und glattem, glänzendem Kopf umher, welche die Arbeit zu beaufsichtigen und zu leiten scheinen, vielleicht auch zum Schutz der kleinen Arbeiter dienen. Über die Bedeutung der dritten Arbeiter-Form, die sich durch dichte Behaarung des kolossalen Kopfes und ein großes mittleres Stirnauge von der zweiten Form unterscheidet, ist noch nichts Sicheres bis jetzt bekannt. **4** Der Begriff der Schöpfung ist überhaupt unwissenschaftlich, und an seine Stelle setzt die wahre Naturerkenntnis überall den Begriff der Entwicklung.

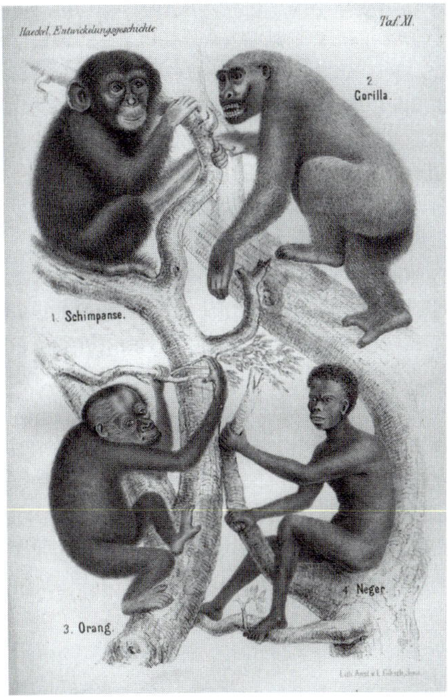

»Entwicklungsgeschichte des Menschen« (Haeckel 1874)

Das biogenetische Grundgesetz

»Die Ontogenesis ist die kurze und schnelle Rekapitulation der Phylogenesis, bedingt durch die physiologischen Funktionen der Vererbung (Fortpflanzung) und Ernährung (Anpassung). Das organische Individuum wiederholt während des raschen und kurzen Laufs seiner individuellen Entwicklung die wichtigsten von denjenigen Formveränderungen, welche seine Voreltern während des langsamen und langen Laufs ihrer paläontologischen Entwicklung nach den Gesetzen der Vererbung und Anpassung durchlaufen haben.« Mit diesen Worten habe ich in meiner allgemeinen Entwicklungsgeschichte[1] die Theorie von dem Kausalnexus der Ontogenese und Phylogenese der biontischen und der phyletischen Entwicklung ausgedrückt, auf welcher nach meiner unerschütterlichen Überzeugung das ganze innere Verständnis der Entwicklungsgeschichte beruht und welche ich daher als biogenetisches Grundgesetz an deren Spitze gestellt habe. Mit diesem ersten »Grundgesetz der organischen Entwicklung« ist die ganze Deszendenztheorie untrennbar verbunden; beide stehen und fallen miteinander. In unübertrefflicher Weise hat dies Fritz Müller in seiner geistreichen Phylogenie der Crustaceen[2] nachgewiesen.

Die vergleichende Anatomie und Entwicklungsgeschichte der Kalkschwämme, wie sie im dritten und vierten Kapitel dieses Bandes gegeben worden ist, hat eine zusammenhängende Bestätigung jenen Gesetzes gegeben. Auf diese gestützt, konnten wir auf den vorhergehenden Seiten den Versuch machen, ihre Konsequenzen über das enge Gebiet der Spongien hinaus auf die generelle Phylogenie des Tierreichs auszudehnen. Dieselben hier nochmals ausdrücklich hervorzuheben, veranlasst uns einerseits der Widerspruch, welchen unser biogenetisches Grundgesetz gefunden hat, andererseits der Wunsch, an einige leitende Prinzipien zu erinnern, welche bezüglich der Ontogenie bei dieser Gelegenheit sich aufgedrängt haben.

Offenbar hat sich die neuere Ontogenie oder Embryologie von Jahr zu Jahr mehr in ein Chaos von widersprechenden Ansichten und Behauptungen aufgelöst, welche den Wert dieser Wissenschaft in höchst zweifelhaftem Licht erscheinen lassen. Wir brauchen bloß an die völlig unvereinbaren Darstellungen zu erinnern, welche in den letzten Jahren von der Embryologie vieler Vertebraten und Arthropoden gegeben worden sind. Teilweise kann dieser chaotische Zustand der animalen Ontogenie wohl durch die Schwierigkeit des Gegenstandes und durch die verschiedenen Methoden der Beobachter entschuldigt werden. Zum größten Teil aber liegt die Schuld wohl daran, dass die meisten Ontogenisten überhaupt ohne Methode arbeiten; sofern man nämlich unter wissenschaftlicher Untersuchungsmethode nicht bloß die technischempirische Behandlung des Gegenstandes mit anatomischen Instrumenten und chemischen Reagenzien, sondern die denkende und planvolle Erfassung, die vergleichende Behandlung und die philosophische Entwicklung der Aufgabe versteht.

Ohne Zweifel würde der Zustand der heutigen Embryologie ein weit erfreulicherer sein, wenn nicht die meisten Embryologen ihr Auge gänzlich von denjenigen beiden Leitsternen abwendeten, welche auf dem schwierigen und dunkeln Pfad der Ontogenie allein im Stande sind zum Ziel hinzuführen, von der vergleichenden Anatomie und von der Phylogenie. Den meisten embryologischen Arbeiten sieht man es auf den ersten Blick an, dass ihre Verfasser in der vergleichenden Anatomie nicht orientiert sind und dass sie wenig mehr kennen als das einzelne Tier oder die einzelne Tiergruppe, deren Entwicklung sie studieren. Nun ist aber gerade für das Verständnis der höheren Tiere die gründliche Kenntnis in der vergleichenden Anatomie der niederen Tiere unerlässlich. Ebenso unerlässlich ist aber auch für jede gute ontogenetische Untersuchung der beständige Blick auf die Phylogenie. Viele falsche embryologische Theorien hätten gar nicht zur Geltung kommen können, wenn man sie im Licht der Deszendenztheorie betrachtet und auf die Phylogenie bezogen hätte.

Vergleichende Anatomie, Ontogenie und Phylogenie bleiben die drei großen »Schöpfungsurkunden«, welche in ihrer gegenseitigen Ergänzung, Erläuterung und Übereinstimmung allein im Stande sind, uns über Wesen und Entstehung der organischen Formen aufzuklären.

Anmerkungen | **1** Haeckel, *Die Kalkschwämme. Eine Monografie.* S. 471 – 473. Berlin 1872. **2** Müller, *Für Darwin.* Leipzig 1864.

»Der Begriff der Schöpfung ist überhaupt unwissenschaftlich, und an seine Stelle setzt die wahre Naturerkenntnis überall den Begriff der Entwicklung.«

Die Weltanschauung des neuen Kurses

Mit steigendem Staunen verfolgt die gebildete Welt seit zwei Monaten die merkwürdigen Vorgänge, welche sich im neuen deutschen Reich abspielen. Zwar hatte man sich schon seit zwei Jahren, seit dem Rücktritt des Fürsten Bismarck, an politische Überraschungen aller Art gewöhnt; aber die vielgerühmten Wunder des »neuen Kurses« blieben aus, trotz mancher großartigen Reform-Programme, trotz vieler Reden und Versprechungen. Dagegen zeigten sich bald höchst abnorme Schwankungen der Magnetnadel; statt nach Norden zu zeigen, deklinierte der Kompass in bedenklicher Weise nach Süden. Wieviel wir durch diese »Umkehrung des Kurses« verloren haben, bewies schon die Freude unserer englischen Vettern über unsere koloniale Resignation und Bescheidenheit, die Befriedigung der Franzosen über die Entlassung des gehassten Alt-Reichskanzlers und die zunehmende innere Erschütterung des Reiches, die unheimliche Liebenswürdigkeit des Vatikans und der Triumph der Sozial-Demokraten über die Zerrüttung der gemäßigten Mittel-Parteien. Mussten schon diese Tatsachen die wohl begründeten Besorgnisse vieler deutschen Patrioten wachrufen, so galt das alles doch wenig gegenüber den erstaunlichen Ereignissen der letzten beiden Monate.

Wir meinen hier nicht die Reden Kaiser Wilhelms des Zweiten, die in weitesten Kreisen – und am meisten in den wahrhaft konservativen – eine so hochgradige Erregung hervorgerufen haben. Obgleich dieselben die öffentliche Meinung herausfordern, muss ihr doch eine Antwort darauf versagt bleiben. Ist es doch nicht einmal mehr möglich, die Urteile selbst der gemäßigtesten Blätter des Auslandes darüber wiederzugeben, ohne dass eine Anklage auf Majestätsbeleidigung die unmittelbare Folge ist. Wir können diese Verhältnisse – im Interesse eines starken Königtums selbst – nur tief beklagen, aber wir können sie nicht ändern. Wir stehen hier zum Glück nicht vor der bakteriologischen Aufgabe, die vielerlei Ursachen zu untersuchen, welche zu der rapiden Entwicklung und Ausbreitung des berühmten »Beunruhigungs-Bazillus« geführt haben. Als Graf Caprivi vor einigen Monaten seine glänzenden Reden gegen jenen hielt, ahnte er offenbar nicht, dass sein eigenes Ministerium die »Reinkultur« in größtem Maßstab desselben betreibe. Es würde ungerecht sein, die Erfolge des zweiten deutschen Reichskanzlers nach denen des ersten zu bemessen. Denn ganz abgesehen von allen besonderen Talenten und Kräften, welche Fürst Bismarck in seiner gewaltigen Persönlichkeit vereinigte, hatte derselbe durch seine seltene Welt- und Menschenkenntnis, durch die historische Erfahrung von fünfzig ereignisreichen Dienstjahren, und vor allem durch sein eigenes Verdienst um die Gründung des unabhängigen »Kaiserreiches deutscher Nation« ein unvergleichliches Kapital von politischer Macht und Einsicht gesammelt. Dass jeder Nachfolger des »eisernen Kanzlers« – wie er auch heiße – im besten Fall nur die kleinere Hälfte des Kapitals erben konnte, war von vornherein klar, dass aber dieses Erbteil so dürftig sein würde, wie sich jetzt herausstellt, war nicht vorauszusehen. Man rühmt den Grafen Caprivi, dass er »einer unserer tüchtigsten Generäle, ein Ritter ohne Furcht und Tadel, ein schlagfertiger Redner und ein vollkommener Ehrenmann« sei. Wir bezweifeln diese Vorzüge nicht im mindesten. Sie geben aber nicht die geringste Garantie dafür, dass der Reichskanzler ein bedeutender Staatsmann sei, und dass er im Stande sei, die schwierigen, von seinem Vorgänger übernommenen Aufgaben durchzuführen. Wie wenig dies leider der Fall ist, lehren die folgenschweren Ereignisse der letzten Monate.

Es ist jetzt jedem Unbefangenen klar geworden, dass der vielgepriesene »neue Kurs« nicht die Fortsetzung des alten, sondern die entgegengesetzte Richtung bedeutet. »Nach Canossa!« lautet jetzt die Berliner Parole. Das neue Königreich Italien ist mit Recht stolz darauf, die Ketten des Vatikans abgeschüttelt und die weltliche Herrschaft des Papstes aufgehoben zu haben; die Unabhängigkeit von letzterem gilt ihm als eine Grundbedingung seiner nationalen Einheit. Das neue deutsche Kaiserreich sucht umgekehrt freiwillig sich mit jenen Ketten zu belasten, und schon ertönt in der deutschen ultramontanen Presse der Aufruf zu einem neuen »Kreuzzug«, zur Wiederherstellung des mittelalterlichen »Kirchenstaats«.

Den ersten Schritt dazu hat die preußische Regierung bereits getan, mit Anbahnung der neuen »Gegenreformation« die seit einem Monat ganz Deutschland in lebhaftester Erregung hält. Denn nichts Geringeres als der erste Schritt zu einer wirklichen »Gegenreformation« ist der Entwurf des neuen Volksschulgesetzes, welchen das Ministerium Caprivi im Januar 1892 im Preußischen Abgeordnetenhaus eingebracht hat. Wie jetzt allgemein anerkannt ist, liegt dessen Schwerpunkt darin, dass die Volksschule – die gemeinsame Basis der Nationalbildung – der wissenschaftlichen Pädagogik entzogen und mit gebundenen Händen der papistischen Hierarchie überliefert wird. Man darf nicht einwenden, dass Preußen ein »paritätischer Staat« sei, und dass die beiden großen christlichen Konfessionen in demselben Maße Rechte besäßen und diese auch in der Herrschaft über die Schule gleichmäßig ausüben würden. Denn der Protestantismus – gleichviel, welcher besonderen Tonart und Färbung – entbehrt gänzlich (und muss seinem Wesen nach entbehren) jener ungeheuren hierarchischen Organisation, welche die römisch-katholische Kirche seit länger als einem Jahrtausend befestigt, und welche ihr eine so beispiellose Machtstellung in der Kulturwelt bis auf den heutigen Tag erhalten hat. Darum wird immer der römische Katholizismus, oder kurz der »Papismus«, im Kampf um die Herrschaft jede andere gleichberechtigte Kirche überwinden und als »alleinseligmachende Kirche« auch die absolute Alleinherrschaft im Staat beanspruchen. Man braucht nur das Triumphgeschrei der ultramontanen Presse mit der schweren Besorgnis aller unabhängig denkenden Blätter zu vergleichen, um zu wissen, welche Bewandtnis es mit dem neuen preußischen Volksschulgesetz hat.

Man pflegt jetzt in erster Linie den neuen preußischen Kultusminister Grafen Zedlitz-Trützschler für die schweren Gefahren verantwortlich zu machen, mit welchen das von ihm eingebrachte Volksschulgesetz die gesamte Geistesbildung Deutschlands bedroht. Indessen geschieht dies wohl nicht mit vollem Recht, denn dieser »ausgezeichnete Verwaltungsbeamte« hat bisher fast in allen von ihm ergriffenen Maßregeln eine so ungenügende Kenntnis des von ihm verwalteten Unterrichtsgebiets, einen solchen Mangel an historischer Vorbildung und eine solche Oberflächlichkeit in der Behandlung der schwierigsten Aufgaben gezeigt, dass er nur in beschränktem Sinne die Verantwortung dafür trägt. Bekanntlich kennt Graf Zedlitz-Trützschler weder die höheren Klassen des Gymnasiums noch die Verhältnisse der deutschen Universitäten aus eigener Anschauung. Er verließ das Gymnasium als Quartaner und hat niemals studiert. Er war erst Offizier, dann Gutsbesitzer, zuletzt Oberpräsident. Weder von der gegenwärtigen Ausdehnung und verwickelten Zusammensetzung des höheren Unterrichtswesens noch von seiner historischen Entwicklung besitzt er eine gründliche Kenntnis. Vielleicht unternimmt er gerade deshalb leichten Mutes die gefährliche Aufgabe, dessen bewährte Grundfesten zu untergraben und die Bildung des modernen Rechtsstaats auf der Basis des konfessionellen Glaubenskampfs neu aufzurichten.

Was würde man in Preußen sagen, wenn zum Kriegsminister ein Verwaltungsbeamter ernannt würde, der nie als Soldat gedient hat, der weder von der modernen Kriegskunst, ihren Waffen und ihrer Taktik noch von deren historischer Entwicklung eine klare Vorstellung besitzt? Das Unterrichstwesen eine großen Kulturstaats ist aber heute mindestens ebenso verwickelt – ja, nach unserer Überzeugung noch viel komplizierter zusammengesetzt – als das Kriegswesen; die Lösung des ersteren erfordert keinen geringeren Grad von allgemeiner und technischer Vorbildung als die des letzteren – und wer nicht »von der Pike auf gedient hat«, wird niemals eine richtige Vorstellung von seinem Organismus erlangen. Wie viel zu seiner erfolgreichen und glücklichen Leitung gehört, zeigen die feingebildeten und weitsichtigen Kultusminister, auf welche Preußen stolz sein darf: ein Wilhelm von Humboldt, ein Altenstein, ein Falk, ein Goßler! Welcher Abstand bis zu einem Zedlitz-Trützschler! Preußen hat recht verschiedene Unterrichtsminister gehabt, gute und schlechte, liberale und reaktionäre, aufgeklärte und klerikale, niemals aber einen Kultusminister, der so ungenügend unterrichtet, so wenig historisch vorgebildet und seiner großen Aufgabe so wenig gewachsen war wie Graf Zedlitz-Trütschler! Die Bildungsproben, welche derselbe nun schon bei vielen Gelegenheiten abgelegt hat und die teilweise noch wenig an die Öffentlichkeit gedrungen sind, liefern von diesem Dilettantismus erschreckende Zeugnisse.

Die denkwürdigen Reden, die am Freitag, den 29. Januar 1892 im Preußischen Abgeordnetenhaus vom Grafen Zedlitz-Trütschler gehalten wurden, lassen daran übrigens keine Zweifel. Sie erhalten doppelte Bedeutung dadurch, dass auch der Reichskanzler, Graf Caprivi, für denselben mit seinem ganzen Gewicht eintrat und mit dankenswerter Offenheit sein »Kultusprogramm« entwickelte, nämlich den Kampf gegen die wissenschaftliche Weltanschauung der Gegenwart. Beide Grafen sind geschickte Redner und verstehen vortrefflich die rhetorischen Kunstgriffe, durch welche der Kern bedenklicher Fragen versteckt und unwichtige Nebendinge an die Stelle der schwerwiegenden Hauptsachen gesetzt werden. Umso erstaunlicher erscheinen uns die philosophischen Fundamente ihrer mittelalterlichen Weltanschauung, die sie am Ministertisch offen darlegten. »Christentum oder Atheismus!«, das ist die überraschende Alternative, um welche es sich bei der eigentümlichen Weltanschauung des Herrn Reichskanzlers handelt! Was er unter »Christentum« versteht, das haben die nachfolgenden Erläuterungen zur Genüge klargelegt. Das neue Preußische Christentum, welches die bedrohte Kultur retten und insbesondere vor den Gefahren der Sozialdemokratie schützen soll, ist nicht jene geläuterte Sittenlehre, die sich im Lauf von 19 Jahrhunderten allmählich aus den einfältigen Grundsätzen des ursprünglichen Christentums heraus entwickelt hat; – es ist vielmehr der nackte Wunderglaube, der strenge Konfessionalismus, der blinde Glaube an die Legenden des christlichen Sagenkreises und an die übernatürlichen Ereignisse der »heiligen Geschichte«, deren historische Realität von der unbefangenen wissenschaftlichen Kritik längst widerlegt ist.

Nun aber ist dieser blinde, allein selig machende Kirchenglaube bekanntlich in jeder »Konfession« verschieden, und, abgesehen von den großen drei christlichen Bekenntnissen, dem evangelischen, griechisch- und römisch-katholischen, hat sich der Glaube in ständigem Kampf mit der Vernunft nach unzähligen Richtungen hin abweichend entwickelt. Jede dieser unzähligen christlichen Sekten und Gemeindem hält sich natürlich für die allein wahre, denn sonst würde sie ja diesen »festen Glauben« nicht besitzen! Der alte unversöhnliche Kampf zwischen allen diesen »Glaubensrichtungen« wird heute neu entfesselt, wenn die Konfession als das Wesen der Religion hingestellt wird. Damit wird die Kulturgeschichte um fünfhundert Jahre zurückgeschraubt; der vernünftige Rechtsstaat des neunzehnten Jahrhunderts soll sich in den despotischen Kirchenstaat des vierzehnten zurückverwandeln.

Die erstaunlichen Fortschritte unserer Naturerkenntnis haben das Geistesleben der Kulturvölker am Ende des neunzehnten Jahrhunderts in völlig neue Bahnen gelenkt. Soll an deren Stelle der fanatische Glaubenshass von sich gegenseitig zerfleischenden Konfessionen treten bis in die Volksschule hinab? Sollen die bewährten »Simultanschulen« sich in »Simulantenschulen« verwandeln? Soll zu der ungeheuren Gärung der Gegenwart, zu dem gewaltigen Kampf der großen sozialen Probleme und der neuen Kulturaufgaben auch noch als vergiftendes Ferment der Glaubenskrieg des Mittelalters kommen? Fast scheint es, als sollten die Kreuzzüge und der Dreißigjährige Krieg jetzt in »neupreußischer« Auflage erscheinen!

Inmitten dieser ungeheuren Wirren erscheint von merkwürdiger Naivität die weit verbreitete Anschauung, dass gerade der christliche Glaube die beste Waffe gegen die gefürchtete Sozialdemokratie sei. Das reine, ursprüngliche und unverfälschte Urchristentum ist in bedenklichem Grad von sozialistischen Grundsätzen durchdrungen, und seine Gemeinden, in Gütergemeinschaft lebend, hatten den wahren »Kommunismus« schon so weit ausgebildet, die Kirchenväter hatten die kommunistischen Ideen so klar entwickelt, dass es uns Wunder nimmt, warum nicht gerade die heutige Sozialdemokratie sich wieder auf jene urchristlichen Einrichtungen bezieht.

Die wahren und wirklich brauchbaren Waffen im Kampf gegen die Irrlehren der Sozialdemokratie liefert nicht der christliche Glaube, sondern die vernünftige Wissenschaft und vor allem ihr jüngstes und hoffnungsvollstes Kind, die moderne Entwicklungslehre. Wenn heute noch bisweilen Herr Bebel und andere Sozialistenführer ihre utopischen Theorien auf die Entwicklungslehre und speziell auf den Darwinismus gründen wollen, so beweisen sie damit nur, dass sie dessen Grundgedanken nicht kennen oder nicht verstehen. Denn der Darwinismus – die Selektionstheorie – erscheint im Licht unbefangener Kritik als ein aristokratisches Prinzip; es beruht auf der »Auslese der Besten«! Die Arbeitsteilung, auf welcher vorzugsweise die fortschreitende Entwicklung der organischen Welt beruht, bewirkt mit Notwendigkeit eine stets zunehmende »Divergenz des Charakters«, eine immer wachsende Ungleichheit der Individuen, ihrer Tätigkeit, ihrer Bildung, ihrer Lage. Je höher die menschliche Natur aufsteigt, desto größer müssen die Unterschiede und die Abstufungen der verschiedenen Arbeiterklassen werden, die zu ihrer verwickelten Maschinerie zusammenwirken.

Der Kommunismus und die von der Sozialdemokratie erstrebte Gleichheit der Existenzbedingungen und Leistungen würde dagegen gleichbedeutend sein mit dem Rückfall in die Barbarei, in den tierischen Urzustand der rohen Naturvölker.

Die überraschenden Anschauungen, welche der Reichskanzler in Bezug auf diese wichtigen Beziehungen in der berühmten Rede vom 29. Januar entwickelte, stehen in schroffem Widerspruch zu den Ergebnissen der modernen Wissenschaft. Ihren schärfsten Ausdruck fanden sie in der erstaunlichen Alternative: »Christliche oder atheistische Weltanschauung!« In rührender Einfalt bekennt sich dabei der protestantische Reichskanzler zu der »christlichen« Weltanschauung der papistischen Zentrumsführer, mit denen er sich »in voller Übereinstimmung befindet!« Er ist der Überzeugung, dass »eine Religion nicht gelehrt werden kann ohne Konfession!« Ja, noch mehr: »Wir können keine anderen Konfessionen haben, als sie nun einmal vorhanden sind!«

Was soll die Philosophie – die Fürstin unter den Wissenschaften« – zu diesem Glaubensbekenntnis sagen? Alles, was die ernste Gedankenarbeit der größten Geister seit drei Jahrtausenden hervorgebracht, ist demnach umsonst geschehen. Die einzige Philosophie, die künftig noch auf Universitäten studiert und gelehrt werden darf, ist diejenige der christlichen Kirchenväter! Dabei wird freilich der Herr Kultusminister noch die schwierige Bestimmung zu treffen haben, welche unter zahllosen verkehrten, vernunftwidrigen und in schroffsten Widersprüchen zueinander stehenden Glaubenslehren der heiligen Kirchenväter fortan die einzige Richtschnur der Philosophie bleiben soll.

Alle allgemeinen Erkenntnisse der modernen Naturwissenschaft fahren demnach zur Hölle! Und zur Hölle fahren auch alle die unseligen Menschenkinder, die bisher von der Himmelsgöttin Vernunft und nicht von dem blinden Köhlerglauben unwissender Priester Aufklärung über die großen Fragen des Daseins erstrebten. Wir würden über diesen Verlust unserer zeitlichen und ewigen Seligkeit untröstlich sein, wenn wir nicht zum Glück die beste Gesellschaft fänden: Goethe und Lessing, Kant und Spinoza, Shakespeare und Newton, Humboldt und Darwin, Friedrich II. von Hohenzollern und Friedrich II von Hohenstaufen, sie alle schmoren dort ewig in der Hölle als unverbesserliche »Atheisten« – ganz abgesehen von all den »unchristlichen« Philosophen und Naturforschern anderer Kulturnationen, zu denen wir bisher als Sternen erster Größe mit Andacht emporsahen! Aber noch mehr: Auch Moses und die Propheten, auch Buddha und Mohammed, Konfuzius und Zarathustra – und wie sonst all die gottgläubigen Religionsstifter nichtchristlicher Konfession heißen –, auch sie alle sind nichtswürdige »Atheisten«; auch von ihnen gilt das geflügelte weltgeschichtliche Wort des Grafen Caprivi: »Entweder Christen oder Atheisten!«

Dass es auch eine wahre Religion ohne Konfession geben kann, das hält der deutsche Reichskanzler für unmöglich! Und dass eine gute Moral ohne mystischen Wunderglauben existieren kann, das bestreitet er ausdrücklich! Wir unsererseits denken, dass Weltgeschichte und Menschenkenntnis das Gegenteil lehren. Heute und jederzeit finden wir die reinste Religion und die vollkommenste Sittlichkeit bei denjenigen Menschen, welche die Tugend ohne Beziehung zur »Konfession« üben;

welche gut sind aus reiner Freude am Guten, welche ihre irdische und himmlische Glückseligkeit in einer tüchtigen und ersprießlichen Lebensarbeit suchen, in gleichem Maße bemüht um das Wohl des Ganzen wie um ihr eigenes, in gesundem Gleichgewicht zwischen Altruismus und Egoismus!

Hingegen lehrt uns die Kulturgeschichte auf jeder Seite, dass der fanatische Wunderglaube mit der größten Unsittlichkeit Hand in Hand gehen kann. Die gräuelvolle Sittengeschichte des Mittelalters zeigt insbesondere, wie die sinnliche Verschmelzung der christlichen »Gottesliebe« und der sexuellen »Fleischesliebe« zur Quelle unzähliger Verbrechen wurde, und das geschah, während die christliche Kirche ihre höchste Blüte und den Gipfel ihrer Macht erreicht hatte! Überall und jederzeit sind der Glaubenshass und der konfessionelle Fanatismus die Quelle der scheußlichsten Menschenverfolgungen und der blutigsten Kriege gewesen; die Torturen und Scheiterhaufen der Inquisition lehren, wohin diese Weltanschauung führt.

Und dieser furchtbaren Hierarchie soll die deutsche Volksschule, soll in deren Gefolge auch der höhere Unterricht, sollen unsere Universitäten – der höchste Stolz der deutschen gebildeten Klassen! – mit gebundenen Händen überliefert werden? Nein, nun und nimmermehr! Mag auch jetzt in Preußen geschehen, was da will. Mag die einflussreiche Partei der preußischen Konservativen in unbegreiflicher Verblendung dem ultramontanen Zentrum Heeresfolge leisten, – mag unter ihrer und der reichsfeindlichen Parteien Mitwirkung das verderbliche Volksschulgesetz zustande kommen, – nie und nimmermehr glauben wir, dass diese Gegenreformation das übrige Deutschland nach sich ziehen wird! Preußen ist nicht Deutschland! Und doch haben wir im deutschen Reiche zahlreiche unabhängige Fürsten, die sich ihrer Aufgabe, ihrer Ahnen, ihrer Geschichte erinnern und ihre kulturhistorische Pflicht begreifen werden! Noch regieren in den kleinen Staaten Thüringens – im wahren Herzen Deutschlands! – die würdigen Nachkommen jener erlauchten Fürsten, die als Beschützer und Förderer der Reformation, wie später der glänzenden Literaturperiode unserer Nation, sich unsterbliche Namen in der Geschichte erworben haben!

Angesichts der großen politischen Fehler und der erstaunlichen Verkehrtheiten, welche in den letzten zwei Jahren in Berlin geschehen, sind viele geneigt, die Verdienste des zweiten deutschen Reichskanzlers zu sehr zu unterschätzen. Wir glauben, dies ist zu weit gegangen. Drei große Verdienste hat er sich nach unserer Meinung schon jetzt erworben. Erstens hat er das deutsche Volk wieder an die selbsttätige Sorge für das eigene Wohl erinnert; es lernt begreifen, dass es seine hohe Weltstellung, seine politische Freiheit, seine kostbare nationale Einheit nur dann bewahren kann, wenn es unablässig selbst für deren Festigung bemüht ist. Zweitens ist aufs neue klar geworden, welche hohe Bedeutung für die Erhaltung unserer höchsten

Macht, wie es der Papismus ist – selbst heute noch, nach Verlust der weltlichen Macht! – musste sogar der »eiserne Kanzler« zurückweichen und den schweren »Gang nach Zanossa« antreten. Sei es, dass Fürst Bismarck jene furchtbare Macht unterschätzte, sei es, dass er nicht mit den gleichen Waffen gegenübertreten konnte, der Papst blieb Sieger. Und er wird immer Sieger bleiben, so lange nicht alle Waffen der Vernunft und der Naturerkenntnis gegen ihn angewendet werden. Der Kulturkampf besteht so lange fort, als die Hierarchie des Vatikans existiert, und als sie in den ungebildeten Waffen die Soldaten für ihr gewaltiges Kriegsheer findet.

Vielleicht der mächtigste und verderblichste von diesen ist das obligatorische Zölibat, die Quelle von unzähligen sexuellen Ausschweifungen, Verirrungen und Verbrechen und zugleich die feste Stütze jener Sonderstellung, welche der katholische Klerus außerhalb der Gesellschaft und im verderblichen Gegensatz zu deren bester Grundlage, dem Familienleben, einnimmt.

Abschaffung des obligatorischen Zölibats, Schutz der Schulen gegen die Übergriffe des Klerus, Gleichberechtigung aller Religionsgesellschaften – auch der Freidenker und Dissidenten! –, das sind die drei wichtigsten Forderungen, welche die gebildete Gesellschaft am Ende des neunzehnten Jahrhunderts an den modernen Rechtsstaat stellen muss.

Hoffen wir, dass auch der Preußische Staat sich dieser Erkenntnis nicht verschließen und noch in letzter Stunde sich seiner protestantischen Aufgabe bewusst werden wird. Sollte aber das nicht der Fall sein und die Annahme des unheilvollen Volksschulgesetzes das Signal zu einer gewaltigen klerikalen Reaktion auf allen Gebieten des Unterrichtswesens geben, so bleibt uns immer noch der Trost, dass das übrige Deutschland in einmütigem Widerstand gegen jene »partikularistische« Reaktion sich erheben wird. Wir haben es oben als ein großes Verdienst des Reichskanzlers anerkannt, dass er dem überwuchernden Zentralismus unbewusst entgegenwirkt und den berechtigten Partikularismus (in bestem Sinne!) zu neuer Tätigkeit erweckt. Jetzt ist den vielgeschmähten »deutschen Kleinstaaten« wieder eine glänzende Gelegenheit gegeben, ihre historisch schon so oft erprobte Bedeutung für das ideale Geistesleben unserer Nation neu zu bestätigen. Wir erwarten von der großen Mehrheit der deutschen Fürsten mit voller Zuversicht, dass sie der gefährlichen Reaktion Preußens nicht nachfolgen werden und dass sie in ihren Staaten der verfolgten Gewissensfreiheit eine sichere Zufluchtsstätte wahren werden!

Die hohe Blüte deutscher Kultur und Wissenschaft beruht seit vielen Jahrhunderten auf der großen Zahl von Bildungsherden, welche die kleineren deutschen Fürstenhöfe unterhalten. Die Universitäten Heidelberg und Freiburg in Baden, Tübingen in Würtemberg, München, Würzburg und Erlangen in Bayern, Leipzig in Sachsen, Jena in Thüringen u.v.m. sind ebenso viele selbstständige Werkstätten deutschen Geisteslebens, welche sich ihre individuelle Natur und Unabhängigkeit gewahrt haben. Was diese außerpreußischen Universitäten – zum Teil unter den schwierigen Verhältnissen und mit den geringsten Mitteln – für das Geistesleben unserer Nation geleistet haben, ist gewiss nicht geringer als das, was von den zahlreichen – meistens viel besser dotierten, freilich auch jüngeren – preußischen Universitäten geleistet worden ist. Mag daher auch in den letzteren die klerikale Reaktion siegen und die »konfessionelle Wissenschaft« ihre langersehnte »Umkehr« einschlagen – umso heller wird in den ersteren das heilige Feuer emporlodern, welches die erkennende Vernunft auf dem Altar des höchsten menschlichen Geisteslebens unterhält, das heilige Feuer der freien Forschung und freien Lehre!

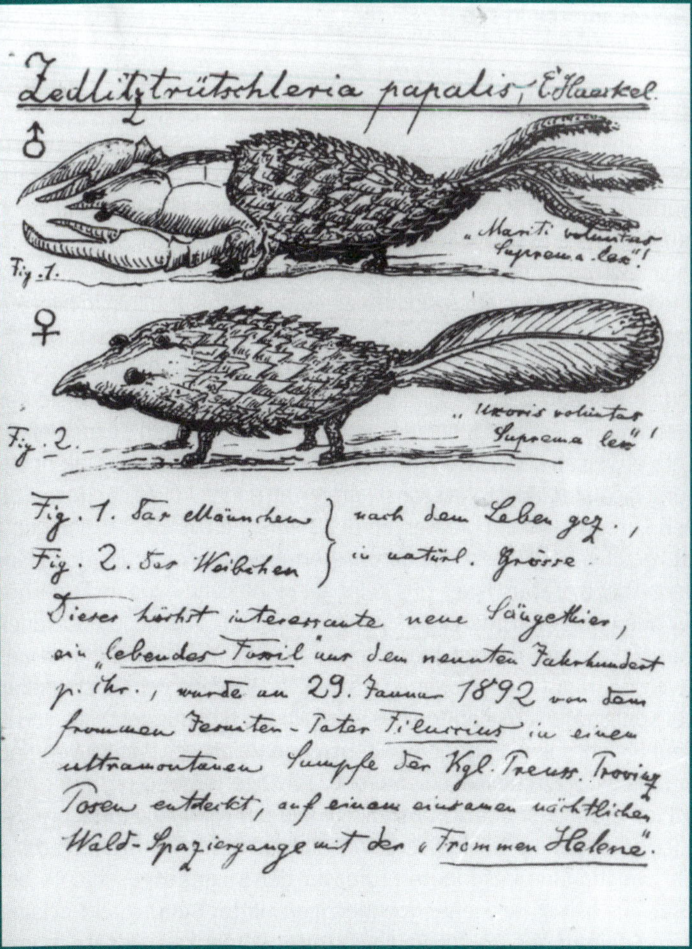

Ernst Haeckel, Karikatur des preußischen Kultusministers Zedlitz-Trütschler

Fürst Bismarck in Jena

Hochverehrte Festgenossen!

Im Auftrag unseres Zentral-Komitees habe ich hiermit zu erklären, dass weitere Festreden und Trinksprüche heute an dieser Stelle nicht mehr ausgebracht werden sollen. Es wäre unsererseits Vermessenheit, wenn wir nach der wunderbaren großen Rede, mit welcher heute auf unserem herrlichen Marktfest Fürst Bismarck Jena, Thüringen und das ganze Deutsche Vaterland beschenkt hat, noch Gedanken und Betrachtungen aussprechen wollten, welche ohnehin in aller Herzen feststehen und aus aller Augen leuchten.

Ich habe Ihnen aber kurz noch etwas Neues mitzuteilen: Unsere Universität Jena hat in den letzten Wochen unablässig nachgedacht, wie sie dem unsterblichen Baumeister des Deutschen Reichs bei seinem hiesigen Besuch eine ganz besondere Ehre erweisen könne. Das ist keine kleine Aufgabe! Ehren-Doktor aller Fakultäten ist Fürst Bismarck längst. Was sonst Fürsten an hohen Auszeichnungen, Städte an glänzenden Ehrengaben und die Herzen des Deutschen Volkes an sinnigen Liebesbeweisen zu verschenken haben, das ist unserem größten Nationalhelden längst zuteilgeworden! Aber trotzdem ist es uns gelungen, eine ganz neue und unerhörte Auszeichung für den Fürsten Bismarck ausfindig zu machen. Wie unseren akademischen Mitbürgern bekannt ist, hat sich hier in Jena seit 26 Jahren ein neuer und vielversprechender Zweig der Naturwissenschaften entwickelt. Während der Geschützdonner der Schlacht bei Königgrätz 1866 den Tod des alten Deutschen Bundestages und den Beginn einer neuen glanzvollen Periode der deutschen Reichsgeschichte verkündete, wurde hier in Jena die Stammesgeschichte oder Phylogenie geboren, jener Zweig der Naturgeschichte, welcher uns die beständige Wandlung und die fortschreitende Entwicklung aller organischen Gebilde verständlich macht. Jena ist bis jetzt die einzige Universität, welche eine besondere Professur der Stammesgeschichte besitzt, begründet 1886 aus den Mitteln jener hochherzigen »Ritter-Stiftung für Phylogenie«, welche wir dem Edelmut des Doktor Paul von Ritter verdanken. Unser Freund und Kollege Dr. Kükenthal, der sich in der letzten Woche so große Verdienste um unsere Festordnung erworben hat, ist bereits der zweite »Ritter-Professor der Phylogenie«.

Noch hat es aber auf Erden keinen Doktor der Phylogenie gegeben. Und diesen neuen Ehrentitel soll kein anderer zum ersten Mal erhalten, als der geniale Schöpfer der neuen Deutschen Geschichte. Fürst Bismarck, der tiefblickende Menschenkenner und Anthropologe, der weitschauende Geschichtsforscher und Ethnologe, er ist auch der praktische Geschichtsbildner; er hat die neue lebensfähige Existenzform für die

Deutsche Nation geschaffen. Er hat die schier unglaubliche Aufgabe gelöst, die zersplitterten und divergenten Stämme des zerrissenen und ohnmächtigen Deutschlands mit Blut und Eisen zusammenzuschmieden, und so ist durch konvergente Entwicklung der stolze Neubau des protestantischen Deutschen Kaiserreichs entstanden, dessen wir uns seit zwanzig Jahren erfreuen.

Indem ich jetzt hier den offiziellen Antrag stelle, Fürst Otto von Bismarck zum Doktor *phylogeniae honoris causa* zu promovieren, sehe ich, wie viele meiner hier anwesenden lieben Kollegen bleiches Entsetzen erfasst! Unser gesetzestreuer Prorektor Magnifikus rechts neben mir schüttelt bedenklich sein juristisches Haupt; und unter den weiter entfernten Kollegen erheben sich begründete Zweifel an der Rechtmäßigkeit dieser improvisierten Promotion. Ich kann dem mir drohenden Sturm nicht anders begegnen als dadurch, dass ich Sie sämtlich auffordere, sich hier sogleich im Festsaal des Schwarzen Bären, im Gasthof Martin Luthers, zu einer phylogenetischen Fakultät zu konstituieren. Ich nehme mir die diplomatische Kühnheit unseres Altreichskanzlers und unseres ihn womöglich noch übertreffenden Bürgermeisters zum Vorbild und stelle an unsere Festversammlung die Frage: Hat eines der hier anwesenden weiblichen und männlichen Mitglieder der neuen phylogenetischen Fakultät von Jena etwas dagegen, dass wir den Fürsten Otto von Bismarck zum Doktor *phylogeniae honoris causa* promovieren? Wer dagegen ist, hebe die Hand! Keine Hand erhebt sich! Unser Antrag ist einstimmig von allen 170 Mitgliedern der Fakultät angenommen! Ich proklamiere hiermit, als Dekan derselben, den Fürsten Otto von Bismarck zum ersten und größten Doktor der Stammesgeschichte! Er lebe hoch und dreimal hoch!

Aquarell (Gegend von Neapel, Vesuv)

Im Frühjahr 1898 erhält Haeckel die Einladung, auf dem vierten internationalen Zoologenkongress im August in Cambridge einen Vortrag zu halten. Von vielen Seiten ist der Wunsch an ihn herangetragen worden, dort eine der großen allgemeinen Fragen, wenn nicht gar die »Frage aller Fragen« (T. H. Huxley), zu thematisieren: Die Frage nach der Abstammung und Herkunft des Menschen.

Haeckel hält eine Rede in englischer Sprache, die anschließend, erweitert und ins Deutsche übersetzt, veröffentlicht wird, bis 1922 in insgesamt 13 Auflagen. Sie stellt einen Querschnitt seiner Ansichten zur biologischen Anthropologie, Entwicklungsgeschichte und Zoologie in Bezug auf die Herkunftsgeschichte des Menschen dar, stützt sich im Wesentlichen auf die ihm bekannten historischen Tatsachen und zeigt sowohl den Stand der damaligen Forschung als auch die noch ungelösten Fragen auf – wie etwa die des »missing link«. So diskutiert Haeckel eingehend den 1890/91 auf Java gemachten *Pithecanthropus*-Fund, von dessen Entdecker Eugène Dubois zunächst *Anthropithecus* genannt. Wie Dubois sieht er im Urgibbon (*Prothylobates*) die gemeinsame Stammform der Platyrrhinen (Neuweltaffen) und Katarrhinen (Altweltaffen) und wertet den ostindischen *Palaepithecus sivalensis* als Zwischenform der fossilen Menschenaffen. Und er polemisiert gegen die Fehldeutung des *Pithecanthropus* durch seinen ehemaligen Lehrer Rudolf Virchow, der einige Jahre nach dem Fund Schädel (Calotte) und Oberschenkel des *Pithecanthropus erectus* untersucht und erklärt hatte, dass diese nicht zusammengehörten; es handele sich beim Oberschenkel um den eines Menschen, da eine bestimmte krankhafte Wucherung nur bei diesem vorkäme. Die Aussage wird ihm mit dem Verweis, dass ähnliche Wucherungen auch beim Affenknochen zu finden sind, sofort widerlegt. Ähnlich verhält es sich mit Virchows Behauptungen zu Einschnürungen oberhalb der Augenhöhlen, die er ausschließlich zu einem Affen gehören lassen will; anhand eines Menschenschädels aus Brasilien beweist man ihm sofort das Gegenteil.

Schon bei der wissenschaftlichen Deutung von Carl Fuhlrotts Neandertalerfund von 1856 hatte Virchow sich mit seiner Interpretation als wenig aufgeschlossen für Fortschritte in der Paläoanthropologie gezeigt. Als Reste eines eiszeitlichen Urmenschen will er den Knochenfund nicht gedeutet wissen; die außergewöhnliche Schädelform weist für ihn vielmehr auf einen rezent kranken Menschen hin. Er besteht über Jahre hinweg auf dieser Position – ist damit aber keineswegs der Einzige, der daneben liegt. Auch andere Fachgelehrte liefern Fehlinterpretationen des Funds von Fuhlrott, erkennen darin unter anderem einen mongolischen Kosaken von 1814, einen Irren, einen alten Holländer, einen Kelten. Die Idee paläontologischer Übergangsformen (missing links) lehnt Virchow trotz der an Zahl und Verbreitung immer mehr zunehmenden Funde von Neandertalermenschen bis zum Pithecanthropus bis an sein Lebensende ab.

Von diesen Vorgeschichten ist Haeckels zentrale Aussage in Cambridge jedoch unabhängig und eindeutig. Die Abstammung des Menschen von einer ausgestorbenen tertiären Primatenkette bezeichnet er ausdrücklich als »keine vage Hypothese mehr, sondern eine historische Thatsache« – Mensch und Menschenaffen haben gemeinsame Vorfahren. Man werde weitere menschliche Urgebeine im Tertiärgestein in Ostasien finden, prophezeit er und gibt der Hoffnung Ausdruck, dass die von ihm selbst aufgestellte Abstammungstheorie nachhaltigen Einfluss auf alle Zweige der Wissenschaft und Kultur entfalten werde.

Auch dem – auf Grundlage der stammesgeschichtlichen Zoologie von ihm mitbegründeten – Monismus traut er hinsichtlich weiteren Erkenntnisgewinns der Menschheit viel zu, und zwar »im Dienste des Schönen und Guten«! So umreißt Haeckel bei dieser Gelegenheit auch gleich sein Wissenschaftsprogramm der folgenden, letzten zwei Jahrzehnte seines Lebens, in denen er versuchen wird, seine monistische Philosophie auf die Deszendenzlehre zu übertragen.

Wie bisher auch vertritt er im Cambridge-Vortrag die Auffassung, die tierische Ahnenreihe des Menschen sei monophyletisch entstanden. Darüber hinaus postuliert er die »vielbestrittene ›Vererbung erworbener Eigenschaften‹« und wendet sich gegen den weismannschen Neodarwinismus, was bedeutet, dass er die Vererbung erworbener Eigenschaften ablehnt. Als Lamarckist hat Haeckel die um 1900 aufkommende Vererbungswissenschaft (Genetik) nie rezipiert, die Wiederentdeckung der Mendelschen Regeln weder kommentiert noch entsprechend gewürdigt, den 1909 von Wilhelm Johannsen eingeführten Begriff Gen (als Träger der Vererbung) abgelehnt und nie benutzt. Es verwundert deshalb nicht, dass er – obwohl als Entwicklungsbiologe tätig – in heutigen Diskussionen um das Themengebiet Vererbung und Stammzellen kaum Erwähnung findet.

Die stete Verknüpfung von Wissenschaft und Weltanschauung führt spätestens seit seiner Altenburger Rede von 1892 über den »Monismus als Band zwischen Religion und Wissenschaft« zu permanenten fachlichen und weltanschaulichen Kontroversen, die ihren Höhepunkt mit dem Erscheinen seines zu einem

Kultbuch avancierten Werkes *Die Welträthsel* im Jahr 1899 erreichen. Im Jahr 1898 war der Bonner Verleger Emil Strauss an Haeckel herangetreten mit der Bitte, er möge jetzt doch kraft seiner Autorität einmal umfassend darlegen, welche Erkenntnisse der wissenschaftliche Fortschritt bis dahin gebracht hat.

So erscheint Haeckels wohl berühmtestes Buch. Mit dem Titel des Werkes bezieht er sich auf sieben zum Teil für unlösbar gehaltene »Welträtsel«, wie sie der Berliner Physiologe Emil Du Bois-Reymond 1880 in einer Sitzung der Berliner Akademie der Wissenschaften formuliert hat. Drei dieser Rätsel (die erste Entstehung des Lebens, die zweckmäßige Einrichtung der Natur sowie das vernünftige Denken und der Ursprung der Sprache) betrachtet Haeckel durch die Entwicklungslehre sehr wohl als gelöst. Auf drei weitere Fragen (nach dem Wesen von Kraft und Materie, dem Ursprung der Bewegung, dem Entstehen der Sinnempfindung und des Bewusstseins) versucht er mit seinem Buch Antworten zu geben und formuliert hierfür sein Gesetz von der Erhaltung der Substanz. Das Substanzgesetz, welches er aus dem chemischen Gesetz von der »Erhaltung des Stoffes« und dem physikalischen Gesetz von der »Erhaltung der Kraft« zusammensetzt, betrachtet er als oberstes, allumfassendes Naturgesetz und folgt dabei weitgehend der Argumentation von Baruch Spinoza und Giordano Bruno dreihundert Jahre vor ihm. Das siebente Rätsel, das sich um das Problem der Willensfreiheit dreht, erklärt er kurzerhand als nicht existent.

Haeckel gliedert das Buch in vier Teile mit entsprechenden Untertiteln: »Der Mensch«, »Die Seele«, »Die Welt« und »Der Gott«. Im vierten, dem theologischen Teil finden sich gegenüber seiner Altenburger Rede keine nennenswerten neuen Ansichten: »Zu den hervorragenden Charakterzügen des scheidenden neunzehnten Jahrhunderts gehört die wachsende Schärfe des Gegensatzes zwischen Wissenschaft und Christenthum«[1]. Mit einer Auflagenhöhe von vierhunderttausend Exemplaren allein auf Deutsch und Übersetzungen in ca. dreißig Sprachen werden *Die Welträthsel* zum Bestseller der Jahrhundertwende.

Sein persönliches achtes Welträtsel kann Haeckel allerdings nicht lösen. Es betrifft seine außereheliche Liebe zu Frida von Uslar-Gleichen, aus einem alten Adelsgeschlecht nahe Göttingen stammend, dreißig Jahre jünger als Haeckel und von ihm zärtlich »Paradiestaube« genannt, während er für sie ihr »Silberhäschen« ist. Schärfer als alle Gegner und objektiver als alle seine Freunde zuvor, vermag Frida die Stärken und Schwächen des Gelehrten in den gemeinsamen Jahren andauernder Freundschaft und Liebe zu erkennen. Sie kritisiert, lobt und ergänzt ihn, ohne dabei verletzend zu sein. Seine Gefühle für Frida schwanken zwischen Akzeptanz, Liebe und Konfrontation – insbesondere während seiner Arbeit an den *Welträthseln*. Die Beziehung zwischen Frida und Haeckel hält sechs Jahre, in denen es allerdings lediglich an 24 »Mährchen-Tagen« zu persönlichen Begegnungen kommt. Dafür werden mehr als vierhundert Briefe geschrieben; erhalten sind noch 174 von ihr, 180 von ihm. Frida, von Haeckel auch als »Inkarnation seiner früh verstorbenen, heißgeliebten« ersten Ehefrau Anna Sethe bezeichnet, schreibt ihm an ihrem Todestag, dem 13. Dezember 1903: »Geliebter Mann! Ich hoffe, dass wir uns noch einmal, ohne Fesseln u. irdische Schranken wieder sehn.« Dass die Liebe zu Haeckel keine Perspektive hat, erträgt sie nicht. Sie nimmt sich das Leben, während er mit seiner Ehefrau Agnes in Italien weilt. Der Tod Fridas trifft Haeckel schwer. Als er im Frühjahr 1904 ihr Grab besucht, erhält er von der Familie Uslar-Gleichen die penibel geordneten Briefe samt Tagebüchern überreicht.

Sechs Jahre nach Ernst Haeckels Tod wird dessen Sohn Walter die Korrespondenz einem Verlag zur Publikation übergeben, und tatsächlich entsteht daraus der Briefroman *Franziska von Altenhausen – Ein Roman aus dem Leben eines berühmten Mannes in Briefen aus den Jahren 1898/1903*[2], erstmals erschienen 1927. Die Originaltexte werden dafür ausgeschlachtet, gekürzt, zerstückelt und umgeschrieben, Ernst und Frida treten posthum unter Pseudonym auf. Das Buch ist ein Erfolg und erlebt mehrere Auflagen und Übersetzungen.

Schon kurze Zeit nach Fridas Freitod treten zwei neue Verehrerinnen in das Leben des Siebzigjährigen: die US-amerikanische, in Europa lebende Tänzerin Isadora Duncan und die bildende Künstlerin Maria Holgers (eigentlich Maria Katharina Schmidt). Während auch letztere Haeckel in den Jahren von 1904 bis 1919 über vierhundert Briefe schickt, spielt sich die teilweise zeitgleiche, von 1904 bis 1910 dauernde »Liaison« mit Duncan deutlich weniger im Schriftlichen ab; die Korrespondenz der beiden umfasst nicht mehr als ein knappes Dutzend Schreiben. Haeckel trifft sich mit ihr unter anderem in Berlin (anlässlich seiner Vorträge im April 1905) und in Baden-Baden; die Notiz, mit der sie ihn im Mai 1910 von der Geburt ihres Sohnes Patrick aus der Beziehung mit dem Nähmaschinen-Erben Paris Singer unterrichtet, zeigt exemplarisch ihre Verehrung: »This boy will be a Monist, nud [sic] wer weiss, vielleicht ist etwas von Ihrem schönen Geist in ihm. We will hope so.«[3]

Die Welträthsel werden nicht nur begeistert aufgenommen. Sie rufen auch einen Sturm der Entrüstung und weltanschauliche Auseinandersetzungen unter Fachkollegen und in der Öffentlichkeit hervor, welchen Haeckel mit weiteren Publikationen und öffentlichen Vorträgen entgegenzutreten versucht. So bringt er 1904 als Ergänzungsband zu den *Welträthseln* seine Schrift *Die Lebenswunder* heraus, 1910 folgt *Sandalion* und 1915, inmitten des ersten Weltkrieges, die Abhandlung *Ewigkeit – Schriften*, die sich nun mehr und mehr auf Politik, Ideologie und Gesellschaft beziehen. Die haeckelsche Argumentation geht dabei in zwei Grundrichtungen: eine rassenhygienisch-eugenische und eine mehr politisch-weltanschaulich argumentierende. Auch aufgrund seines Bekanntheitsgrades werden diese Argumentationslinien populär.

Im »anthropologischen Theil: Der Mensch« in den *Welträthseln* legt er anhand eines akribischen anatomischen Vergleichs dar, wie eng Mensch und Menschenaffe verwandt seien. Der jeweilige Körperbau sei nicht nur ähnlich, sondern vom Prinzip sogar gleich bis hin zu Knochen, Muskeln, Nerven, Organen und der Anzahl der Zähne. Rassenhygienische Ableitungen finden sich noch nicht. Im Folgewerk über *Die Lebenswunder* dagegen denkt er schon weiter in Sachen Eugenik. Unter dem Stichwort »Erlösung vom Uebel« diskutiert er, ob wir als mitfühlende Menschen »armen Elenden« den Wunsch erfüllen dürften, ihre Leiden durch einen schmerzlosen Tod abzukürzen – eine Frage von »eminenter Bedeutung sowohl für die praktische Philosophie als für die juristische und medicinische Lebens-Praxis«.[4] Unter der Überschrift »Lebenserhaltung« führen ihn seine pragmatischen Überlegungen sogar so weit, dass er das Leben eines hoffnungslos Kranken und schwer Leidenden unter dem Aspekt, dass es für diesen doch nur noch Schmerzen und den Angehörigen Sorgen bedeute, als wertlos bezeichnet. Ein Menschenleben müsse nicht unter allen Umständen erhalten und verlängert werden, und die weitverbreitete Meinung, dazu seien wir sehr wohl verpflichtet, bezeichnet er als »traditionelles Dogma«. Im Folgenden wird der Text noch eindeutiger und wendet sich vom Einzelschicksal der Gesellschaft zu: Nicht nur, dass Geisteskranke, Aussätzige und Krebskranke (von Haeckel alle unter »Hunderttausende von unheilbaren Kranken« zusammengefasst) ein für sie selber nutzloses Leben führten, auch zum Nutzen der Allgemeinheit trügen sie nicht bei. Ihren Leidensweg könne man doch mit einer »Gabe Morphium oder Cyankalium« bewusst abkürzen, anstatt sie »in unseren modernen Culturstaaten künstlich am Leben zu erhalten«. Ähnliche Konnotationen finden sich auch in Haeckels Bemerkungen zur Sozialdemokratie sowie zur Todesstrafe und späteren Diskussionen darüber. Die Ausgabe der »Deutschen Juristen-Zeitung« vom 1. Januar 1911 zeigt, dass er zu dem Zeitpunkt mit solchen Bemerkungen nicht alleine steht.[5]

Neben Haeckel stellt z.B. auch sein Freund Auguste Forel eugenische Überlegungen an. Der Züricher Psychiater argumentiert fast zeitgleich in seinem Buch über *Die sexuelle Frage* (1905) ähnlich, allerdings viel zielgerichteter und in bereits ganz eindeutiger Sprache: »Ich wiederhole es, wir bezwecken keineswegs eine neue menschliche Rasse, einen Uebermenschen zu schaffen, sondern nur die defekten Untermenschen allmählig [...] zu beseitigen, und dafür bessere, sozialere, gesundere [sic] und glücklichere Menschen zu einer immer grösseren Vermehrung zu veranlassen.«[6]

Die *Lebenswunder* mit dem Untertitel *Gemeinverständliche Studien über Biologische Philosophie* sollten dann in der Lesart Haeckels auch mithelfen, die monistische Philosophie weiter zu etablieren und dabei besonders »das Gebiet der organischen Naturwissenschaft« miteinbeziehen – inklusive »Lebenskunde« (Hygiene), Gesundheitsauffassungen, Biologie usw. Fragen des Wissens, Glaubens und der Religion werden in diesem Band nur an einigen wenigen Stellen thematisiert; vielmehr sind die vier Hauptteile betitelt mit »Lebenskenntnis«, »Lebensgestaltung«, »Lebenstätigkeit« und »Lebensgeschichte«. An die Popularität der *Welträthsel* kommt das Folgewerk nicht heran.

Ein weiteres Zeichen für die zeittypische kulturpessimistische Dramatisierung der Lage des deutschen Volkes und der daraus resultierenden Suche nach Möglichkeiten der »Artverbesserung« – ist ein Preisausschreiben vom 1. Januar 1900. Der Industrielle Friedrich Alfred Krupp lobt dreißigtausend Mark aus für ein Werk zur Beantwortung der Frage »Was lernen wir aus den Prinzipien der Descendenztheorie in Beziehung auf die innerpolitische Entwickelung und Gesetzgebung der Staaten?« Für die Verbreitung sozialdarwinistischer Ideen in Deutschland wird dieses Preisausschreiben eine wichtige Rolle spielen, und zusammen mit zwei Kollegen aus Halle und Stuttgart übernimmt Haeckel die Organisation. Der Ausschreibungstext geht an verschiedene Zeitschriften, die Manuskripte sollen bis zum 1. Dezember 1902 an Ernst Haeckel im Zoologischen Institut Jena gesandt werden. Selbstverständlich würden die Arbeiten nach der Qualität ihrer Wissenschaftlichkeit beurteilt, ohne Rücksicht auf ideologische Tendenzen.

Das Preisausschreiben trifft den Zeitgeist am Anfang des zwanzigsten Jahrhunderts und stößt bei einer breiten Öffentlichkeit auf Interesse. Allein in den ersten acht Wochen gehen über hundert Anfragen bei Haeckel ein. Aufgrund der hohen Beteiligung – die Haeckel als persönlichen Erfolg wertet – müssen die Preisrichter schnell handeln. Bereits am 7. März 1902, also ein halbes Jahr vor Einsendeschluss, bittet Haeckel seine Kollegen nach Jena, um sich auf die Gewinner zu einigen. Doch das ist nicht so einfach, und letzten Endes läuft die Preisvergabe auf einen Kompromiss hinaus. Nach zähen Verhandlungen, bei denen jedes Kuratoriumsmitglied versucht, seinem persönlichen Kandidaten eine möglichst gute Platzierung zu verschaffen, geht der erste Preis an Wilhelm Schallmayer. Für Haeckel ist damit ein Kandidat gefunden, der besonders eindrucksvoll bewiesen hat, dass sich die Deszendenztheorie, die in der Biologie besagt, dass alle Arten auf eine oder wenige Urformen zurückgehen, auch auf Gesellschaft und Politik anwenden lässt. Schallmayers zusammenfassende Bemerkung am Ende seiner 386 Seiten umfassenden Schrift ist eine Warnung vor der biologischen Degeneration entwickelter Kulturen und ein Aufruf, den Prozess der natürlichen Auslese bewusst zu steuern. Die Arbeit geht in Druck, im Jahr 1903 erscheint im renommierten Jenaer Gustav Fischer Verlag der erste Band (von zehn) des Sammelwerkes *Natur und Staat. Beiträge zur naturwissenschaftlichen Gesellschaftslehre*.

Doch die darin getroffenen Aussagen treffen nicht bei allen Biologen und Medizinern auf Zustimmung. Eine der schärfsten Entgegnungen gegen den sozialdarwinistischen Züchtungsstaat verfasst der Haeckel-Schüler Oscar Hertwig mit seiner Schrift *Zur Abwehr des ethischen, des sozialen und des politischen Darwinismus* – allerdings erst 15 Jahre später. Er malt darin das Schreckensszenario einer Herrschaft der Ärzte, in der die Gesellschaft von einem bürokratischen Apparat unter den Aspekten der Zuchtwahl kontrolliert, in dem das Leben jedes Einzelnen von Gesetzen bestimmt wird, die aus den Grundprinzipien des Darwinismus abgeleitet sind.[7] Bei dem Geschacher um die Preisvergabe geht es offensichtlich nicht immer wissenschaftlich oder auch nur kollegial zu. Eitelkeiten werden verletzt und die Proteste beschäftigen noch einige Zeit die erhitzten Gemüter. Auch Haeckel sieht sich – zum Teil öffentlich – Angriffen ausgesetzt, sogar aus Kreisen, die ihm inhaltlich eigentlich sehr nahe stehen.

Viel folgenschwerer jedoch sind die Folgen des kruppschen Preisausschreibens für die gesellschaftliche Entwicklung in Deutschland. Ebenso wie das 1904 unter anderem vom Rassenhygieniker Alfred Ploetz in Berlin gegründete »Archiv für Rassen- und Gesellschafts-Biologie« bildet es einen wichtigen Meilenstein im Gesamtbestreben, den wissenschaftlichen Boden für Fächer wie Rassenhygiene und Rassenkunde an Universitäten und Hochschulen vorzubereiten. (Ploetz ist auch Initiator der 1905 gegründeten Deutschen Gesellschaft für Rassenhygiene.) Breite Teile der Öffentlichkeit werden nun mit den Zielen der Rassenkunde bekannt gemacht; das neue Vokabular wird gezielt verbreitet. Das Preisausschreiben trägt maßgeblich zu einer Politisierung verschiedener Themen der biologischen Anthropologie bei und wird zu einem Zeitpunkt ausgelobt, wo weite Teile der deutschen Bevölkerung bereit sind, sich mit biologistischen Überlegungen zu beschäftigen. Unter dem Einfluss dieser Stimmungslage kommt die Lebensreform-Bewegung auf, woraus später unter anderem auch die FKK-Bewegung hervorgeht. Diese von Deutschland und der Schweiz ausgehenden Reformbewegungen vertreten das Leitmotto »Zurück zur Natur« und verstehen sich als Kritiker der Industrialisierung, des Materialismus und der Urbanisierung. Die Erfolge der Naturwissenschaften um 1900 sind oft so offensichtlich, dass eine Übertragung dieser Inhalte auf die Gesellschaft für manche nur eine logische Konsequenz der neuen Denkart darstellt.

Auch wenn die Jenaer Biologen Haeckel und Heinrich Ernst Ziegler (in Absprache mit Krupp) bei der Abfassung des Ausschreibungstextes für das Preisausschreiben zunächst nicht in diesen Kategorien gedacht haben mögen, rufen sie damit doch zahlreiche Anhänger rassistischer Theorien auf den Plan und verschaffen ihnen ein Podium, auf dem sich der Sozialdarwinismus scheinbar wissenschaftlich legitimieren lässt. Alle gedruckten Arbeiten lassen eine sozialdarwinistische und rassenhygienische Argumentationsbasis erkennen, und der Wettbewerb wird mehr oder weniger bewusst zu einem deutlichen Markstein auf dem Weg zum Nationalsozialismus – von Haeckel als einem der Hauptinitiatoren wissentlich mindestens toleriert, wenn nicht unterstützt.

In diesen Zeitraum fällt, lange geplant, seine zweite Tropenreise. Das Kollegengerangel während des Preisausschreibens, die ausweglosen privaten Konflikte, die Angriffe wegen der *Welträthsel* (wozu ihn allein fünftausend Briefe erreichen) sind Anlässe für Haeckel, sich von August 1900 bis April 1901 dem ganzen Trubel zu entziehen. Die Reise führt ihn zunächst über Paris, wo er die Weltausstellung besucht und dort einer Stilisierung seiner eigenen Arbeit begegnet (das Eingangstor ist vom Architekten René Binet als Radiolarie nach Haeckels Zeichnungen gestaltet worden), über Ceylon und Singapur schließlich nach Indonesien. Ein unglücklicher Sturz am Tag der Ankunft in Padang hindert ihn mehrere Wochen am Gehen, Haeckel muss alle wissenschaftlichen Pläne ad acta legen. So entspricht auch das Ergebnis der Reise in keinster Weise seinen ursprünglichen Erwartungen: Nur 32 Kisten Sammlungsmaterial treten mit ihm die Heimreise an. Immerhin bereitet die Finanzierung der Reise keine Sorgen: der mit zehntausend Lire dotierte Bressa-Preis der Akademie der Wissenschaften Turin, den Haeckel 1900 für seine Systematische Phylogenie erhalten hat, deckt einen Großteil der Kosten. Seine Erlebnisse verarbeitet Haeckel eindrucksvoll in seinem Buch *Aus Insulinde. Malayische Reisebriefe.*

Nachdem sich die teils persönlich, teils wissenschaftspolitisch motivierte Aufregung um das Krupp-Preisausschreiben gelegt hat, steht Haeckel fünf Jahre später schon wieder im Zentrum der gesellschaftlichen Aufmerksamkeit. Im April

1905 erhält er eine Einladung der Concertdirection Jules Sachs, im Saal der Sing-Akademie Berlin, die ihren Saal für wissenschaftliche Veranstaltungen vermietet, einen populärwissenschaftlichen Vortrag zu halten. Haeckel lehnt zunächst ab, da er bereits am 17. Juli 1901 in einer viel versandten nationalen Erklärung mitgeteilt hat, überhaupt keine Vorträge mehr halten zu wollen, sowohl aus Rücksicht auf seine Gesundheit und sein vorgerücktes Alter als auch auf die dringenden, ihm noch obliegenden Arbeiten. Auf das Drängen vieler Berliner Freunde hin, worunter ihn maßgeblich der Wissenschaftspopularisator Wilhelm Bölsche beeinflussen kann, und mit Aussicht auf großzügiges Honorar durch die Direction Sachs (2.500 Mark plus Hotelunterbringung erster Klasse) entschließt er sich letztendlich doch, dem »gebildeten Berliner Publikum« die Grundzüge seiner Entwicklungslehre persönlich vorzutragen. Zudem solle mit diesem Vortrag gegen den »steigenden Übermut einer intoleranten Orthodoxie«, »das Übergewicht des ultramontanen Papismus und die dadurch drohenden Gefahren für die deutsche Geistesfreiheit, die Universität und Schule« gegengesteuert werden.

Während Haeckel einen ersten Redetext in wenigen Tagen verfasst, wird ihm aus Berlin bereits mitgeteilt, dass die zahlreichen Anmeldungen entweder eine Wiederholung oder eine Zweiteilung des Vortrages notwendig machen. Nach schließlich vier Vortragsabenden, die auf weitere zahlreiche Nachfragen um einen Abschiedsvortrag ergänzt werden, findet die Vortragsreihe am Abend des 15. April 1905 mit einem Haeckel-Festkommers im Konzertsaal des Zoologischen Gartens ihren gebührenden Abschluss, wo er als Redner gefeiert wird.[8] So referiert Haeckel im April 1905 in Berlin nicht nur drei-, sondern gleich fünfmal. Sein erster Vortrag thematisiert das brisante Verhältnis von »Abstammungslehre und Kirchenglaube«. Hier legt er zunächst einen geschichtlichen Abriss zum »Entwickelungs-Gedanken in der Erdgeschichte, Keimesgeschichte, Zellenlehre, Stammesgeschichte, im Darwinismus und in der Anthropologie« vor und geht dann umfassend auf die Schöpfungsproblematik ein. Mit einem wiederum deutlichen Bekenntnis zum Entwicklungsgedanken (auch im Schulunterricht) provoziert er bewusst seine Berliner Gegner und die »Jesuitische Sophistik/Jesuitische Entwickelungslehre« um den Jesuitenpater und Haeckel-Kritiker Erich Wasmann.

Im zweiten Vortrag widmet er sich dem Verhältnis von »Affenverwandtschaft und Wirbeltierstamm« (Pithecoidentheorie) und präsentiert vorwiegend zoologische und anthropologische Ergebnisse (von ihm »Stammes-Urkunden« genannt). Ähnlich wie beim ersten Vortrag polemisiert er auch hier wieder gegen Andersdenkende wie sogar gegen seinen ehemaligen Lehrer Virchow oder erneut gegen Wasmann. Mit dem dritten und letzten Vortrag über »Unsterblichkeit und Gottesbegriff« macht er Werbung für den Monismus und den »monistischen Gott«, um diese Ersatzreligion weiter zu etablieren. Seine Argumentation und Verteidigung verlässt dabei oft die Ebene der Sachlichkeit und entbehrt wissenschaftlicher Fairness. So redet er über die »aalglatte Sophistik der Jesuiten«[9] sowie das »politische Lügen-System« im Reich. Damit begeht er den Fehler, den er seinen Gegnern oft vorwirft – und macht sich für diese angreifbar. Seine ketzerischen Vorträge bringen ihm den Vorwurf ein, die Berliner Singakademie entweiht zu haben; doch Haeckel beruft sich auf niemand Geringeren als Alexander von Humboldt, der vor »77 Jahren (im Januar 1828) an derselben Stelle seine mit Recht viel bewunderten Vorträge hielt, aus denen sein Hauptwerk, der *Kosmos*, entstand«.[10] Außerdem rät er, die Entweihung der Singakademie »mit den Mitteln der modernen Desinfektion zu bekämpfen, so wie der römische Papst im September 1904 die geheiligten und durch den Freidenkerkongreß ›entweihten‹ Räume der römischen Kirchen desinfizieren ließ. Ich glaube allerdings nicht, daß der gefürchtete und gehaßte Wahrheitsbacillus durch solche Karbolräucherungen zu vertilgen ist, so wenig wie durch die Deklamationen der Berliner Hofprediger, die durch die destruktive Entwickelungs-Theorie und die ›Affentheorie‹ jammern.«[11] Eine gedruckte Version der Vorträge wird noch im gleichen Jahr bei Georg Reimer (Berlin) mit dem Titel *Der Kampf um den Entwickelungs-Gedanken* vorgelegt. Mit dem Nachwort »Entwickelungs-Gedanke und Jesuitismus« tritt Haeckel den Angriffen seines schärfsten Kritikers, des Jesuitenpaters Erich Wasmann, entgegen.

Direkt nach den Vorträgen entbrennt um die Inhalte eine rege nationale Debatte mit vielen Facetten. Einige Persönlichkeiten, wie beispielsweise die Biologen Friedrich Dahl oder Ludwig Plate, der Jesuit Graf von Hoensbroech engagieren sich besonders stark in den Diskussionen. Fachzeitschriften und Tageszeitungen berichten über die Reden, und noch Jahre danach erreichen Haeckel unzählige Briefe zum Thema; selbst ganze Bücher erscheinen als »Gegenschriften« zur Publikation von 1905. Der Aufruhr um die Berliner Vorträge reicht bis ins Ausland; Übersetzungen der Reden ins Englische, Französische, Italienische, Portugiesische und Lettische werden vorgelegt.[12]

Im selben Jahr erscheint mit *Wanderbilder*, die seine eigenen Aquarelle und Ölgemälde zur Vorlage haben, nach den *Kunstformen der Natur* (1899) wiederum eine Veröffentlichung, die ganz das künstlerische Schaffen Haeckels in den Mittelpunkt stellt. Doch wie er im Vorwort der *Wanderbilder* deutlich macht, sind auch die Aquarelle und Zeichnungen für ihn in erster Linie Dokumente seiner zahlreichen Reisen – über neunzig Mal begibt sich Haeckel im Lauf seines Lebens für längere Zeit in die Fremde. Der Aquarellmalerei verdankt er nach eigenem Bekunden viele der glücklichsten Stunden seines Lebens. Haeckel vermag rasch wesentliche Merkmale und Elemente einer Landschaft zu erfassen und diese zeichnerisch, zum Teil naiv wiederzugeben, wobei er dennoch immer die geografischen, geologischen, biologischen und kulturellen Besonderheiten einarbeitet. In den oft in die Bilder eingefügten lateinischen Pflanzennamen verrät sich das wissenschaftliche Interesse.

Nach den Berliner Vorträgen avancieren zwei Persönlichkeiten aus den beiden großen christlichen Konfessionen zu Haeckels Hauptkontrahenten, deren Hintergrund ebenfalls ein ausgewiesen wissenschaftlicher ist: der Jesuitenpater und Zoologe Erich Wasmann und der protestantische Botaniker Johannes Reinke. Insbesondere Haeckels *Lebenswunder* (1904) und die darin enthaltenen Ungereimtheiten stoßen auf Reinkes Widerstand. Er wendet sich in zahlreichen Schriften gegen Haeckel und nutzt jede sich bietende Gelegenheit (wie seinerzeit Virchow), sich öffentlich gegen den Monismus zu wenden. Reinke, der im Preußischen Herrenhaus seit 1894 die Universität Kiel vertritt und so ein entsprechendes Forum hat, greift in *Haeckels Monismus und seine Freunde. Ein freies Wort für freie Wissenschaft* (1907) auch die schon von Virchow in den Achtzehnhundertachtziger Jahren vorgebrachten Argumente gegen Haeckel auf: Materialismus, Sozialismus und Atheismus. Dennoch wird es schließlich demselben Reinke zu verdanken sein, dass das Biologieverbot an Schulen – ein »Heilmittel gegen den Monismus« – in Preußen 1907/08 letztlich aufgehoben wird.

Am 11. Januar 1906 gründet Haeckel im Zoologischen Institut in Jena zur Verwirklichung und Umsetzung der Ziele der Monisten den »Deutschen Monistenbund«. Der Bund versucht durch eigene Zeitschriften[13], Flugblätter, Gründung von Ortsgruppen, Vorträge und Versammlungen eine »einheitliche, naturgemäße Weltanschauung« in der Bevölkerung zu verbreiten. Nach der Gründungsversammlung von 1906 finden regelmäßig Hauptversammlungen und sogar internationale Monistenkongresse statt, die zum Ziel haben, den Monismus weiter zu verbreiten. Viele von Kirche und Staat Enttäuschte und Entfremdete finden hier eine ersatzreligiöse Heimat und verehren Haeckel als ihren Propheten. Sowohl liberale, bürgerliche Kreise als auch Freireligiöse, Freidenker und Freimaurer fühlen sich angesprochen von der umfassenden Weltanschauung, die die Ergebnisse der modernen Naturwissenschaften auch auf gesellschaftliche und soziale Gebiete anwendet. Zu den Gründungsmitgliedern des Bundes gehören unter anderen der Maler und Bildhauer Franz von Stuck, der Zoologe und Schriftsteller Carl Hauptmann sowie der Psychiater Auguste Forel.

Besonders unter der Leitung des Physikochemikers und Nobelpreisträgers Wilhelm Ostwald werden der Monistenbund, aber auch die massiven antimonistischen Bewegungen wie der 1907 gegründete evangelische »Keplerbund«, zu einflussreichen Kulturbewegungen in dieser Zeit, die weit über Deutschland hinausreichen.

Mit dem Initiieren der monistischen Bewegung wird Haeckel im Grunde zum Religionsstifter. Nach Haeckel gibt es keinen Geist ohne Materie und ohne Materie keinen Geist.[14] Für den vermeintlich materialistisch argumentierenden Biologen existiert aber Gott als Natur. Dieser Gott ist »allmächtig; er ist der einzige Urheber, die Ursache aller Dinge, d.h. mit anderen Worten: Gott ist das allgemeine Causalgesetz […] Gott ist die Summe aller Kräfte, also auch aller Materie […] Indem der Monismus die Einheit in der gesamten Natur nachweist, zeigt er zugleich, dass nur ein Gott existiert, und dass dieser Gott in den gesamten Natur-Erscheinungen sich offenbart!«[15] Diese Grundidee des Monismus verleiht seinem Materialismus Gültigkeit, und er hängt ihr bis in die letzten Jahre seines Lebens an: »Alle Substanz besitzt Leben, anorganische ebenso wie organische; alle Dinge sind beseelt; Kristalle so gut wie Organismen.«[16] Haeckels Weltanschauung, das lässt sich selbst an seinen *Welträthseln* demonstrieren, bleibt damit – bei aller revolutionären Attitüde – metaphysisch durchsetzt. Die Wissenschaft wird so zu einer Glaubenslehre.[17] Es ist nicht verwunderlich, dass Haeckel neben den führenden Biologen, Medizinern, Politikern und Künstlern seiner Zeit auch mit philosophischen Geistesgrößen in Kontakt stand, und der Großteil seiner vierzigtausend Briefe umfassenden Korrespondenz sich mit dem Monismus beschäftigt.

Das Jahr 1908 ist ein Schlüsseljahr für Haeckel. Anlässlich der 350-jährigen Jubelfeier der Jenaer Alma mater bringt er die Schrift *Unsere Ahnenreihe (Progonotaxis Hominis) Kritische Studien über Phyletische Anthropologie* heraus, wo er noch einmal das Wichtigste aus seinen Forschungen zusammenfasst und seinen Dank an Jena ausspricht. Schließlich wurde ihm dort die geistige Freiheit gegeben, seine Theorien zur Entwicklungslehre zu formulieren und auch auf den Menschen anzuwenden – trotz beträchtlicher Widerstände und Vorurteile sowohl in Wissenschaft als auch Gesellschaft. Die Schrift ist Haeckels letzte Veröffentlichung in der Reihe der phylogenetischen Anthropologie, die 1863 mit den humanphylogenetischen Bemerkungen in Stettin seinen Anfang genommen hatte. Und sie zeigt, dass er nun auch in seinen Auffassungen einen Kausalzusammenhang zwischen Anthropologie und darwinscher Theorie anerkennt, anders als noch 1868, als er die Anthropologie ausschließlich als speziellen Zweig der Zoologie (mit Hauptzweigen der menschlichen Morphologie und Physiologie) definiert.

Am 30. Juli 1908 wird das mithilfe von Stiftungsgeldern errichtete Gebäude des Phyletischen Museums an die Universität Jena übergeben – als steingewordene Anerkennung seines forscherischen Werks.

Ende 1908 unterliegt Haeckel einem Irrtum: Er glaubt, er solle den Nobelpreis erhalten. Ursache dafür sind Zeitungsmeldungen – einige italienische und französische Zeitungen schreiben im Dezember 1908, der Nobelpreis für Literatur gehe an Haeckel. Deutsche Zeitungen hingegen berichten entweder, der Preis solle an den Jenaer Philosophen Rudolf Eucken verliehen werden, oder sie nennen keinen Namen und erwähnen nur die Universität Jena als Wirkungsstätte des zu Ehrenden. Nach vier Ehrendoktorwürden und zahlreichen wissenschaftlichen Auszeichnungen wäre der Nobelpreis für Haeckel die Krönung seines Schaffens, und offenbar erschiene es ihm durchaus als angemessen: »Sollte ich den Nobel-Preis erhalten (was angesichts meiner fünfzigjährigen Arbeiten nach der oft geäußerten Ansicht von Kollegen wohl gerechtfertigt werden könnte!) – so würde ich [diesen] ganz dem Phyletischen Museum (resp. der E. H. Stiftung 1894) zuwenden und damit die Hauptsorgen um dieses ›Sorgenkind‹ loswerden. Ich glaube also nicht an dieses Glück! – Wie mein prinzipieller Antipode Eucken dazu kommen sollte, ist den hiesigen Kollegen rätselhaft! Er ist ein guter Redner und frommer Kantianer […], hat auch ›schöne Bücher‹ über ›höhere Ziele‹ etc. geschrieben, aber nicht eine einzige originale Arbeit von Wert geleistet«, schreibt er am 30. November 1908 an seinen Freund, den Verleger Wilhelm Breitenbach.[18]

Bevor der Preis schließlich doch an Eucken geht, erhält Haeckel bereits zahlreiche Glückwunschtelegramme und -postkarten zur Nominierung; umso tiefer ist seine Enttäuschung. Bis heute hält sich die Legende, es seien letztlich die unterschiedlichen Weltanschauungen gewesen, die den Gewinner ausmachten: der Materialist Haeckel sei bei der Verleihung dem Idealisten und »frommen Neukantianer« Eucken unterlegen. Das Gerücht muss revidiert werden – Haeckel stand nie auf der Nominierungsliste. Vermutlich kam für die Schwedische literarische Akademie die wissenschaftliche Krönung Haeckels deshalb nicht infrage, weil ihm schon 1907 die Ehrendoktorwürde sowie die Linné-Medaille in Uppsala verliehen worden waren.

Am 1. April 1909, im Alter von 75 Jahren, tritt Ernst Haeckel nach fast fünfzigjähriger Lehrtätigkeit vom Lehramt zurück.

Nicht viel später, im Jahr 1910, kommt es innerhalb des haeckelschen »Kirchenkampfes« zu einem weiteren Höhepunkt: Es erscheint das kleine Buch *Sandalion. Eine offene Antwort auf die Fälschungsanklagen der Jesuiten.* Erneut ist er unter anderem wegen seiner Embryonentafeln in die Kritik geraten; nun startet er einen letzten Versuch, zu widerlegen, dass es sich bei diesen um eine bewusst verfälschende Darstellung handelt. Am Beispiel des Sandalion, einer wichtigen Keimform der höheren Wirbeltiere oder Amnioten (Säugetiere, Vögel und Reptilien), die die Gestalt einer Sandale oder Schuhsohle besitzt, will er zeigen, dass in Wirklichkeit die Jesuiten ihrerseits die Wahrheit in verwerflicher Weise gefälscht haben. Haeckel geißelt bei der Gelegenheit erneut alle antimonistischen Bewegungen, den Jesuitenbund, den Thomasbund und den Keplerbund und geht ganz konkret auf die Fälschungsanklagen ein, die Arnold Braß gegen ihn erhoben hat. Der Zoologe hat Haeckel in seinem Buch *Das Affenproblem* (1908) bezichtigt, unter anderem in seinen Berliner Vorträgen (1905) falsche Embryonenabbildungen verwendet zu haben. Der ironische Schluss seiner Abhandlung steht exemplarisch für die Feindschaft der beiden Parteien.

Fast zeitgleich kulminiert Haeckels jahrzehntelanger antiklerikaler Kampf darin, dass er im fortgeschrittenen Alter von 76 Jahren schließlich aus der evangelischen Kirche austritt. Dieser Schritt, den er in der Zeitschrift *Das freie Wort* eigens in einer vier Seiten umfassenden Schrift namens »Mein Kirchenaustritt« begründet und für den er so lange brauchte, ist nur die logische Folge einer Auseinandersetzung mit der Kirche, deren Höhepunkt sich wohl schon im Jahre 1904 während des Internationalen Freidenkerkongresses in Rom ereignet hat. Von den zweitausend Teilnehmern wird er dort beim Frühstück im Colosseum zum »Gegenpapst« ausgerufen. Papst Pius X. soll während dieser Veranstaltung sogar die Sammlungen des Vatikans für acht Tage geschlossen haben, damit die Teilnehmer des Kongresses diese nicht besuchen können. Die römische Zeitung »Tribuna« meldet zu Haeckels Anwesenheit in Rom mit viel Pathos: »Wenn einer von euch, ihr Leser, ihm begegnet und ihn erkennt, so neigt euch ehrerbietig vor ihm; Galilei und Giordano Bruno begannen das Werk der Befreiung der Menschheit von der Finsternis des Irrtums, dieser, in dem er die Lehre Darwins verteidigte, entwickelte und erweiterte, hat es vollendet.«

Die Römer nehmen sich das zu Herzen: »Als Haeckel am 20. September 1904 am Denkmal Giordano Brunos in Rom einen Kranz niederlegte, da hoben römische Mütter ihre Kinder in die Höhe, damit sie ihn sehen konnten, und sagten: ›Ecco il grande Tedesco‹ [Schaut her, hier ist der große Deutsche: d. Verf.]. Und Jubel ohne Ende grüßte ihn«.[19] Die ganze Tragweite der Auseinandersetzung mit dem Klerus spiegelt sich in den Reaktionen aus In- und Ausland wider, die Haeckel in dem Zusammenhang erhält. Exemplarisch ragt hier der sogenannte »Affenbrief« heraus, den Haeckel 1905 anonym zugesendet bekommt:

Affenbrief 1905
[Anmerkung Haeckels]

Werther Herr Professor!
Bitte, dieses nicht ungelesen wegzuwerfen.

Cambridge, Md. August 1905

Ich habe in einem Blatt gelesen von dem Vortrag in Berlin. Es darf Dich deshalb nicht wundern, wenn ich Dich mit Du anrede, denn mit einem Affen hat noch niemand per Sie gesprochen. Bedenke, wenn Du einst mit Deiner Affenschar vor Gottes Gericht erscheinst, wie das Urtheil lauten wird. Da wird es heißen, weichet von mir, ihr Affen, ihr seid nicht mein Ebenbild, wie ich die Menschen erschaffen habe, gehet hin in das höllische Feuer, das für die gottlosen Spötter bereitet ist. Es ist fast unglaublich, dass es so verruchte Menschen gibt. Gott hat bei der Schöpfung nicht gesagt, lasset uns Affen machen, sondern lasset uns Menschen machen, ein Bild das uns gleich sei. Soviel ich vernommen habe, willst Du auch in Amerika Vorträge halten, das kannst Du sein lassen, hier hat es Affen genug von Afrika, wir brauchen daher keine deutschen Affen mehr. Bedenke Deine Werke, ehe es zu spät ist, Gott lässt sich nicht spotten.

Vier Jahre nach seinem Kirchenaustritt sieht sich Haeckel am Ende seiner wissenschaftlichen Lebensarbeit veranlasst, noch einmal in Sachen der monistischen Naturphilosophie »das Wort zu ergreifen«. Mit der Schrift *Gott – Natur (Theophysis)* erneuert er zum letzten Mal sein Glaubensbekenntnis. Hier fasst er nicht nur all seine Positionen aus den letzten sechzig Jahren zusammen, sondern geht auch auf zu diesem Zeitpunkt aktuelle Kontroversen (Fälschungsanklagen usw.) ein.

Die ein Jahr später vorgelegte Schrift *Ewigkeit. Weltkriegsgedanken über Leben und Tod/Religion und Entwicklungslehre*[20] steht für den zweiten, weltanschaulich-politisch motivierten Argumentationsstrang im haeckelschen Denken. Angesichts des Ersten Weltkriegs scheut Haeckel nicht davor zurück, seine wissenschaftlichen Theorien in Kriegsrhetorik für das Vaterland in Stellung zu bringen. Dem »Todfeind England« wirft er vor, »alle verschiedenen Menschenrassen zur Vernichtung des deutschen Brudervolkes [die »nächstverwandten Germanen«, wie Haeckel es nennt] mobil gemacht« zu haben: » ruft es [England] als Verbündete die niederen farbigen Menschenrassen aus allen Erdteilen zusammen: vorab die gelben, schlitzäugigen Japaner, die perfiden Seeräuber des Ostens!, dann die Mongolen aus Hinterindien und die braunen Malayen aus dem benachbarten Malakka und Singapore; die schwarzbraunen Australneger und Papuas aus Ozeanien, die Kaffern aus Südafrika und die Senegalneger aus den nordafrikanischen Kolonien – und damit kein Farbton der tief verachteten ›Niederen Menschenrassen‹ fehlt und das buntscheckige Heer des stolzen Albion auch in ethnographischer Zusammensetzung die ›ewige Weltherrschaft‹ des anglosächsischen Inselvolks demonstriert, werden auch noch die Reste der Rothäute aus Amerika auf die blutdampfenden Schlachtfelder von Europa herübergeschleppt!« Aus seiner Sicht gibt es keinen Zweifel: Der gesamte Erste Weltkrieg ist ein »niederträchtiger Verrat an der weißen Rasse« und muss »als ein Meuchelmord der höheren menschlichen Kultur gebrandmarkt« werden[21].

Aber nicht nur in solchen fast lustvollen Propagandasprüchen drückt Haeckel rassistische Auffassungen aus. Er bringt sie auch in der scheinbar leidenschaftslosen Sprache des Wissenschaftlers auf den Punkt: Es sei sichtbar, dass der kulturelle und psychologische Abstand zwischen den »höchstentwickelten europäischen Völkern und den niedrigst stehenden Wilden größer ist, als derjenige zwischen diesen Letzteren und den Menschenaffen«; Haeckel deutet und überträgt hier sein Schema »Die Familiengruppe der Katarrhinen« von 1868 (*Natürliche Schöpfungsgeschichte*) auf die zivilisatorischen Entwicklungen, wie im Pithecometra-Satz von Thomas Henry Huxley formuliert: »Die Unterschiede zwischen den Menschen und den Menschenaffen sind geringer als diejenigen zwischen den Letzteren und den niederen Affen.«

Diese und ähnliche Äußerungen, die Haeckel mit zunehmendem Alter von sich gibt, nehmen mehr und mehr den Charakter von Propaganda an.[22] Der Tonfall lässt es schon ahnen: Unter anderem Haeckels Aussagen liefern schließlich das Grundgerüst für die rassistische Hetze der folgenden Jahrzehnte. Rassenhygieniker, Nationalsozialisten und Kommunisten berufen sich auf Teile des haeckelschen Werkes oder bauen in ihrer Argumentation darauf auf.

Aber die Politik ist nicht das Einzige, was Haeckel in seinem letzten Lebensjahrzehnt bewegt. Die von dem Karlsruher Physiker Otto Lehman und dem Botaniker Friedrich Reinitzer schon 1904 beschriebenen flüssigen Kristalle sowie die Diskussionen darüber mit Lehmann sind für ihn schließlich Anlass, seine Gedanken über die Analogien zwischen Kristallen und Organismen, die er in der *Generellen*

Morphologie und den *Lebenswundern* bereits dargelegt hat, neu aufzunehmen. Für ihn steht außer Frage, dass die flüssigen Kristalle, die Lehmann 1906 in seinem sensationellen Vortrag auf der Naturforscherversammlung in Stuttgart als »flüssige und scheinbar lebende Kristalle« vorgestellt hat, als tatsächlich lebende aufzufassen seien. Er glaubt, mit Hilfe der flüssigen Kristalle nun den schlüssigen Beweis antreten zu können, dass alle Substanz Leben besitzt und alle Materie beseelt ist. 1917 erscheint dazu sein letztes Werk mit dem bezeichnenden Titel *Kristallseelen. Studien über das anorganische Leben*, in welchem er die monistische Anthropologie ausschließlich mit der »anthropologischen Psychomatik« (= den Menschenseelen) verbindet. Mit diesen Aussagen verlässt Haeckel zwei Jahre vor seinem Tod den Boden der Biologie. Ähnlich wie zuvor schon sein englischer Kollege Alfred Russel Wallace hängt er nun zunehmend einem Mix aus anorganischen Spekulationen, radikal-rassistischen Interpretationen sowie spiritistischen Deutungen (mittels Kristallotik) an.[23]

Charakteristisch für Haeckels letzte zwei Jahrzehnte ist aber auch eine weitere, späte Blüte seiner künstlerischen Veranlagung, wie sie sein ganzes Leben lang nicht nur in der ästhetischen Gestaltung seiner Abbildungen in den systematischen Monografien zum Ausdruck gekommen ist, sondern auch in etwa 1.200 Aquarellen und Skizzen, die während seiner zahlreichen Reisen ans Mittelmeer, zu den Kanarischen Inseln, ans Rote Meer, Nordafrika, Russland, Ceylon, Java und Sumatra oder in seinem Heimatort Jena entstanden sind. Das eindrucksvollste und einflussreichste Dokument seiner ästhetischen Naturbetrachtung stellt der in zehn Lieferungen zu je zehn Bildtafeln in den Jahren 1899 bis 1904 erschienene Quartband *Kunstformen der Natur* dar. Mit diesem Werk will Haeckel »weiten gebildeten Kreisen den Zugang zu den wunderbaren Schätzen der Schönheit öffnen, die in den Tiefen des Meeres verborgen oder wegen ihrer geringen Größe nur durch das Mikroskop erkennbar sind«. Gleichzeitig verfolgt er auch ein wissenschaftliches Ziel, nämlich die systematische Ordnung sämtlicher Formengruppen der Natur, um so auch den Laien »den Einblick in den Wunderbau der eigentümlichen Organisation dieser Formen zu erschließen«.

Es finden sich sogar eine Reihe von Erstbeschreibungen neuer Arten in diesem populären Band verborgen, von dem er insbesondere hoffte, dass »die moderne bildende Kunst und das mächtig aufblühende Kunstgewerbe [...] eine reiche Fülle neuer und schöner Motive finden« werden. Familienangehörige, Freunde und Kollegen wurden von Haeckel mit Artnamen gewürdigt: *Desmonema Annasethe, Eucecryphalus Gegenbauri, Dictyoceras Virchowii, Zygostephanus Muelleri, Coccodiscus Darwinii, Stylospongia Huxleyi* oder *Euchitonia Leydigii* und

Koellikeri. Jede Tafel ist ein Belegstück für sein schon 1866 in der *Generellen Morphologie* formuliertes Konzept einer organischen Stereometrie, seiner Grundformenlehre oder »Promorphologie«, mit der er den Schlüssel zur Entwicklungsgeschichte der Formen gefunden zu haben glaubte. Dieses Werk entspricht in vollem Maße der von Haeckel postulierten ästhetischen Theorie des Monismus mit den Kultusidealen des »Wahren, Guten und Schönen«.

Die enorme Formenfülle und Schönheit der für Laien damals noch weitgehend unbekannten Tierformen inspirierte in der Tat viele damals nach neuen Wegen suchende, sich vom Historismus lösende Künstler des Jugendstils dazu, sich diesen »Urformen des Lebens« in Gestalt der Einzeller, Quallen und Polypen zuzuwenden. So lassen sich unter anderem bei Hermann Obrist, August Endell und Hermann Finsterlin Einflüsse auf die ornamentale Gestaltung nachweisen, aber nicht nur deutsche Jugendstilkünstler sind von Haeckels Werk beeindruckt – auch französische Künstler des Art Nouveau suchen Anregungen in seinen Zeichnungen. So ist der Pariser Architekt René Binet von der Vielfalt und Symmetrie der von Haeckel in seinen wissenschaftlichen Monografien und in den Kunstformen dargestellten Meerestierformen derart fasziniert, dass er den persönlichen Kontakt zu Haeckel sucht. Die monumentale Eingangspforte der Pariser Weltausstellung 1900, die von Binet in Form eines riesigen Radiolars gestaltet wird, ist die eindrucksvollste architektonische Umsetzung einer von Haeckel gezeichneten Naturform. Auch der niederländische Architekt Hendrik Petrus Berlage nutzt Haeckels Kunstformen als Vorlagen für ornamentale innenarchitektonische Gestaltungen. Die Rückführung der Naturformen auf eine kristall-analoge geometrische Stereometrie, die in den ästhetisch ausgewogenen, streng symmetrisch angeordneten Abbildungstafeln von seinem Lithographen Adolf Giltsch als Haeckels Art der Naturbetrachtung und -beschreibung präsentiert wird, ist es offenbar, die den nach Ordnung, nach Einheit in der Vielheit strebenden Architekten auf der Suche nach einem neuen Stil entgegenkommt. Haeckel selbst lässt in dem 1907 von ihm zur Popularisierung der Abstammungslehre begründeten »Phyletischen Museum« in Jena Motive aus den Kunstformen der Natur als Decken und Wandornamente anbringen.

1911 erleidet Haeckel einen Oberschenkelhalsbruch. Ein Kuraufenthalt in Baden-Baden bringt keine Linderung, sodass er, nun an Krücken gefesselt, die »Villa Medusa« kaum noch zu größeren Ausflügen und Reisen verlassen kann. Zu diesem Zeitpunkt ist er bereits zwei Jahre lang Schikanen seines Nachfolgers im Institut ausgesetzt; es geht dabei um Angelegenheiten wie Zugang zu den Zimmern, Mäusezucht und Gestank im Institut. Die Details dieses Kleinkrieges haben der

Mediziner und Haeckel-Schüler Adolf Heilborn in seiner *Leartragödie Ernst Haeckel* (1920) sowie Heinrich Schmidt in seiner Schrift *Ernst Haeckel und sein Nachfolger Prof. Dr. Ludwig Plate* (1921) ausführlich dargestellt.

Zu seinem achtzigsten Geburtstag wollen die Herzöge von Sachsen (Meiningen, Altenburg, Coburg) Haeckel schließlich den »erblichen Adel« verleihen; er lehnt dankend ab. Seine Schüler und der Monistenbund ehren ihn mit den Doppelbänden *Was wir Ernst Haeckel verdanken. Ein Buch der Verehrung und Dankbarkeit.*

Am 20. April 1915 stirbt Haeckels Frau Agnes. Von diesem Zeitpunkt an wird seine Leipziger Enkelin Else Meyer neben seinem »Eckermann« Heinrich Schmidt zur wichtigsten Bezugsperson. Trotz des Verlusts seiner langjährigen Lebensgefährtin ist Haeckel am Ende seines Lebens noch vital genug, um 1918 noch das Ernst-Haeckel-Museum zu gründen; es gilt, sein wertvolles Archivgut zur Frühgeschichte des Darwinismus zu sichern. Als Haeckel am 5. August 1919 bei einem Schwindelanfall stürzt, bricht er sich den linken Arm. Wenige Tage später, am 9. August 1919, stirbt er 85-jährig in seiner Villa in Jena.

Anmerkungen | **1** Haeckel, *Die Welträthsel*, S. 257, 17. Kapitel »Wissenschaft und Christenthum« (Monistische Studien über den Kampf zwischen der wissenschaftlichen Erfahrung und der christlichen Offenbarung; Die vier Perioden in der historischen Metamorphose der christlichen Religion; Vernunft und Dogma). **2** Leipzig 1898/1903. **3** H. Schmidt, »Das Welträtsel und die Tänzerin«, in: *Berliner Tageblatt* vom 22.7.1928, Nr. 343. **4** Bei seinen eugenischen Aussagen handelt es sich ferner nicht um reine Gedankenspiele: Seiner Geliebten Frida von Uslar-Gleichen hatte Haeckel vielmehr persönlich direkt zum Freitod verholfen, indem er ihr vermutlich Medikamente in Briefen schickte. **5** Vgl. Rubrik »Abschaffung der Todesstrafe?«, in: *Deutsche Juristen-Zeitung*, XVI. Jahrgang, Nr. 1, 1911, S. 10 – 16. **6** Forel 1905, S. 522. **7** Hertwig 1918, S. 86. **8** Vgl. die Schrift »Haeckel-Commers ... am Sonnabend 15. April 1905 im Concert-Saale des Zoologischen Gartens«. **9** Ebd., S. 103. **10** Ebd., S. 104f. **11** Ebd., S. 105. **12** Englisch: 1906, Joseph McCabe; Französisch: 1906, C. Bos; Italienisch: 1908, Mario Domenichini; Portugiesisch: 1908, Domingos Ramos; Lettisch: 1909, R. Makstis. **13** *Der Monismus. Zeitschrift für einheitliche Weltanschauung und Kulturpolitik. Blätter des Deutschen Monistenbundes* 1906-1912, *Das monistische Jahrhundert. Wochenschrift für wissenschaftliche Weltanschauung und Weltgestaltung* 1912-1915, *Die Mitteilungen des deutschen Monistenbundes* 1916-1919, *Monistische Monatshefte* 1920-1931 usw. **14** »Weil die Materie nie ohne Geist, der Geist nie ohne Materie existiert und wirksam sein kann, so vermag auch die Materie sich zu steigern, sowie sich's der Geist nicht nehmen lässt, anzuziehen und abzustossen; wie derjenige nur allein zu denken vermag, der genugsam getrennt hat, um zu verbinden, genugsam verbunden hat, um wieder trennen zu mögen!« (1866, S. 449). **15** Ebd., S. 451f. **16** Haeckel 1917. S. VIII. **17** Haeckel, *Gott-Natur (Theophysis)*. Kommentierter Nachdruck von Olaf Breidbach & Uwe Hoßfeld, Stuttgart 2008, S. 29 – 34. **18** Nachlass W. Breitenbach, Helmholtz-Gymnasium Bielefeld. **19** Schmidt 1934, S. 52. **20** Haeckel 1915. **21** Ebd., S. 86. **22** In diesem Zusammenhang seien stellvertretend folgende Haeckel-Schriften aus dem Jahr 1914 ergänzend erwähnt: Erklärung. *Von Ernst Haeckel und Rudolf Eucken*, veröffentlicht am 18. August.

Jena; *Krieg und Natur. Deutsche Montagszeitung,* 2. November; *Weltkrieg und Naturgeschichte. Nord und Süd*, Jg. 39, Novemberheft; *An die amerikanischen Universitäten.* Jena, den 31. August; *Englands Blutschuld am Weltkriege* (Erstdruck). *Die Eiche*, 3. Jg., Nr. 2, Aprilausgabe, S. 124-131. **23** »*Alle Substanz besitzt Leben*, anorganische ebenso wie organische; *alle Dinge sind beseelt*, Kristalle so gut wie Organismen« (Haeckel 1917, VIII, Hervorhebungen im Orig.).

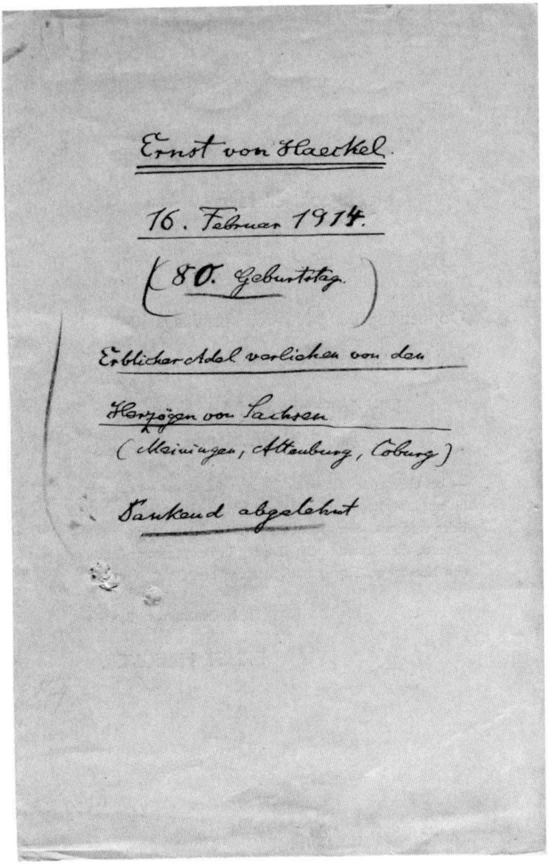
Ernst von Haeckel.

16. Februar 1914.

(80. Geburtstag)

Erblicher Adel verliehen von den

Herzögen von Sachsen

(Meiningen, Altenburg, Coburg)

Dankend abgelehnt

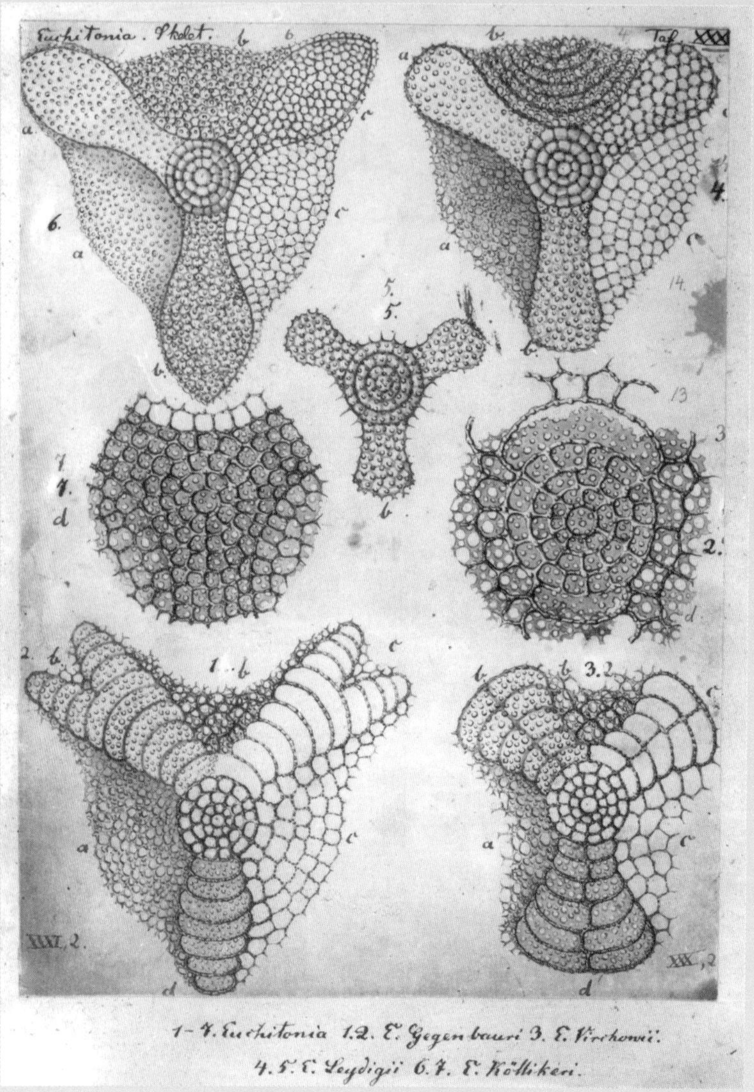

Handzeichnung für die *Monographie der Radiolarien* | »Vorderkiemenschnecken«, Tafel 53, *Kunstformen der Natur* (1899)

Nichts scheint mir geeigneter als diese großartige kosmologische Perspektive, um von vornherein den richtigen Maßstab und den weitsichtigen Standpunkt festzusetzen, welchen wir zur Lösung der großen, uns umgebenden Welträtsel einhalten müssen. Denn dadurch wird nicht nur die maßgebende »Stellung des Menschen in der Natur« klar bewiesen, sondern auch der herrschende anthropistische Größenwahn widerlegt, die Anmaßung, mit der der Mensch sich dem unendlichen Universum gegenüberstellt und als wichtigen Teil des Weltalls verherrlicht. Diese grenzenlose Selbstüberhebung des eitlen Menschen hat ihn dazu verführt, sich als »Ebenbild Gottes« zu betrachten, für seine vergängliche Person ein »ewiges Leben« in Anspruch zu nehmen und sich einzubilden, dass er unbeschränkte »Freiheit des Willens« besitzt. Der lächerliche Cäsarenwahn des Caligula ist eine spezielle Form dieser hochmütigen Selbstvergötterung des Menschen. Erst wenn wir diesen unhaltbaren Größenwahn aufgeben und die naturgemäße kosmologische Perspektive einnehmen, können wir zur Lösung der »Welträtsel« gelangen.

Zahl der Welträtsel

Der ungebildete Kulturmensch ist noch ebenso wie der rohe Naturmensch auf Schritt und Tritt von unzähligen Welträtseln umgeben. Je weiter die Kultur fortschreitet und die Wissenschaft sich entwickelt, desto mehr wird ihre Zahl beschränkt. Die monistische Philosophie wird schließlich nur ein einziges, allumfassendes Welträtsel anerkennen, das »Substanzproblem«. Immerhin kann es aber zweckmäßig erscheinen, auch eine gewisse Zahl von schwierigsten Problemen mit jenem Namen zu bezeichnen. In der berühmten Rede, welche Emil Du Bois-Reymond 1880 in der Leibniz-Sitzung der Berliner Akademie der Wissenschaften, hielt, unterscheidet er »Sieben Welträtsel« und führt dieselben in nachstehender Reihenfolge auf: I. das Wesen von Materie und Kraft, II. der Ursprung der Bewegung, III. die erste Entstehung des Lebens, IV. die (anscheinend absichtsvoll) zweckmäßige Einrichtung der Natur, V. das Entstehen der einfachen Sinnesempfindung und des Bewusstseins, VI. das vernünftige Deuten und der Ursprung der damit eng verbundenen Sprache, VII. die Frage nach der Willensfreiheit. Von diesen sieben Welträtseln erklärt der Rhetor der Berliner Akademie drei für ganz transzendent und unlösbar (das erste, zweite und fünfte); drei andere hält er zwar für schwierig, aber für lösbar (das dritte, vierte und sechste); bezüglich des siebten und letzten »Welträtsels«, welches praktisch das wichtigste ist, nämlich der Willensfreiheit, verhält er sich unentschieden.

Da mein Monismus sich von demjenigen des Berliner Rhetors wesentlich unterscheidet, da aber andererseits seine Auffassung der »sieben Welträtsel« großen Beifall in weiten Kreisen gefunden hat, halte ich es für zweckmäßig, gleich hier von vornherein zu denselben klare Stellung zu beziehen. Nach meiner Ansicht werden die drei »transzendenten« Rätsel (I, II, V) durch unsere Auffassung der Substanz erledigt; die drei anderen, schwierigen, aber lösbaren Probleme (III, IV, VI) sind durch unsere moderne Entwicklungslehre endgültig gelöst; das siebente und letzte Welträtsel, die Willensfreiheit, ist gar kein Objekt kritischer wissenschaftlicher Erklärung, da sie als reines Dogma nur auf Täuschung beruht und in Wirklichkeit gar nicht existiert.

Lösung der Welträtsel

Die Mittel und Wege, welche wir zur Lösung der großen Welträtsel einzuschlagen haben, sind keine anderen als diejenigen der reinen wissenschaftlichen Erkenntnis überhaupt, also erstens Erfahrung und zweitens Schlussfolgerung. Die wissenschaftliche Erfahrung erwerben wir uns durch Beobachtung und Experiment, wobei in erster Linie unsere Sinnesorgane, in zweiter die »inneren Sinnesherde« unserer Großhirnrinde tätig sind. Die mikroskopischen Elementarorgane der ersteren sind die Sinneszellen, die der letzteren Gruppen von Ganglienzellen. Die Erfahrungen, welche wir von der Außenwelt durch diese unschätzbarsten Organe unseres Geisteslebens erhalten haben, werden dann durch andere Gehirnteile zu Vorstellungen umgesetzt und diese wiederum durch Assoziation zu Schlüssen verknüpft. Die Bildung dieser Schlussfolgerungen erfolgt auf zwei verschiedenen Wegen, die nach meiner Überzeugung gleich wertvoll und unentbehrlich sind: Induktion und Deduktion. Die weiteren verwickelten Gehirnoperationen, die Bildung von zusammenhängenden Kettenschlüssen, die Abstraktion und Begriffsbildung, die Ergänzung des erkennenden Verstandes durch die plastische Tätigkeit der Fantasie, schließlich das Bewusstsein, das Denken und Philosophieren, sind ebenso Funktionen der Ganglienzellen der Großhirnrinde wie die vorhergehenden einfacheren Seelentätigkeiten. Alle zusammen vereinigen wir in dem höchsten Begriff der Vernunft.[1]

Wesen des Theismus

Alle hier angeführten Formen des Theismus im eigentlichen Sinn – gleichviel, ob dieser Gottesglaube eine naturalistische oder anthropistische Form annimmt – haben gemeinsam die Vorstellung Gottes als Außenweltlichen (Extramundanum) oder Übernatürlichen (Supranaturale). Immer steht Gott als selbstständiges Wesen der Welt oder der Natur gegenüber, meistens als Schöpfer, Erhalter und Regierer der Welt. In den allermeisten Religionen kommt dazu noch der Charakter des Persönlichen und die Vorstellung, dass Gott als Person dem Menschen ähnlich ist. »In seinen Göttern malet sich der Mensch.« Dieser Anthropomorphismus Gottes oder die anthropistische Vorstellung eines Wesen, welches gleich dem Menschen denkt, empfindet und handelt, ist bei der großen Mehrzahl der Gottesgläubigen maßgebend, bald mehr in roher und naiver, bald mehr in feiner und abstrakter Form. Allerdings wird die fortgeschrittenste Form der Theosophie behaupten, dass Gott als höchstes Wesen von absoluter Vollkommenheit und daher gänzlich von dem unvollkommenen Wesen des Menschen verschieden sei. Allein bei genauerer Untersuchung bleibt immer das Gemeinsame ihre Seelen- oder Geistestätigkeit. Gott empfindet, denkt und handelt wie der Mensch, wenn auch in unendlich vollkommenerer Form.

Der persönliche Anthropismus Gottes ist bei der großen Mehrzahl der Gläubigen zu einer so natürlichen Vorstellung geworden, dass sie keinen Anstoß an der menschlichen Personifikation Gottes in Bildern und Statuen nehmen und an den mannigfaltigen Dichtungen der Fantasie, in welchen Gott menschliche Gestalt annimmt, das heißt sich in ein Wirbeltier verwandelt. In vielen Mythen erscheint die Person Gottes auch in Gestalt anderer Säugetiere (Affen, Löwen, Stiere usw.), seltener in Gestalt von Vögeln (Adler, Tauben, Störche) oder in Form von niederen Wirbeltieren (Schlangen, Krokodile, Drachen).

In den höheren und abstrakteren Religionsformen wird diese körperliche Erscheinung aufgegeben und Gott nur als »reiner Geist« ohne Körper verehrt. »Gott ist ein Geist, und wer ihn anbetet, soll ihn im Geist und in der Wahrheit anbeten.« Trotzdem bleibt aber die Seelentätigkeit dieses reinen Geistes ganz dieselbe wie diejenige der anthropomorphen Gottesperson. In Wirklichkeit wird auch dieser immaterielle Geist nicht unkörperlich, sondern unsichtbar gedacht, gasförmig. Wir gelangen so zu der Vorstellung Gottes als eines gasförmigen Wirbeltieres.

Anmerkungen | **1** Über Induktion und Deduktion vgl. meine *Natürliche Schöpfungsgeschichte,* neunte Auflage 1898, S. 76, 796.

»Zum großen Teil gehört die Theologie in das psychiatrische Gebiet; zum großen Teil ist sie, ebenso wie die Jurisprudenz und Medizin, eine Kunst, eine praktische Sammlung von Kenntnissen und Anweisung zu deren Gebrauch, aber keine reine Wissenschaft.«

Während ich die Repenthes und einige schöne Farnkräuter am Ufer des Rotenbachs sammelte, hörte ich hoch oben über mir abermals den wohlbekannten Schrei des Oa. Als ich hinaufblickte, sah ich hoch oben im Wipfel eines Rafamalah-Baums zwei erwachsene Exemplare dieses Gibbon, die sich mit größter Gewandtheit von Ast zu Ast schwangen und rasch im Dickicht des Urwaldes verschwanden. Da diese Tiere äußerst scheu und vorsichtig sind, bekommt man sie selten zu Gesicht, während man ihren Schrei häufig hört. In Beutenzorg hielt ich einen jungen Oa seit zwei Monaten lebend und werde später darüber berichten.

Größere Säugetiere sieht man überhaupt in den Urwäldern von Java – so weit sie zugänglich sind – nur selten. Königstiger und Rhinozeros, die beide früher auch hier am Gedeh und Salak häufig waren, sind längst verschwunden und haben sich in unzugängliche Distrikte zurückgezogen. Der Bergsattel oberhalb Tjiburrum, zwischen Gedeh und Pangerango, von dem aus man die Besteigung dieser beiden Vulkanspitzen unternimmt, heißt noch heute »Kadang badak«, das Rhinozeros-Lager. Ich hätte die Besteigung gern ausgeführt; sie erschien aber jetzt, auf der Höhe der Regenzeit, zwecklos, da man oben auf jenem Sattel übernachten muss; jeden Nachmittag stellte sich strömender Gewitterregen ein, und nicht einmal die Spitzen beider Vulkane waren jeden Tag auf kurze Zeit wolkenfrei.

Von anderen Säugetieren des javanischen Urwaldes habe ich nur noch zwei Arten von Affen zu Gesicht bekommen, den gemeinen, überall häufigen, gelbgrauen Macaco (*Macacus cynomolgus*) und den schwarzen Lutung (*Semnopithecus maurus*); ferner ein paar Arten von Eichhörnchen und Fledermäusen. Die Wildschweine, die in diesen Wäldern häufig sind, habe ich zwar öfter gehört, aber nie gesehen, ebenso wenig Hirsche und Moschushirsche (*Tragulus javanicus*). Die großen Flederfüchse Kalongs oder fliegenden Hunde (*Pteropus*), die zu anderen Jahreszeiten in Scharen erscheinen, fehlten jetzt. Von Nagetieren wurde mir ein paar Mal das javanische Stachelschwein gebracht, weniger schön und stattlich als unsere südeuropäische Art. Den Panter habe ich nicht gesehen und ebenso wenig den Zwergpanter (*Felis minuta*), der nicht größer als eine Wildkatze ist und oben in den Bäumen, sehr geschickt kletternd, Eichhörnchen und Vögel jagt. Dagegen erblickte ich in den Baumgipfeln mehrmals den kletternden Palmenmarder (*Paradoxurus masanga*).

Von Vögeln habe ich in diesen Urwäldern öfter prächtige bunte Waldtauben bemerkt, deren Surren man am Vormittag täglich vernimmt, einmal auch ein paar schöne, grüne Papageien. Bisweilen tönt aus der Ferne der Glockenton des javanischen Kuckucks. Am Tjiburrum erspähte ich hoch oben ein Adlerpaar kreisen. Früh morgens hört man schon gleich nach Sonnenaufgang die Stimmen verschiedener Singvögel, ohne sie zu sehen. Sonst ist es im Ganzen in diesen Bergwäldern sehr still. Die Eidechsen sind durch einen braungelben Leguan (*Calotes*) vertreten, dessen chamäleongleicher Farbwechsel nicht weniger lebhaft ist als derjenige der verwandten grünen Art in Beutenzorg. Schlangen waren selten. Von Amphibien fing ich öfter einen großen, braunen Frosch, ausgezeichnet durch zwei spitze, dreieckige Hautlappen, die sich über den Augen wie Hörner erheben. Fische konnte ich in den rasch fließenden Gebirgsbächen nicht entdecken.

Auch das Insektenleben machte sich im kühlen Urwald von Tjibodas bei Weitem nicht so laut und so auffallend bemerkbar wie tausend Meter tiefer im warmen Beutenzorg. Je weiter man am Vulkan hinaufsteigt, desto weniger tritt dasselbe hervor. Bei genauerem Suchen findet man zwar überall zahlreiche Arten von Käfern, Schmetterlingen, Fliegen, Heuschrecken, vor allem Massen von Ameisen und Termiten. Aber Schmetterlinge und andere Insekten, die sich durch besondere Größe und Färbung auszeichnen, sind nicht häufig. Von größeren Tagfaltern nahm ich bloß ein halbes Dutzend Arten wahr; eine von diesen saß häufig auf den braunen Waldwegen, deren schützende Farbe sie genau nachahmte. Ebenso war von Spinnen nicht viel zu sehen. Einige kleinere Arten fielen durch seltsame Gestalt des querbreiten, mit harten Stacheln bewehrten Chitinpanzers auf (*Acanthosoma*).

Eine unangenehme alte Bekanntschaft, die mir vor neunzehn Jahren in Ceylon den Aufenthalt im Wald verdarb, traf ich auch im Urwald von Tjibodas wieder, die Landblutegel, hier Padjet genannt; sie sind jedoch weit seltener als dort. Wir wurden gleich am ersten Tage von ihnen angefallen, schützten uns dann gegen ihren Biss aber erfolgreich dadurch, dass wir uns vor dem Waldgang die Unterschenkel mit dem stark duftenden Nelkenöl einrieben.

Im großen Ganzen trägt das Tierleben überhaupt im indischen, weltlichen Teil des malayischen Archipels bei Weitem nicht den interessanten und auffallenden Charakter wie im australischen, östlichen Teile. Die eingehenden Untersuchungen über diese Erscheinung und ihre Ursachen, die zuerst vor vierzig Jahren Alfred Wallace in seinem ausgezeichneten Werke angestellt hat, sind in der Hauptsache von allen neueren Forschern in diesem Gebiete bestätigt, wenn auch im Einzelnen vielfach modifiziert worden, so neuerdings besonders von Max Weber und von meinen beiden trefflichen Schülern, den Jenenser Professoren Richard Semon und Willy Kükenthal.

Die wundersame, weltabgeschiedene Einsamkeit von Tjibodas, das ungestörte und ungefährdete Leben im unberührten Urwald, das anregende und hochinteressante

Studium seiner Erzeugnisse im anstoßenden Laboratorium, das erquickende, kühle Klima, der herrliche Blick in die grünen Täler und auf die blauen Grenzgebirge des entfernten Unterlandes, das bequeme und behagliche Leben in dem einfachen Stationshaus – das alles zusammen übt auf den Naturforscher und Naturfreund schon nach einigen Tagen einen ganz eigenen, märchenhaften Reiz aus. Semon, Haberlandt, Graff und andere haben diesen Empfindungen dankbaren Ausdruck gegeben. Was mich selbst betrifft, so fand ich hier einen meiner sehnsüchtigsten Jugendträume in schönster Form erfüllt und werde meinem verehrten Freund, Professor Treub, immer dafür dankbar bleiben, dass er mich dieses zauberhafte, von ihm zugänglich gemachte Urwaldparadies in angenehmster Form hat genießen lassen. Die zwanzig Aquarellskizzen, die ich von dort mitnahm, werden mich immer lebendig an jene »zehn glückliche Tagen« erinnern.

Übrigens will ich nicht das materialistische Geständnis unterdrücken, dass an der Wärme dieser Erinnerungen auch die vortreffliche kulinarische Verpflegung beteiligt ist, die mir mein edler Gastfreund hier oben zuteil werden ließ. Er hatte seine alte malayische Köchin mit hinaufgeschickt, die ihre erstaunliche Erfahrung in der feineren französischen Küche (wie in der landesüblichen »Reistafel«) hier oben unter erschwerenden Umständen ebenso glänzend leuchten ließ wie unten im warmen Beutenzorg. Ein Hotel gibt es zum Glück in Tjibodas nicht. Fremde Besucher müssen ihren Proviant mitbringen. Ständig dort arbeitende Naturforscher vereinbaren die Beschaffung ihres einfachen Unterhaltes mit dem Gärtner, der täglich Lebensmittel aus dem eine Stunde entfernten Sindanglaja holen lässt.

Den Silvesterabend 1900, den letzten Tag des scheidenden Jahrhunderts, verschönte uns der gütige Himmel dadurch, dass er ausnahmsweise seinen üblichen Gewitterregen schon um vier Uhr nachmittags aufhören ließ, und dass diesem ein herrlicher Abend folgte; der ganze Himmel war mit fantastischen Wolkenzügen von den zartesten Farbtönen bedeckt, und die scheidende Sonne vergoldete die Rauchwolke, die aus dem Gedehkrater aufstieg, so wunderbar schön, dass ich noch in der letzten Viertelstunde des Silvestertages in aller Eile eine Aquarellskizze davon entwarf. Den Abend saßen wir traulich bei einer Flasche Rheinwein beisammen; wir gedachten mit Dankbarkeit und Stolz der unermesslichen Fortschritte in der Erkenntnis der Natur und der natürlichen Wahrheit, welche durch die vereinten Bemühungen unzähliger trefflicher Forscher in dem scheidenden neunzehnten Jahrhundert errungen worden sind.

Blicken wir auf den primitiven Zustand unserer allgemeinen Weltanschauung im Beginn dieses »Jahrhunderts der Naturwissenschaften« zurück, auf die rapide Entwicklung namentlich der biologischen Forschung seit der Mitte desselben, so dürfen wir sagen, dass wir an seinem Ende uns der Lösung der großen »Welträtsel« in einem Maße genähert haben, das in seinem Anfang nicht geahnt werden konnte.

Auch der Beginn des zwanzigsten Jahrhunderts machte in Tjibodas ein sehr freundliches Gesicht. Als ich in früher Morgendämmerung, gleich nach fünf Uhr, auf die östlich gelegene Anhöhe hinaufstieg, um die aufgehende Sonne zu begrüßen, war der Himmel fast ganz klar und die Fernsicht auf die grünen Ebenen und blauen Berge der Preanger-Regentschaft leuchtete verheißungsvoll. Nicht nur der dampfende Krater des Gedeh, sondern selbst der gewöhnlich verhüllte Gipfel des Pangerango war völlig wolkenfrei.

Als ich um acht Uhr zum Stationshaus hinabstieg, überraschte mich dort als besondere Neujahrsfreude der Besuch eines alten Freundes, des Herrn von Rautenfeld aus Riga. Derselbe hatte im Sommer des verflossenen Jahres die berühmte Belagerung von Peking mitgemacht, wo er als erster Sekretär von Sir Robert Hart seit längerer Zeit im Dienste des Seezollamtes tätig gewesen war. Um sich von den ungeheuren physischen und moralischen Strapazen dieses denkwürdigen Kriegsdramas zu erholen, hatte er einen zweijährigen Urlaub nach Europa genommen. Auf einer mehrstündigen Vormittagswanderung durch den Urwald konnte ich ihm die zahlreichen hier zusammengehäuften Naturwunder zeigen und erklären; bei seiner lebhaften und feinen Naturempfindung ein hoher Genuss.

Ehe mein Freund nachmittags sein Pferd bestieg, um nach Sindanglaja hinab zu reiten, leistete er uns noch angenehme Gesellschaft beim Mittagsmahl. Er machte dabei viele sehr interessante Mitteilungen über die merkwürdigen Einzelheiten der Verteidigung der in Peking eingeschlossenen Europäer. Er selbst hatte wochenlang die schwersten Entbehrungen zu erdulden gehabt und durch Einäscherung seines Hauses seine große, wertvolle Bibliothek verloren sowie eine ausgezeichnete Sammlung von Naturalien, von historischen und ethnografischen Merkwürdigkeiten. Was den Ausgang der chinesischen Wirren und die zukünftige Gestaltung des Verhältnisses von Europa zu Ostasien betrifft, so neigte er, aufgrund genauer Sachkenntnis, jener pessimistischen Beurteilung zu, welche die meisten gründlichen Kenner von China mit Sir Robert Hart teilen.

Am siebten Januar machte ich noch den Versuch, von unten her in der tiefen, waldigen Schlucht von Tjibodas weiter hinaufzusteigen. Allein das reißende Wildwasser des Weißenbachs war zu stark angeschwollen, um in demselben über das wüste Geröll der angehäuften Felsblöcke vordringen zu können. Durch das Lianengewirr in dem dichten Urwald, der die beiden steil ansteigenden Wände der wilden Schlucht bedeckt, sich durchzuarbeiten, war ganz unmöglich. So musste ich mich damit begnügen, in einem Aquarell den Charakter dieser großartigen Szenerie festzuhalten.

Am Nachmittag desselben Tages packten wir unsere Sachen und Sammlungen zusammen, und in der Frühe des achten Januar nahmen wir Abschied von dem uns so lieb gewordenen Tjibodas. Niemand war froher als unsere Diener und Kulis aus Beutenzorg. Sie sind nur höchst ungern einige Tage hier oben in dem einsamen Waldgebiet; nicht allein, weil sie elend frieren und keine Unterhaltung finden, sondern namentlich, weil sie sich vor den bösen Geistern im Urwald wie Kinder fürchten. Gegen sechs Uhr brach unsere kleine Karawane auf, und schon nach sieben Uhr waren wir unten in Sindanglaja. Hier trennten sich unsere Wege, Professor Treub und Dr. Palla kehrten nordwärts über den Puntjakpass nach Beutenzorg zurück; ich fuhr südwärts nach der Eisenbahnstation Tjandjur, um von da meine Reise nach Mitteljava anzutreten.

Erlösung vom Übel

Die siebente Bitte des »Vaterunser«, des dritten Hauptstückes des christlichen Katechismus, das Millionen von Christen täglich im Munde führen, lautet: »Erlöse uns von dem Übel.« Wenn wir fragen: »Was ist das?« (– drei Worte, die den besten Teil des ganzen Katechismus bilden! –), so antwortet uns Luther: »Wir bitten in diesem Gebet, als in der Summe, dass uns der Vater im Himmel von allerlei Übel des Leibes und der Seele, Gutes und Ehre erlöse; und zuletzt, wenn unser Stündlein kommt, ein seliges Ende beschere, und mit Gnaden von diesem Jammertal zu sich nehme in den Himmel.« Wenn wir diese Sätze im Lichte unserer heutigen monistischen Weltanschauung betrachten, müssen wir natürlich von den abergläubigen Vorstellungen des Mittelalters absehen, die noch vor vierhundert Jahren unsere barbarischen Ahnen mit dem Glauben an den »gnädigen Herrn im Himmel« und an die unsterbliche Seele in dessen Paradiespalast verbanden. Es bleiben dann übrig die Bitten um »Erlösung von allerlei Übel des Leibes und der Seele, Gutes und Ehre.«

Die Mannigfaltigkeit und Zahl, die Schwere und Qual dieser Übel hat im Kulturleben des neunzehnten Jahrhunderts in demselben Maße zugenommen, in welchem auf der anderen Seite die Fortschritte der Kunst und Wissenschaft, die vernünftigen Reformen unseres persönlichen und sozialen Lebens erstaunlich gewachsen sind. Unser heutiges höheres Kulturleben hat dadurch unendlich an Wert gewonnen, dass im Zeitalter der Dampfmaschinen und der Elektrotechnik Zeit und Raum eine ganz andere Bedeutung erhalten haben; wir können unser häusliches und öffentliches Leben viel angenehmer und nutzbringender gestalten, eine viel größere Summe von geistigen Genüssen in uns aufnehmen, als unseren Großeltern vor hundert Jahren möglich war. Aber Hand in Hand damit geht auch ein viel größerer Verbrauch an Nervenenergie; unser Gehirn wird viel stärker angestrengt und abgenutzt, unser Körper viel mehr gereizt und überarbeitet, als es vor hundert Jahren geschah.

Viele moderne Kulturkrankheiten nehmen in erschreckendem Maße zu; vor allem fordern die Neurasthenie und andere Nervenkrankheiten jährlich eine größere Anzahl von Opfern. Die Irrenhäuser nehmen alljährlich an Zahl und Umfang zu; allenthalben entstehen Sanatorien, in denen der gehetzte Kulturmensch Zuflucht und Heilung von seinen Übeln sucht. Viele von diesen Übeln sind völlig unheilbar, und viele Kranke gehen dem sicheren Tod unter namenlosen Qualen entgegen. Sehr viele von diesen armen Elenden warten mit Sehnsucht auf ihre »Erlösung vom Übel« und sehnen das Ende ihres qualvollen Leidens herbei; da erhebt sich die wichtige Frage, ob wir als mitfühlende Menschen berechtigt sind, ihren Wunsch zu erfüllen und ihre Leiden durch einen schmerzlosen Tod abzukürzen.

Diese Frage ist von emminenter Bedeutung sowohl für die praktische Philosophie als für die juristische und medizinische Lebenspraxis; und da die Ansichten darüber noch heute sehr weit auseinandergehen, erscheint es geboten, sie hier zu berühren. Ich gehe von meiner persönlichen Ansicht aus, dass das Mitleid (Sympathie) nicht nur eine der edelsten und schönsten Gehirnfunktionen des Menschen, sondern auch eine der ersten und wichtigsten sozialen Bedingungen für das gesellige Leben der höheren Tiere ist. Die Gebote der christlichen Liebe, die das Evangelium mit Recht in den Vordergrund der Ethik stellt, sind nicht von Christus zuerst entdeckt, wohl aber von ihm und seinen Jüngern mit größtem Erfolg geltend gemacht in einer Zeit, wo der raffinierte Egoismus die überfeinerte römische Kulturwelt dem Zerfall entgegenführte.

Tatsächlich bestanden die natürlichen Gebote der Sympathie und des Altruismus nicht nur Jahrtausende vorher in der menschlichen Gesellschaft, sondern auch bei allen höheren Tieren, die in Herden oder Staaten vereinigt leben; sie haben ihre älteste phylogenetische Wurzel sogar schon in der geschlechtlichen Fortpflanzung der niederen Tiere, in der sexuellen Liebe und Brutpflege (*Neomelie*), auf der die Erhaltung der Art beruht. Daher sind die modernen Propheten des reinen Egoismus, Friedrich Nietzsche, Max Stirner u.v.a. in biologischem Irrtum, wenn sie alle ihre »Herrenmoral« anstelle der allgemeinen Menschenliebe stellen wollen und wenn sie das Mitleid als eine Schwäche des Charakters oder als einen moralischen Irrtum des Christentums verspotten. Gerade in der Betonung des »Mitleidens« liegt der hohe ethische Wert der christlichen Lehre, der immer fortdauern wird, wenn seine morschen Dogmen längst in Trümmer zerfallen sind.

Nur sollte man dieses hehre Gebot der Nächstenliebe nicht auf den Menschen allein beschränken, sondern auch auf seine »nächsten Verwandten«, die höheren Wirbeltiere, ausdehnen, und überhaupt auf alle Tiere, bei denen wir aufgrund ihrer Gehirnorganisation bewusste Empfindung, das Bewusstsein von Lust und Schmerz annehmen dürfen. So sollten wir namentlich bei den Haustieren, die wir täglich in unserem Dienst verwenden und deren Seelenverwandtschaft mit dem Menschen unzweifelhaft ist, darauf Bedacht nehmen, ihre bescheidenen Lebensfreuden zu vermehren und ihren Schmerz zu vermindern. Treue Hunde und edle Pferde, mit denen wir jahrelang zusammen gelebt haben und die wir lieben, töten wir mit Recht, wenn sie in hohem Alter hoffnungslos erkrankt sind und von den schmerzlichen Leiden gepeinigt werden. Ebenso haben wir das Recht, oder wenn man will, die Pflicht, den schweren Leiden unserer Mitmenschen ein Ende zu bereiten, wenn schwere Krankheit ohne Hoffnung auf Besserung ihnen die Existenz unerträglich macht und wenn sie selbst uns um »Erlösung vom Übel« bitten. Indessen sind die Ansichten der Ärzte über diese Frage noch sehr verschieden, wie ich in vielfachen Gesprächen darüber selbst erfahren habe. Viele erfahrene Ärzte, die ihrem schweren Beruf mit reiner Menschenliebe und frei von dogmatischen Vorurteilen ausüben, tragen kein Bedenken, die schweren Leiden der hoffnungslosen Kranken auf deren Wunsch durch eine Gabe Morphium oder Zyankalium abzukürzen; tatsächlich wird da vielfach durch einen solchen plötzlichen schmerzlosen Tod nicht nur dem Notleidenden selbst, sondern auch seiner mitleidenden Familie der größte Dienst erwiesen. Andere Ärzte hingegen, und wohl die meisten Juristen, sind der Ansicht, dass diese Handlung des Mitleids nicht erlaubt oder sogar ein Verbrechen sei, der Arzt habe die Pflicht, unter allen Umständen das Menschenleben so lange als möglich zu erhalten. Warum?

Medizin und Philosophie

Indem ich hier eine der wichtigsten und für die ärztlichen Gewissen schwierigsten Fragen der sozialen Ethik berühre, nutze ich die Gelegenheit, die Stellung der Ärzte zur monistischen Philosophie überhaupt zu betrachten. Es ist jetzt ein halbes Jahrhundert verflossen, seitdem ich als Student der Medizin im Julius-Hospital zu Würzburg die Kliniken besuchte. Zwar habe ich später, nachdem ich 1857 die medizinische Staatsprüfung bestanden, die ärztliche Praxis nur kurze Zeit ausgeübt; aber die gründliche Kenntnis des menschlichen Organismus, seines anatomischen Baus und seiner physiologischen Funktionen, die ich mir dadurch erworben hatte, ist für mich von unschätzbarem Wert geblieben. Nicht allein verdanke ich derselben die solide empirische Grundlage für das spezielle Fachstudium meines Lebens, die Zoologie, sondern auch die monistische Richtung meiner ganzen Weltanschauung.

Da die medizinische Bildung in weitestem Sinne die Anthropologie umfasst – und demnach auch die Psychologie umfassen sollte! –, kann ihr Wert für die spekulative Philosophie gar nicht hoch genug angeschlagen werden. Die scholastischen Metaphysiker, die noch heute die Lehrstühle der Philosophie auf unseren Universitäten als ihr Monopol betrachten, würden ihre dualistischen Grundirrtümer größtenteils vermieden haben, wenn sie durch gründliche Kenntnisse in der menschlichen Anatomie und Physiologie, Ontogenie und Phylogenie erworben hätten. Aber auch die Pathologie, das Studium des kranken Menschen, ist für die Philosophie höchst lehrreich. Insbesondere gewinnt der Psychologe durch das Studium der Geisteskrankheiten und ihrer Entwicklung, namentlich durch den Besuch der psychiatrischen Klinik, tiefe Einblicke in das Geistesleben, die dem spekulativen Metaphysiker ohne dieselben verschlossen bleiben.

Es gibt nur wenige erfahrene und denkende Ärzte, die den traditionellen Glauben an die »unsterbliche Seele« und den »lieben Gott« wirklich haben festhalten können. Was soll der »unsterbliche Geist im ewigen Leben« des Jenseits machen, wenn er schon hier im Diesseits gänzlich zerrüttet oder schon als Idiot oder Kretin ist? Wie kann der »liebende Allvater« den unglücklichen Verbrecher zu ewiger Höllenstrafe verdammen, da er selbst doch ihn erblich belastet und in verhängnisvolle Umstände versetzt hat, unter denen er, beim Mangel an der Willensfreiheit, seine Sünden notwendig begehen musste? Und wie kann der »allmächtige Gott und Vater der Liebe« die unermessliche Summe von Not und Elend, Jammer und Unglück verantworten, die er alljährlich im Leben der Familien und der Staaten, in den Hospitälern und Großstädten sich abspielen lässt? Es ist kein Wunder, wenn das alte Stichwort recht hat: »Ubi tres medici, duo sunt athei« (Unter drei Ärzten sind stets zwei gottlos).

Ein medizinischer Studiengenosse von mir war ein alter, ebenso erfahrener als menschenfreundlicher Arzt, der die ganze Welt auf weiten Reisen kennengelernt und dann als Direktor eines großen Krankenhauses die tiefsten Blicke in das Elend der leidenden Menschheit getan hatte. Ursprünglich von frommen Eltern religiös erzogen und mit weichem poetischem Gemüt begabt, war erst durch das medizinische Studium unter harten Seelenkämpfen an dem liebgewordenen Kinderglauben irre geworden (– ebenso wie ich im 21. Lebensjahr). Als wir kurz vor seinem Tod über die großen Mysterien der Lebenswunder uns unterhielten, sagte er zu mir: »So wenig ich den Glauben an die unsterbliche Seele und ihre Willensfreiheit mit meinen psychologischen Erfahrungen vereinigen kann, so wenig vermag ich im ganzen Weltall eine Spur von einer ›sittlichen Weltordnung und einer liebevollen Vorsehung‹ zu finden; wenn wirklich ein bewusster vernünftiger Gott die Welt regiert, so kann diese immaterielle Persönlichkeit kein Gott der Liebe sein, sondern nur ein allgemeiner Dämon, dessen ständige Unterhaltung ein ewiges, mitleidloses Wechselspiel von ›Werden und Vergehen‹, von Aufbauen und Zerstören ist.« Trotzdem finden sich immer noch hier und da gebildete und intelligente Ärzte, welche den Glauben an die drei Zentralmysterien der Metaphysik festhalten – ein Beweis für die ungeheure Macht der dogmatischen Tradition und der religiösen Vorurteile.

Lebenserhaltung

Als ein traditionelles Dogma müssen wir auch die weitverbreitete Meinung beurteilen, dass der Mensch unter allen Umständen verpflichtet sei, das Leben zu erhalten und zu verlängern, auch wenn dasselbe gänzlich wertlos, ja, für den schwer Leidenden und hoffnungslos Kranken nur eine Quelle der Pein und der Schmerzen, für seine Angehörigen ein Anlass beständiger Sorgen und Mitleiden ist. Hunderttausende von unheilbaren Kranken, namentlich Geisteskranke, Aussätzige, Krebskranke u.v.a. werden in unseren modernen Kulturstaaten künstlich am Leben erhalten und ihre beständigen Qualen sorgfältig verlängert, ohne irgendeinen Nutzen für sie selbst oder für die Gesamtheit. Besonders lehrreich dafür ist die Statistik der Geisteskranken, die Zunahme der Irrenanstalten und Nervensanatorien in der Gegenwart.

In Preußen allein wurden 1890 in den Irrenanstalten 51.048 Geisteskranke gepflegt (davon über 6.000 allein in Berlin); mehr als der zehnte Teil davon war ganz unheilbar (4.000 allein an Paralyse leidend). In Frankreich waren 1871 in Irrenanstalten 49.589 Kranke untergebracht (13,8 Promille der Bevölkerung), 1888 dagegen 70.433 (18,2 Promille); also war im Laufe von 17 Jahren die absolute Zahl der Kranken fast um 30 Prozent gestiegen (29,6 Prozent), während die Zahl der ganzen Bevölkerung nur um 5,6 Prozent sich vermehrt hat. In neuester Zeit beträgt die Gesamtzahl der Geisteskranken in den Kulturstaaten durchschnittlich 5 – 6 Promille.

Nimmt man die Gesamtzahl der Bevölkerung von Europa auf 390 – 400 Millionen an, so befinden sich darunter also mindestens zwei Millionen Geisteskranke, unter diesen mehr als 200.000 Unheilbare. Welche ungeheure Summe von Schmerz und Leid bedeuten diese entsetzlichen Zahlen für die unglücklichen Kranken selbst, welche namenlose Fülle von Trauer und Sorge für ihre Familien, welche Verluste an Privatvermögen und Staatskosten für die Gesamtheit! Wieviel von diesen Schmerzen und Verlusten könnte gespart werden, wenn man sich endlich entschließen könnte, die ganz Unheilbaren durch eine Morphiumgabe von ihren namenlosen Qualen zu befreien! Natürlich dürfte dieser Akt des Mitleids und der Vernunft nicht dem Belieben eines einzelnen Arztes anheim gestellt werden, sonder müsste auf Beschluss einer Kommission von zuverlässigen und gewissenhaften Ärzten erfolgen. Ebenso müsste auch bei anderen unheilbaren und schwer leidenden Kranken (z.B. Krebskranken) die »Erlösung vom Übel« nur dann durch eine Dosis schmerzlos und rasch wirkenden Giftes erfolgen, wenn sie ausdrücklich auf deren eigenen, eventuell gerichtlich protokollierten Wunsch geschähe und durch eine vereidete Kommission ausgeführt würde.

Keime (Embryonen) von drei Säugetieren.
(auf drei ähnlichen Entwicklungsstufen).

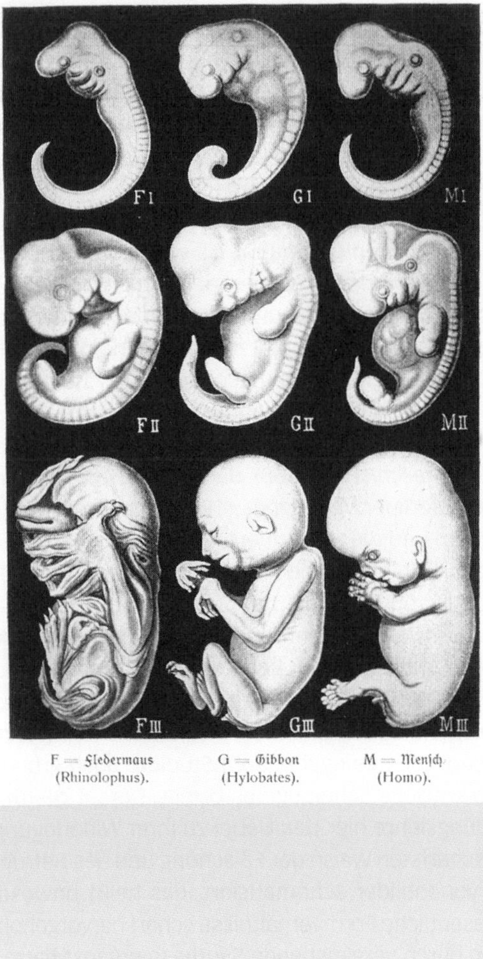

F = Fledermaus (Rhinolophus). G = Gibbon (Hylobates). M = Mensch (Homo).

Keime (Embryonen) von drei Säugetieren (Haeckel 1908)

Sandalion

Eine offene Antwort auf die Fälschungsklagen der Jesuiten

Vorwort

Drei Vorträge über den »Kampf um den Entwicklungsgedanken«, welche ich im April 1905 zu Berlin gehalten habe, gaben die Veranlassung zu vielen und heftigen Angriffen der Gegner einer freien, von mystischen Glaubenslehren unabhängigen Weltanschauung. Vielfach richteten sich diese Angriffe nicht sowohl gegen die Kernfragen unserer modernen Entwicklungslehre als gegen meine Person als Verfasser der vielgeschmähten »Welträtsel«, in denen ich diese großen Probleme vom Standpunkt der monistischen Philosophie umfassend behandelt hatte. Um diese herabzusetzen, wurden meine Arbeiten überhaupt als wertlose und irreführende Dilettanten-Machwerke verworfen; besonders aber wurde mit Erfolg der Versuch gemacht, meine embryologischen Darstellungen und die sie erläuternden Abbildungen als verwerfliche »Fälschungen der Wissenschaft« zu brandmarken. Als willkommene Scheinbeweise dienten dabei meinen Gegnern besonders die schematisierten Figuren von jungen Embryonen des Menschen und anderer Wirbeltiere, die ich zum Vergleich ihrer Ähnlichkeit in mehreren Schriften nebeneinandergestellt hatte: zuerst in der *Natürlichen Schöpfungsgeschichte* (1868), dann in der *Anthropogenie* (1874), ferner in den vorerwähnten »Berliner Vorträgen« (1905) und endlich in dem Vortrag über »Das Menschenproblem und die Herrentiere von Linné« (1907).

Diese Objekte, die Embryonen der Wirbeltiere, und besonders der Säugetiere, gehören zu den wichtigsten Beweismitteln unserer Stammesgeschichte. Denn sie lehren, unterstützt durch die Erkenntnisse der vergleichenden Anatomie und der Paläontologie, für jeden unbefangenen Beobachter unmittelbar unsere nahe Stammverwandtschaft mit den anderen Säugetieren. Aber leider liegt dieses geheimnisvolle Gebiet der vergleichenden Keimesgeschichte unserem gewohnten Bildungskreis sehr fern und erfordert neben eingehendem Studium auch gründliche morphologische Vorbildung und kritische Schulung des Urteils. Darauf gestützt, versuchten die Gegner der Entwicklungslehre hier den Hebel zu ihrer Widerlegung einzusetzen; sie klagten mich in der schärfsten Weise der Fälschung und des Betruges an, weil ich die angewandten Embryonenbilder schematisiert, das heißt unwesentliche Beigaben weggelassen und wesentliche Formverhältnisse scharf hervorgehoben, auch einzelne Beobachtungslücken durch vergleichende Synthese ergänzt hatte.

Die weite Verbreitung, welche diese jesuitischen Angriffe meiner Gegner neuerdings gefunden haben, zwingt mich jetzt, nochmals zu ihrer Beleuchtung und

Entkräftung auf die angeblichen »Fälschungen« einzugehen. An einem konkreten, besonders wichtigen Beispiel, dem hochinteressanten Sandalion, werde ich zeigen, in wie verwerflicher Weise die Jesuiten ihrerseits die Wahrheit gefälscht haben. [...]

Dank den Jesuiten!

Undank ist eine hässliche Untugend, und so möchte ich hier meine notgedrungene Verteidigung gegen die »vernichtenden« Fälschungsanklagen der Jesuiten nicht schließen, ohne dankbar anzuerkennen, dass ich diesen gefährlichsten »Nachfolgern Christi« mein Leben verdanke, ja wirklich meine persönliche Existenz! Mein Urgroßvater Gottlob Haeckel und dessen Vater (aus Radstadt) gehörten zu den dreißigtausend Salzburger Emigranten, welche 1732 durch den Erzbischof Grafen Firmian wegen ihres protestantischen Glaubens aus Salzburg vertrieben wurden – auf Anstiften der Jesuiten, welche vergeblich sie zu bekehren versucht hatten! Ihre Güter wurden von der Kirche konfisziert! Wenn mein Urgroßvater nicht damals seine Salzburger Heimat hätte verlassen müssen und durch Friedrich den Großen (den monistischen Freidenker!) eine Zufluchtsstätte in Hirschberg (Schlesien) gefunden hätte, so würde mein lieber Vater Carl Haeckel niemals meine teure Mutter Charlotte Sethe (gebürtig vom Niederrhein) in Berlin kennen gelernt haben. Also würde ich nach den jetzt geltenden Vererbungsgesetzen (mit allen meinen persönlichen Anlagen und Eigenschaften!) niemals das Licht dieser Welt erblickt haben. Denn es ist durch unsere moderne Physiologie zweifellos festgestellt, dass alle körperlichen und geistigen Anlagen einer jeden Person Erbstücke von ihren beiden Eltern und von deren Vorfahren sind; das gilt vom Menschen ebenso wie von allen anderen Wirbeltieren. Demnach darf ich mit voller Sicherheit behaupten, dass durch eine merkwürdige Verkettung von Schicksalen jene Salzburger Verfolgung der protestantischen Ketzer die wirkliche Vorbedingung für meine individuelle Entwicklung war; ohne sie würde ich nicht einmal vorübergehend die Bildungsstufe des Sandalion (am zwölften Tag meiner persönlichen Existenz!) durchlaufen haben. Also verdanke ich es in erster Linie den gottbegnadeten Jesuiten, dass ich mich zu einem freidenkenden Primaten entwickeln und die berüchtigten »Welträtsel« schreiben konnte. – »Welche wunderbare Fügung«!

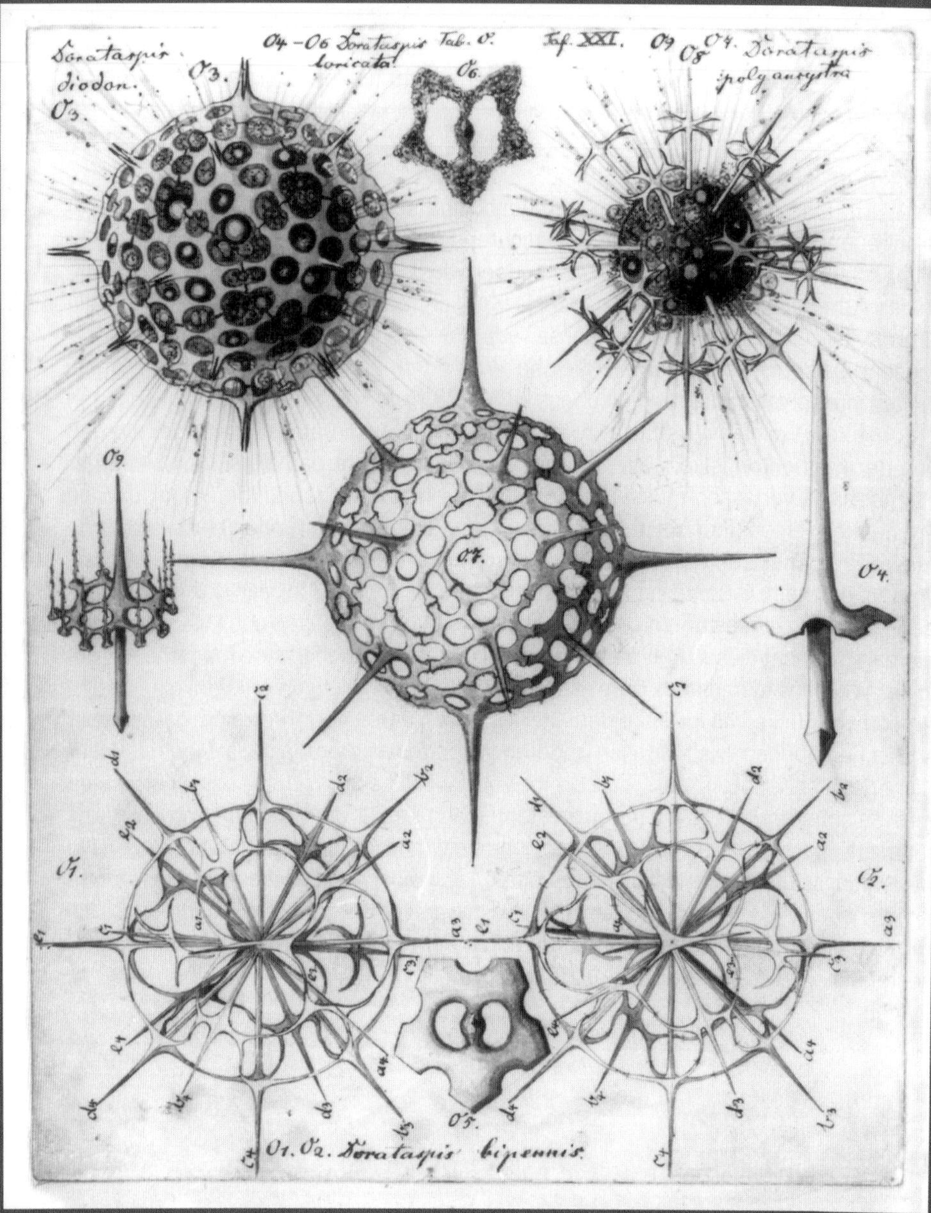

Originalzeichnung zu Tafel 21, *Die Radiolarien* (1862)

Psyche

Psyche! Seele! – Welche unermessliche Fülle von bedeutungsvollen Vorstellungen umfasst dieses eine Wort! Wenige andere Begriffe sind so inhaltsreich und tiefsinnig, aber auch so unklar und verschiedendeutig, wie der Begriff »Seele«. So ist denn auch die Wissenschaft vom Seelenleben, die Psychologie, eines der interessantesten und anziehendsten, aber zugleich auch der schwierigsten und dunkelsten von allen Forschungsgebieten. In vielen Tausenden von Büchern und Abhandlungen ist die »Seelenfrage« nach allen Richtungen hin erörtert worden, und dennoch stehen sich heute wie vor zweitausend Jahren die verschiedensten Ansichten darüber schroff gegenüber!

Wenn wir zunächst von allen nebensächlichen Unterschieden in der Auffassung der menschlichen Seele absehen, so lassen sich die mannigfaltigen Vorstellungen darüber in zwei große, grundsätzlich widersprechende Gruppen bringen, eine dualistische und eine monistische Gruppe. Nach der älteren, dualistischen oder zwiespältigen Ansicht, welche noch heute die große Mehrzahl der Menschen festhält, ist der menschliche Organismus ein Doppelwesen; er ist zusammengesetzt aus einem sterblichen Leib und einer unsterblichen Seele, die ihn nur bei Lebzeiten bewohnt und nach dem Tod verlässt. So lehren die meisten Philosophen und Theologen, seitdem Platon in tiefsinnigen Dialogen seine dualistische Metaphysik und Christus in den Evangelien seine welterobernde Religion verkündet hatte.

Die jüngere, monistische oder einheitliche Ansicht vom menschlichen Seelenleben behauptet dagegen, dass der Mensch, wie jedes andere Wirbeltier, ein Einheitswesen ist, in welchem Leib und Seele untrennbar verbunden sind. Unsere »Psyche« ist demnach kein selbständiges »Wesen«, sondern der Sammelbegriff für eine Summe von Lebenstätigkeiten, die, gleich allen anderen Funktionen unseres Organismus, durch die Struktur ihrer Organe bedingt sind, und weiterhin durch die Arbeit der Millionen von mikroskopischen Zellen, welche diese Organe zusammensetzen. Diese naturgemäße Auffassung der Menschenseele konnte erst zur wissenschaftlichen Begründung und Geltung in weiteren Kreisen gelangen, nachdem die großartigen Fortschritte der Naturwissenschaft im neunzehnten Jahrhundert ihr eine reiche, früher unbekannte Fülle von empirischem Beweismaterial zur Verfügung gestellt hatten.

Den prinzipiellen Gegensatz dieser beiden feindlichen Heerlager der Psychologie hatte ich schon frühzeitig kennengelernt, als ich Ostern 1852 meine akademischen Studien an der Universität Berlin begann. Er trat mir aber besonders lebhaft vor Augen, als ich selbst im Sommer 1854 die Vorlesungen des großen Johannes Müller über vergleichende Anatomie und Physiologie hörte. Das sechste Buch seines klassischen *Handbuchs der Physiologie des Menschen* handelt vom »Seelenleben«. Die großartige Übersicht über das weite Gesamtgebiet, welche der geniale Meister gab – gleichbedeutend in der exakten wie in der vergleichenden Forschungsmethode – überzeugte mich schon damals, dass die naturgemäße Psychologie ein Teil der Physiologie ist. Wie schwach und unhaltbar mussten mir daneben die metaphysischen und mystischen Ansichten über die Psyche erscheinen, welche ich gleichzeitig von angesehenen Philosophen der Berliner Universität anhören musste! Gerade jetzt, bei deren Zentenarfeier, daran zu erinnern, scheint mir umso mehr gestattet, als damals noch die gewichtigen Beweisgründe für die monistische Psychologie fehlten, welche erst nach dem Tod von Johannes Müller durch die moderne Entwicklungslehre gewonnen wurden. Der große Berliner Biologe starb am 28. April 1858, wenige Monate bevor (am 1. Juli) Charles Darwin die ersten Mitteilungen über die Abstammungslehre und deren Begründung durch seine Selektionstheorie veröffentlichte.

Es ist hier nicht der Ort, näher auf den fundamentalen Gegensatz der beiden psychologischen Heerlager einzugehen, der in dem modernen »Kampf um die Weltanschauung« eine so große Rolle spielt. Nach meiner persönlichen Überzeugung ist der intellektuelle Sieg der monistischen oder physiologischen Seelenkunde im Prinzip längst entschieden, wenngleich die gewaltige Autorität der dualistischen oder mystischen Psychologie, gestützt auf die Macht der geheiligten Tradition und der herrschenden dogmatischen Religionsformen, noch lange ihren Einfluss auf weiteste Kreise behalten wird. Meine Ansichten darüber habe ich im Zusammenhang im zweiten Buch der *Welträtsel* (6. bis 11. Kapitel) dargestellt. Hier möchte ich nur als alter Zoologe auf eine Beziehung der »Psyche« zu einer Insektengattung aufmerksam machen, die denselben Namen trägt, und die in mehrfacher Beziehung von besonderem Interesse ist: ein seltsamer Schmetterling aus der Familie der Sackspinner.

Schon die alten Griechen verglichen die Seele mit einem Schmetterling. Veranlassung dazu gab die allbekannte Metamorphose des Schmetterlings, die Verwandlung seiner kriechenden Raupe in die ruhende Puppe, aus der das geflügelte und geschlechtsreife Insekt ausschlüpft; die Dichter erblickten darin ein Sinnbild der Seelenwanderung und der Unsterblichkeit. Ursprünglich bedeutete das griechische Wort »Psyche« den Hauch des Windes und den wesensgleichen Atem des Menschen. Da mit dem letzten Atemzug des Sterbenden die Seele aus dem Körper entflieht, erblickten Platon und seine Schüler darin das innere Geistesleben des Menschen. Demgemäß wurde die Psyche von den bildenden Künstlern als Schmetterling dargestellt oder als ein zartes Mädchen mit Schmetterlingsflügeln. Eine reiche Quelle der Poesie entsprang ferner aus der Personifikation der Psyche und ihrem berühmten Liebesverhältnis zu

Eros. Die schöne Dichtung von »Amor und Psyche«, die Apulejus zu einem anmutigen Märchen verarbeitete, gab das Motiv für zahlreiche Werke der bildenden Kunst. Wir erinnern nur an die berühmte und oft kopierte Marmorgruppe im Kapitolinischen Museum zu Rom, welche Eros und Psyche in süßem Kuss vereinigt zeigt, oder an die schönen plastischen Gruppen von Canova und Thorwaldsen, an den herrlichen Bilderzyklus von Raffael in der Farnesina zu Rom usw. In der Wonne des Kusses fließen die Seelen der beiden Liebenden zusammen; damit war zugleich das »sinnlich-übersinnliche« Wesen der »Psyche« angedeutet.

Ganz anderer Art ist nun freilich die Psyche der Entomologen, die merkwürdige Schmetterlingsgattung, welcher der alte Insektenforscher Schrank diesen systematischen Namen beigelegt hat. Dieser zarte »Seelenschmetterling« nimmt in der langen Reihe seiner bunten und schön geflügelten Stammesgenossen eine der bescheidensten und geringsten Stellen ein. Das Genus Psyche und einige verwandte Gattungen *(Fumea, Epichnopteryx)* bilden die kleine Gruppe der Saffispinner *(Psychina)* und gehören zu der wichtigen Familie der Spinner *(Bombycida)*, welche auch die Seidenspinner, Prozessionsspinner usw. umfasst. Die Sackspinner oder Sackträger haben ihren Namen davon erhalten, dass die kleinen sechsbeinigen Raupen sich einen Sack oder ein Futteral spinnen, dessen zarte Seidenwand durch allerlei eingesponnene Fremdkörper: Grasstückchen, Holzsplitter, Sandkörnchen usw. gestärkt wird. Bei Psyche helix hat der Sack die Form eines spiralig gewundenen Schneckenhauses *(Helix)*. Dieses kleine Haus schleppen die kriechenden Räupchen der Sackträger mit sich herum, während sie an Gräsern und anderen Pflanzen ihre Nahrung suchen (ähnlich wie die wasserbewohnenden Larven der Schmetterlingsfliegen, *Phryganiden*).

Die merkwürdigste Erscheinung im Leben dieser Sackspinner ist aber ihr sexueller Dimorphismus, die auffällige Verschiedenheit ihrer beiden Geschlechter. Nur das Männchen entwickelt sich zu einem zarten, wenige Zentimeter großen Schmetterling, dessen unansehnliche Flügel meistens dunkel gefärbt und ohne Zeichnung sind. Das Weibchen dagegen ist flügellos und gleicht einer Made, einem fußlosen Würmchen ohne Augen (ähnlich den Maden der Fliegen und Bienen). Auch die kleinen Raupen, welche im Sommer aus den abgelegten Eiern ausschlüpfen, sind schon verschiedenartig, beide Geschlechter spinnen sich Futterale von verschiedener Größe und Form. Im Spätherbst kleben die sechsbeinigen Räupchen ihre Futterale an einen Baumstamm oder einen anderen geschützten Ort an, wo sie überwintern. Im nächsten Frühjahr verpuppen sie sich innerhalb ihres Sackes.

Während nun nach vollendeter Verwandlung die geflügelten Männchen aus der Puppenhülle auskriechen und frei umherschwärmen, bleiben die flügellosen, madenähnlichen Weibchen in ihrem Sack zeitlebens stecken und werden rückgebildet; Beine, Fühler und Augen gehen verloren. Wie bei anderen Schmetterlingen strömt auch bei diesen kleinen Sackspinnern vom Weibchen ein spezifischer Duft aus, welcher die schwärmenden Männchen auf weite Entfernung hin anlockt; sie riechen das Parfüm selbst dann, wenn das Weibchen in einer Schachtel eingeschlossen ist, und suchen in diese einzudringen. Sobald sie es erreichen können, führen sie ihren sehr streckbaren Hinterleib weit in den Sack des eingeschlossenen Weibchens hinein, dessen zapfenförmiges Hinterleibsende ihm entgegen kommt; so vollzieht sich die geheimnisvolle Paarung innerhalb der dunklen Kammer. Auch die befruchteten Eier werden innerhalb derselben abgelegt.

Wenn die Mythologie der alten Griechen die Psyche mit einem Schmetterling verglich, so ist es jetzt der modernen Biologie gestattet, die angeführten merkwürdigen Tatsachen aus der Entwicklungsgeschichte der Psychinen als Symbole der Psychologie zu verwerten. Sie erblickt in den beiden Geschlechtern der Sackspinner eine sinnreiche Allegorie auf die beiden Heerlager der Seelenkunde, die sich feindlich gegenüberstehen. Die geflügelten Männchen fliegen weit umher, schauen sich die schöne Welt mit offenen Augen an und sammeln Erfahrungen; sie verfolgen die Wege der Psychophysik (im weitesten Sinne!), entsprechend der empirischen und monistischen Philosophie. Die flügellosen Weibchen dagegen schließen sich von der Außenwelt ab, verlieren die Organe für deren Betrachtung und sinnen, tief eingesponnen in ihr Weisheitsfutteral, nur über sich selbst und ihr Inneres nach; sie bleiben in der introspektiven Methode der Psychomystik befangen, der spekulativen und dualistischen Philosophie. Fruchtbar werden sie erst, wenn sie sich mit den höher entwickelten Männchen paaren.

Noch eine andere, sehr merkwürdige Tatsache aus dem Leben einiger Psychinen mag schließlich erwähnt werden. Bei verschiedenen Arten ist im Laufe der Zeit die Befruchtung der Eier aus der Mode gekommen; die junge Brut entwickelt sich aus unbefruchteten Eiern, und das männliche Geschlecht ist überflüssig geworden. Diese »Jungfernzeugung« oder Parthenogenesis ist ja auch bei einer Anzahl anderer Gliedertiere, besonders bei verschiedenen Familien von Insekten und Krustazeen, zweifellos festgestellt. Dagegen kommt sie niemals bei Wirbeltieren vor, trotz des Dogmas von der »unbefleckten Empfängnis« der Jungfrau Maria, welches der unfehlbare römische Papst mit so viel Nachdruck in die Welt geschickt hat.

Viele Anhänger asketischer und pietistischer Weltbetrachtung, sowohl Philosophen als Theologen, halten bekanntlich den Geschlechtsverkehr für »unrein« und sündhaft, die Enthaltung von ihm für eine Tugend. Freilich besteht der obligatorische Zölibat, zu dem in verschiedenen Religionsformen die Priester verpflichtet sind, meistens nur in der Theorie, während der mächtige Liebestrieb der Natur im geheimen

Kämmerlein sein wohlbegründetes Recht fordert. Allein die reinen Idealisten können sich nun auf das Beispiel der »unbefleckten Empfängnis« bei den hochentwickelten parthenogenetischen Insekten berufen. Wenn die tiefsinnige »reine Vernunft« – wie bei dem berühmten Hagestolz Immanuel Kant, dem Haupt der modernen Metaphysik – frei von allen Anfechtungen des Eros bleibt, wird sie voll stolzer Selbstgenügsamkeit in ihrem weltfremden spekulativen Futteral eingeschlossen bleiben. Wir meinen aber doch, dass nicht nur der Genuss, sondern auch die tiefere Erkenntnis des Lebens viel größer ist bei einem Geistesheros wie Wolfgang Goethe, der mit offnen Augen in alle Tiefen der Welt schaut und als geflügelter Schmetterling nicht nur in die duftenden Blumenkronen, sondern in viele Geheimnisse des Lebens eindringt. Immer bleibt die Liebe die »Krone des Lebens«. Die reine und veredelte Liebe der beiden Geschlechter ist nicht nur die notwendige Bedingung zur Erhaltung des Menschengeschlechts, sondern auch in beiden der Antrieb zu den höchsten Geistesfunktionen, zu den erhabensten und schönsten Produkten der Psyche.

Mein Kirchenaustritt

Nachdem ich kürzlich meinen Austritt aus der evangelischen Kirche vollzogen habe, ist mir von mehreren Seiten – zuerst von der Schriftleitung des *Freien Wortes* – der Wunsch ausgedrückt worden, meine Beweggründe zu diesem Schritt kurz darzulegen. Indem ich hierdurch diesem Wunsche nachkomme, beschränke ich mich auf folgende Sätze:

1. Meine persönliche Stellung zur Religion im Allgemeinen und zum Christentum im Besonderen habe ich im 17. und 18. Kapitel meines bekannten Buches über die »Welträtsel« bereits dargelegt. Zum Verständnis und zur Ergänzung dieses Bekenntnisses sind jetzt noch folgende Zusätze zu erwägen:

2. Von frommen Eltern erzogen, welche der freieren, durch Schleiermacher vertretenen Richtung der evangelischen Kirche angehörten, blieb ich in den ersten zwanzig Lebensjahren überzeugter und eifriger Anhänger dieses liberalen Protestantismus.

3. Erst durch meine fünfjährigen akademischen Studien im Gebiet der Naturwissenschaft und Medizin (1852 – 1857), später besonders durch meine zahlreichen Reisen, gelangte ich – unter schweren Seelenkämpfen! – allmählich zu der Überzeugung, dass die mystischen Glaubenslehren der christlichen Religion mit den sicheren Ergebnissen der wissenschaftlichen Erfahrung völlig unvereinbar sind.

4. Der wechselvolle Gang meiner Schicksale im dritten Dezennium meines Lebens überzeugte mich allmählich, dass die christliche Religion auch für die Ethik und die praktische Lebensführung ebenso wenig eine unerschütterliche und allseitig genügende Grundlage gibt wie für die theoretische Weltanschauung.

5. Frühzeitig an das ernste Nachdenken über die Erscheinungen gewöhnt und stets geneigt, ihre wahren bewirkenden Ursachen zu ergründen, gelangte ich so von meiner ursprünglich dualistischen und idealistischen Weltanschauung zu einer rein monistischen und realistischen Philosophie; von bestimmendem Einfluss waren dabei früher die Schriften von Goethe, später (seit 1860) von Darwin.

6. Die Grundzüge einer streng monistischen, wirklich einheitlichen Philosophie, die sich für mich namentlich aus der Entwicklungslehre ergab, habe ich zuerst in meiner *Generellen Morphologie der Organismen* (1866) eingehend dargelegt, später in mehr populärer Form in der aus dieser hervorgegangenen *Natürlichen Schöpfungsgeschichte* (1868).

7. Das folgerichtige »Glaubensbekenntnis eines Naturforschers«, welches sich daraus entwickelte, habe ich 1892 in meinem Altenburger Vortrage über den »Monismus als Band zwischen Religion und Wissenschaft« bestimmt formuliert und dabei besonders die Unvereinbarkeit des christlichen Schöpfungsglaubens mit den wichtigsten Ergebnissen der modernen Entwicklungslehre betont.

8. Als im November 1905 zu Jena von den Anhängern einer streng einheitlichen, nur auf die Ergebnisse der Naturerkenntnis gestützten Weltanschauung der Deutsche Monistenbund gegründet wurde, habe ich auf Wunsch vieler Freunde und Schüler dessen Ehrenpräsidium übernommen; dabei wurden als Richtschnur die dreißig »Thesen zur Organisation des Monismus« angenommen, welche ich 1904 im Frankfurter *Freien Wort* veröffentlicht hatte.

9. Nachdem ich so seit mehr als fünfzig Jahren aus reinster Überzeugung von den Glaubenslehren des Christentums mich innerlich abgelöst hatte, wäre es nur folgerichtig gewesen, dieser Erkenntnis auch äußerlich durch Austritt aus der evangelischen Kirche angemessenen Ausdruck zu geben; ich unterließ diesen letzten Schritt lediglich aus Rücksicht auf meine Familie und auf liebe Freunde, denen ich dadurch schweren Kummer und auch Schaden zugefügt haben würde.

10. Wenn ich jetzt dennoch zu diesem schweren letzten Schritt mich entschlossen habe, so geschieht es nach reiflicher Überlegung, teils weil die persönlichen Rücksichten meines langen Zögerns inzwischen gehoben sind, teils weil es meinem Ehrgefühl widerstrebt, noch länger den äußeren Schein religiöser Zweideutigkeit und der landesüblichen Heuchelei zu erwecken.

11. Die kirchliche und politische Reaktion, welche sich im Deutschen Reich seit 22 Jahren unter der Regierung des sogenannten »neuen Kurses« entwickelt hat, nimmt beständig zu und gefährdet immer mehr die Freiheit der geistigen Entwicklung sowohl als auch die Wohlfahrt unseres teuren deutschen Vaterlandes.

12. Mit tiefstem Bedauern ist zu konstatieren, dass diese Reaktion den stärksten Rückhalt in der viel bewunderten Person unseres hoch begabten Kaisers Wilhelm II. findet, der sich seit Beginn seiner Regierung in Gegensatz zu dem sogenannten »alten Kurs« seines Großvaters Wilhelm I. gestellt hat. Ich selbst gehöre zu den aufrichtigen und dankbaren Bewunderern dieses ersten Hohenzollern-Kaisers und seines großen Kanzlers Fürst Otto von Bismarck, welcher – nicht als »Handlanger«, sondern als »Baumeister«! – unter den größten Schwierigkeiten den stolzen Bau des neuen deutschen Kaiserreichs erkämpft hat. Diese beiden großen Männer waren einfach und prunklos in ihrer Erscheinung, weise und stark in ihrem Handeln; beide waren von echter Frömmigkeit beseelt, aber nicht dem herrschsüchtigen Klerus untertan; sie wurden deshalb von dem orthodoxen evangelischen »Muckertum« ebenso tief gehasst wie von dem ultramontanen katholischen »Zentrum«.

13. Im Gegensatz dazu pflegt der jetzige Kaiser die romantischen Neigungen seines Großoheims, Friedrich Wilhelm IV., dem er auch durch sein glänzendes Redetalent und seine vielseitigen künstlerischen Anlagen verwandt erscheint. Er teilt mit ihm als »Herrscher von Gottes Gnaden« – oder »Instrument des Herrn« – die oft betonte Überzeugung, dass »Thron und Altar« sich gegenseitig stützen müssten, ebenso die gefahrvolle, katholisierende Richtung seines protestantischen Christentums.

14. Als ich im September 1904 an dem Internationalen Freidenkerkongress in Rom teilnahm, wurde die widernatürliche Freundschaft von Kaiser und Papst viel besprochen; in römischen Blättern wurde sogar die Hoffnung ausgedrückt, dass Kaiser Wilhelm bald in den Schoß der »Alleinseligmachenden Kirche« zurücktreten werde. Der ostensible Prunk, den er damals beim Besuch Papst Leos XIII. im Vatikan entfaltete – des gefährlichsten Feindes des evangelischen deutschen Kaisertums! – entfremdete ihm die Sympathien vieler fein gebildeter Italiener, umso mehr, als er Gast des Königs von Italien im Quirinal war.

15. Das augenfälligste Zeugnis für seine katholisierenden Neigungen legte der Kaiser in diesem Jahr ab, als Papst Pius X. durch seine berüchtigte Borromäus-Enzyklika dem Protestantismus die schmählichsten Beschimpfungen ins Gesicht geschleudert hatte. Überall erwartete man, dass Wilhelm II. mit seinem hoch entwickelten Ehrgefühl dem römischen und deutschfeindlichen Papst – den ich schon 1899 als den »größten Scharlatan der Weltgeschichte« charakterisiert hatte – die gebührende deutliche Antwort erteilen würde; aber der protestantische Kaiser blieb stumm und überließ dem katholischen König von Sachsen die Ehre dieser Entgegnung.

16. Die orthodoxe evangelische Kirche, welche trotzdem das Übergewicht erlangt hat, und welche sich ohnehin der katholischen wieder sehr nähert, teilt mit ihr die Theorie und Praxis der Jesuiten. Beide huldigen dem Grundsatz: Der (gottgefällige!) Zweck heiligt das Mittel (die Ketzerverfolgung!). Beide bekämpfen gleich energisch und erfolgreich die Aufklärung durch die moderne Naturerkenntnis und den Kulturfortschritt; sie benutzen dazu ihren mächtigen Einfluss in Schule und Staat.

17. Daher erscheint gegenwärtig dringender geboten als je zuvor die Trennung von Kirche und Staat, ebenso wie die vollständige Trennung von Kirche und Schule. In vielen Kulturländern ist diese bedeutungsvolle Scheidung zum Nutzen des Staates ebenso wie der Schule längst durchgeführt; in Deutschland stößt sie dagegen noch auf den hartnäckigsten Widerstand.

18. Wir müssen umso mehr mit allen gesetzlichen Mitteln sie herbeizuführen suchen, als gegenwärtig die gewaltige Macht des katholischen und evangelischen Klerus durch die enge Verbindung mit dem reaktionären Feudal-Adel in gefährlichstem Grad gestärkt wird. Beide benutzen in echt jesuitischer Weise den Deckmantel der Religion zur Verschleierung ihres Egoismus und ihrer Herrschaftsgelüste. Der berüchtigte »schwarzblaue Block« bedroht die Grundlagen unserer geistigen Freiheit.

19. Wenn auch diese politischen Erwägungen für mich den wichtigsten Beweggrund zu dem jetzt erfolgten Kirchenaustritt bildeten, so kommt dazu noch der Ekel vor der scheinheiligen Heuchelei und der byzantinischen Kriecherei, welche im Glanz des prunkvollen neuen Kaiserthrones zu einer gemeingefährlichen Demoralisation zu führen droht; die zwangsweise Erziehung zum äußerlichen Kirchentum verdirbt die edelsten Anlagen zur wahren innerlichen Religion.

20. Endlich bestimmt mich zum Entschluss des Austritts aus der Kirche auch noch ein persönliches Motiv, die Notwehr gegen die maßlosen Angriffe und die ehrlosen Verleumdungen, welche in den letzten zwei Jahren die klerikale und die mit ihr verbündete reaktionäre Presse gegen meinen Charakter gerichtet hat; in den gemeinsten Tonarten bin ich durch Hunderte von Broschüren beschimpft und als »Betrüger« an den Pranger gestellt worden. Warum? Angeblich, weil ich die Wissenschaft durch gefälschte Abbildungen (besonders von Embryonen) geschändet habe; tatsächlich, weil ich seit fünfzig Jahren furchtlos und rücksichtslos die moderne Entwicklungslehre verteidige und deren wichtigsten Folgeschluss, die »Wirbeltier-Abstammung des Menschen« gefördert habe. Die beiden verbrüderten modernen Jesuiten-Bünde, der evangelische Keplerbund und der katholische Thomasbund, haben in diesen schweren Anklagen gewetteifert. Beiden erteile ich eine endgültige Antwort in einer Broschüre, welche Anfang Dezember im Neuen Frankfurter Verlag erscheinen wird, unter dem Titel: *Sandalion; eine offene Antwort auf die Fälschungs-Anklage der Jesuiten.*

Jena, 25. November 1910
Ernst Haeckel

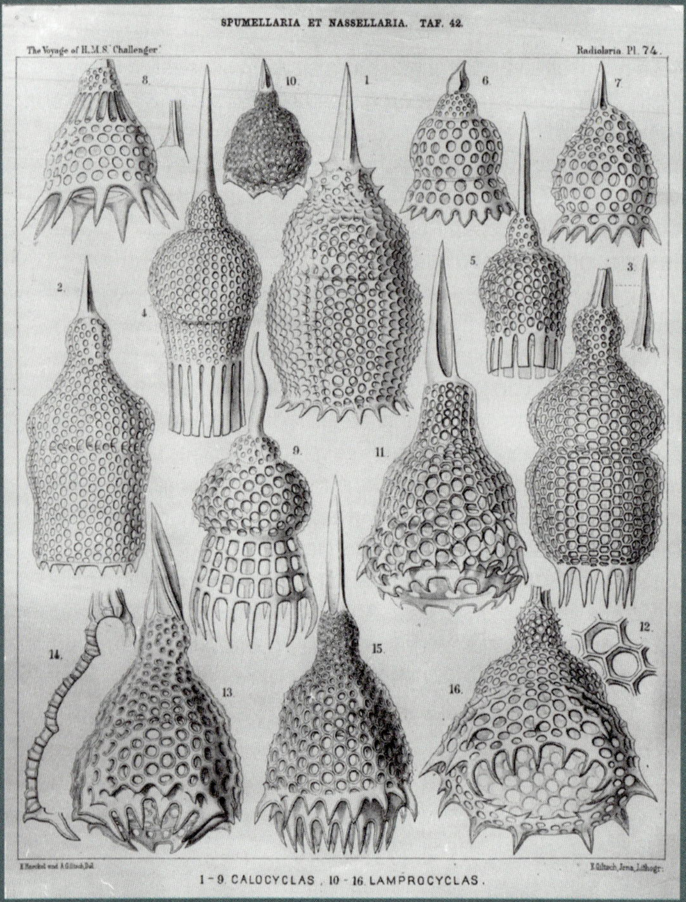

Strahlentierchen aus dem Challenger-Report, Tafel 42

Eingangstor zur Pariser Weltausstellung 1900, gestaltet von René Binet

Die Natur als Künstlerin

Während der fünfzig Jahre meiner mikroskopischen Forschungen, besonders seit dem Erscheinen meiner ersten Radiolarien-Monografie (1862), ist es mir häufig begegnet, dass teilnehmende Freunde und zufällige Besucher, denen ich meine Zeichnungen zeigte oder auch die Objekte selbst unter dem Mikroskop vorführen konnte, in lebhaftes Erstaunen über die Schönheit und Mannigfaltigkeit dieser »verborgenen Kunstwerke der Natur« gerieten. Enthusiastische Bewunderer, Naturfreunde wie Künstler riefen aus: »Wie ist es möglich, dass die Natur mit so viel Geschmack und Erfindungskraft so auserlesene Kunstwerke produziert! Wie ist es zu erklären, dass die einfache, dem unbewaffneten Auge unsichtbare Zelle so wundervolle Gebilde schafft? Ohne Gehirn und Augen, ohne Hände und Werkzeuge? Und wozu wird so viel Schönheit und Reiz in der geheimen mikroskopischen Welt verschwendet?« Es kam wohl auch vor, dass ein skeptischer, dem Mikroskop misstrauender Besucher die Existenz dieser erstaunlichen »Kunstwerke der Zelle« direkt leugnete oder die Bilder für optische Täuschungen erklärte. Ein anderes Mal behauptete ein naiver Laie, dass solche Tiere und Pflanzen gar nicht existieren könnten, und dass meine Abbildungen davon »erfunden« seien. Dabei fiel mir die Geschichte von dem Bauern ein, der im Zoologischen Garten zu Berlin zum ersten Male lebende Elefanten und Rhinozerosse, Giraffen und Kängurus sah. In sein heimatliches Dorf zurückgekehrt, rief er voll Enthusiasmus aus: »Nein, Kinder, das müsst ihr aber mal sehen; da laufen lebendige Tiere umher, die es gar nicht gibt!«

Was wissen wir über die Entstehung und das Wesen jener natürlichen Kunstformen, die sich überall in der Natur finden und wie sie sich uns zumal in den Radiolarien darstellen? Wir wissen heute, dass in allem Lebendigen eine und dieselbe Substanz die materielle Grundlage, der aktive »Schöpfer« ist: das Plasma oder Protoplasma, eine ursprünglich gleichartige, an sich formlose, festflüssige Substanz ohne ursprüngliche Struktur. Das lebendige Plasma besitzt die Fähigkeit, allen möglichen Lebensbedingungen sich anzupassen, und individualisiert sich gewöhnlich in Form einer einfachen kernhaltigen Zelle. Während bei den einzelligen Protisten der ganze Körper zeitlebens auf der Stufe der einfachen, selbständigen Zelle stehen bleibt, ist dieser Zustand bei den vielzelligen Tieren und Pflanzen nur im Beginn der individuellen Existenz vorhanden. Durch wiederholte Teilung der einfachen Eizelle erfolgt hier die Bildung von Geweben, die in großer Mannigfaltigkeit die Organe zusammensetzen. Aber in allen Fällen wird die Form sowohl dieser einzelnen Organe wie die Gestalt des ganzen vielzelligen Organismus durch die plastische Tätigkeit des Plasmas bedingt.

Wir beobachten seine Bewegungen und Formveränderungen und dürfen ihm nicht nur Empfindung und Gedächtnis (Mneme) zuschreiben, sondern auch ein Seelenleben einfachster Art. Die Theorie von der Zellseele, auf die ich zuerst vor fünfzig Jahren durch das Studium der Radiolarien geführt wurde, ist allein imstande, uns auch ihre plastische Tätigkeit, ihren »Kunsttrieb« verständlich zu machen.

Unter allen Klassen der Protisten bieten in dieser Beziehung die Radiolarien oder »Strahlinge« die lehrreichsten und interessantesten Verhältnisse; denn sie entfalten einen größeren Reichtum an schönen und mannigfaltigen Formen als alle anderen Klassen von Einzelligen, und gerade die wunderbare Kunst der lebendigen Zelle offenbart sich hier in der erstaunlichsten Weise. Mehr als zwölf Jahre meines Lebens habe ich mit dem Studium dieser kleinen Urtierchen verbracht und zuerst in einer *Monographie der Radiolarien von Messina* (1862) den Grund zu meinen Protistenstudien gelegt. 25 Jahre später habe ich dann aufgrund der märchenhaften Radiolarienschätze, die inzwischen die Forschungsreise der englischen »Challenger« (1874/76) aus den tiefsten Meeresgründen gehoben hatte, eine zweite, viel umfangreichere Monografie in den »Reports« der Challenger-Expedition veröffentlicht: Über viertausend verschiedene Arten, verteilt auf 739 Gattungen, sind darin beschrieben.

Alle Radiolarien leben im Meer, millionenweise angehäuft im sogenannten »Plankton«, das heißt, sie schweben im Wasser, sowohl an der Oberfläche wie in den verschiedensten Meerestiefen, ohne jemals den Boden zu berühren oder sich festzusetzen. Der lebendige Körper ist stets eine einfache, kernhaltige Zelle, umgeben von einer Gallerthülle ursprünglich einfachster Kugelform, später oft auch von Ei-, Linsen- oder Scheibengestalt. Von der Oberfläche strahlen unzählige, äußerst feine Plasmafäden aus, die sich oft verästeln und Netze bilden. Diese veränderlichen »Scheinfüßchen« (Pseudopodien) dienen nicht allein zur Ernährung oder Bewegung: Sie sind auch die wunderbaren Künstler, die durch Ausscheidung von glasartiger Kieselerde (bisweilen auch Kieselkalk) die charakteristischen Skelette hervorbringen. Bald erscheinen diese als schützende Gitterschalen, bald als sternförmige Gebilde, die aus bestimmten, im Zentrum des Körpers vereinigten Radialstacheln zusammengesetzt sind. Auch die einfachen oder mehrfach zusammengesetzten Gitterschalen sind außen meistens mit sehr regelmäßig angeordneten Radialstacheln bewaffnet. Sowohl die Verzierungen dieser Stacheln, als auch die Ornamente der Schalen selbst und ihre Gitterbildung sind äußerst mannigfaltig und liefern die Mittel zur Unterscheidung der Tausenden von Arten.

Innerhalb der Art aber vererbt sich die charakteristische Skelettform ebenso (relativ konstant) wie bei den vielzelligen Arten des Tier- und Pflanzenreichs. Diese starren Fortsätze der Schalen, die weit über deren Oberfläche hervorragen, dienen teils zum Schutz des weichen, lebendigen Körpers (als Abwehr gegen Feinde), teils als feste Stütze, teils als Schwebeapparate, die das Untersinken der Zelle verhindern.

Wie entstehen nun diese wunderbaren Gebilde? Wir haben uns aufgrund der modernen Entwicklungslehre überzeugen müssen, dass jede Zelle, ebenso wie jeder vielzellige Organismus, sich aus eigener Kraft selbst entwickelt durch die physikalische oder chemische Energie seiner lebendigen Substanz. Bei den Radiolarien kann es also nur das Plasma des Zellenkörpers und der von ihm ausstrahlenden Scheinfüßchen sein, das die Kieselskelette aufbaut. Die Art und Weise dieser Fabrikation, die bestimmte Gesetzmäßigkeit in der Struktur und das sonstige Verhalten in ihrem Zellenleben überzeugen uns leicht, dass dieses lebendige Plasma nicht nur Bewegung, sondern auch Empfindung besitzt, namentlich »plastisches Distanzgefühl«.

Die auffällige Zweckmäßigkeit im Bau der Radiolarienschale erklärt sich nach der Selektionstheorie einfach durch die Wechselwirkung der Anpassung und Vererbung unter dem regulierenden Einfluss des Kampfes ums Dasein. Von besonderer Wichtigkeit ist dabei das unbewusste Zellengedächtnis, die »Mneme«, wie Richard Semon es genannt hat. Dieses Zellengedächtnis erklärt uns auch die erblichen Kunstformen der Radiolarien, die Tatsache, dass die Kunsttriebe dieser einzelligen Lebewesen – ebenso wie andere »Instinkte« – mechanisch und monistisch zu beurteilen sind.

Die Ähnlichkeit vieler Radiolarienskelette mit den Erzeugnissen menschlicher Kunsttätigkeit ist höchst auffallend. Da finden wir beispielsweise eine großartige Rüstkammer von allen möglichen Waffen vor: Schutzwaffen in Form von Panzerhemden und Helmen, Schilden und Schienen; Angriffswaffen in Form von Spießen und Lanzen, Pfeilen und Enterhaken. Da finden wir ferner die zierlichsten Schmuckstücke: Kronen und Diademe, Ringe und Ketten; Ordensdekorationen: Kreuze und Sterne usw. in unendlicher Mannigfaltigkeit. Viele dieser Kunstformen sind im Ganzen und im Einzelnen den Produkten hoch entwickelter menschlicher Kunst so ähnlich, dass man in beiden auf die Gleichheit des schöpferischen Kunsttriebes schließen könnte. Und doch liegt nur Konvergenz beider Produkte vor. Bewusstsein können wir in der Zellseele der Radiolarien so wenig annehmen wie im Seelenleben der Pflanzen und der meisten niederen Tiere. Vielmehr müssen wir ihnen unbewusste Empfindung zuschreiben in dem Sinn, den ich im zehnten Kapitel meiner *Welträthsel* und im 13. Kapitel der *Lebenswunder* näher erläutert habe.

Der wesentliche Unterschied zwischen den Kunstwerken des Menschen und den Kunstformen der Natur liegt also darin, dass die Ersteren mit mehr oder weniger klarem Bewusstsein, zielstrebig von Gehirn und Menschenhand erschaffen wurden, die Letzteren hingegen unbewusst, ohne vorgefasste innere Absicht, nur durch die Anpassung des Plasmas an die Lebensbedingungen der Außenwelt. Man kann die

Kunsttriebe der Protisten geradezu als »plastische Zellinstinkte« bezeichnen; denn sie stehen auf derselben Stufe der Seelentätigkeit wie die bekannten Instinkte der höheren, vielzelligen Tiere und Pflanzen. Gleich diesen Instinkten entstehen sie ursprünglich durch Anpassung, Übung und Gewohnheit; dann aber sind sie durch Vererbung zu ständigen Charaktereigenschaften der Art geworden.

Die kieselhaltigen Radiolarien sind unzweifelhaft die größten Künstler unter den Protisten; sie realisieren in ihren wunderbaren Kunstwerken alle möglichen theoretisch denkbaren Grundformen, die wir in unserer Grundformenlehre (Promorphologie) nach mathematischen Prinzipien unterscheiden können. Auch in der stereometrischen Konstruktion ihrer höchst regelmäßigen Kunstwerke verfahren sie mit der peinlichsten Akkuratesse eines geschulten Geometers, und in der eleganten Ornamentik ihrer phantastischen Gitterschalen und deren vielgestaltigen Anhängem wetteifern sie mit der Phantasie der arabischen Architekten, die die Alhambra von Granada ausschmückten.

Aber auch andere Klassen von Protisten schaffen eine Fülle von schönen und eigenartigen Kunstwerken, so die Talamophoren oder »Kammerlinge«, deren vielgestaltige, zierliche Schalen jedoch gewöhnlich aus Kalkerde bestehen. Auch unter den Urpflanzen gibt es drei formenreiche Klassen, die sich durch den Bau schöner und merkwürdiger Kunstwerke auszeichnen: die Diatomeen, Desmidieen und Peridineen. Am höchsten ist der Kunsttrieb bei den Diatomeen oder Schachtellingen entwickelt, die sich in ungeheuren Massen an der Zusammensetzung des Planktons (sowohl im Meer als im Süßwasser) beteiligen. Ihr einfacher, nackter Zellkörper scheidet eine schützende Hülle aus, die die Form einer runden oder länglichen Schachtel mit Deckel hat. Über viertausend verschiedene Arten solcher »Kieselschachteln« sind bekannt. Die glasartige Schale besteht, wie die Schale der Radiolarien, aus fester Kieselerde und zeigt auch eine ähnliche, höchst feine und zierliche Skulptur. Dagegen besteht die Zellhülle der nahe verwandten Desmidieen oder »Zierdinge« aus Zellulose, und hat meist die Form von eleganten Sternchen, Kreuzchen oder Broschen. Die Periuineen oder »Geißelhütchen« besitzen eine zweiklappige Schale von zierlicher Skulptur; die beiden Hälften sind gewöhnlich sehr verschieden und durch lange Stachelfortsätze ausgezeichnete Schutzwaffen und Schwebeapparate.

Die vielen Tausende von wundervollen Kunstwerken, die die Protisten beider Gruppen (Urtiere und Urpflanzen) von Einzelligen, im Wasser lebend, hervorbringen, sind uns erst durch die emsigen Forschungen zahlreicher Naturforscher des neunzehnten Jahrhunderts mithilfe der verbesserten Mikroskope und Untersuchungsmethoden bekannt geworden. Die 22 Tafeln von Protisten, die ich seinerzeit in meinen *Kunstformen der Natur* veröffentlicht habe, konnten nur eine kleine Auswahl von besonders schönen und interessanten Kunstwerken der Zelle geben.

Im Vorwort zu diesem Werk hatte ich ausdrücklich die objektive Wahrheit der naturgetreuen Abbildungen betont: »Die moderne, bildende Kunst und das mächtig emporgeblühte Kunstgewerbe werden in diesen wahren ›Kunstformen der Natur‹ eine reiche Fülle neuer und schöner Motive finden. Bei ihrer Zusammenstellung habe ich mich auf die getreue Wiedergabe der wirklich vorhandenen Naturerzeugnisse beschränkt, dagegen von einer stilistischen Modellierung und dekorativen Verwertung abgesehen; diese überlasse ich den bildenden Künstlern selbst.« Jeder, der die betreffende Literatur und die Quellenwerke kennt, aus denen meine Figuren treu kopiert sind, kann sich leicht überzeugen, dass ich jenen Grundsatz der objektiven Darstellung streng festgehalten habe.

Diese Tatsache ist vor einigen Jahren bezweifelt worden. Man behauptete nämlich, meine Zeichnungen seien stilisiert und die von mir wiedergegebenen Formen kämen so in der Natur nicht vor. Zwar sollten die von mir abgebildeten Panzerbildungen der Radiolarien und anderer Protisten in der Tat existieren; ihre Formen aber sollten unter dem Mikroskop, wo wir doch immer nur einen Schnitt durch den Körper zu sehen bekämen, ganz anders wirken als in der auf den kubischen Eindruck hin ausgebauten Zeichnung. An den realen Gestalten falle einem gut geschulten Auge gerade die unkünstlerische Gestalt auf.

Bekanntlich hat die erstaunliche Verbesserung der modernen Mikroskope – wie wir sie namentlich meinem verstorbenen Freunde und Kollegen Ernst Abbe verdanken – zu einer ungeahnten Erweiterung und Vertiefung der Naturerkenntnis geführt, und wir suchen, in unseren mikroskopischen Abbildungen alle Formverhältnisse möglichst klar und scharf darzustellen. Wir beschränken uns bei der Wiedergabe des Geschehens keineswegs auf einen optischen Durchschnitt, sondern können durch Drehung der Mikrometerschraube des Mikroskops alle Teile des Körpers genau beobachten und dadurch ein plastisches Bild der Wirklichkeit gewinnen.

Man ist so weit gegangen, zu behaupten, eine starke Vergrößerung eines mikroskopisch kleinen Gebildes, z.B. eines Radiolarienskeletts, bedeute keine Verdeutlichung, sie zerstöre vielmehr den Sinn des Ganzen. Es wurde dabei besonders auf das schöne Radiolar *Histriastrum Boseanum* verwiesen, jenes merkwürdig gestaltete Wesen, das auch unser Initial am Anfang dieser Abhandlung wiedergibt. Das zierliche Kieselskelett dieses Radiolars bildet eine quadratische Scheibe, von deren vier Ecken je ein langer, am Rand gezähnter und am Ende kolbenförmig angeschwollener Fortsatz ausgeht. Die vier Arme liegen in einer Äquatorialebene und stehen senkrecht aufeinander.

Die starren, festen Formen dieses Gebildes kann man mit dem Zeichenapparat ebenso genau wiedergeben, wie es die beste Fotografie vermag. Und doch hat man die Behauptung aufgestellt, die von mir veröffentlichte Zeichnung dieses schönen

Histriastrum Boseanum sei nicht eine reine Naturbildung und verliere damit alle Glaubwürdigkeit und Beweiskraft. Die Zeichnung sei nur ein trockener Grundriss und zeige alle Formen sehr gedehnt. Mit der Vergrößerung an sich sei auch eine ganz erhebliche Schematisierung verbunden; infolgedessen erhalte man von der individuellen, wahren Erscheinung eines solchen Radiolars keine zuverlässige Vorstellung.

Jeder, der auch nur einige Übung im Arbeiten mit dem Mikroskop hat, wird diese Behauptungen als vollkommen irrig anerkennen. Die feste Beschaffenheit gerade der Radiolarienskelette gestattet eine ganz exakte zeichnerische Wiedergabe, und wenn man sich die Mühe geben wollte, Präparate von Radiolarien unter dem Mikroskop mit den von mir veröffentlichten Zeichnungen zu vergleichen, so würde man ohne Schwierigkeit erkennen, dass es sich bei den Letzteren um eine objektive Wiedergabe der realen Gestalten handelt, und dass von Rekonstruktion, Zurechtstutzung, Schematisierung oder Fälschung gar keine Rede sein kann.

Ebenso ungerecht ist der Vorwurf, ich hätte auf den Tafeln meiner *Kunstformen der Natur* die zahlreichen Figuren symmetrisch angeordnet, anstatt sie unregelmäßig durcheinanderzuwürfeln. Gegenüber diesem Vorwurf einer »lästigen Symmetrie«, die »das reine Gegenteil von künstlerischer Wirkung ausübe«, weise ich auf die strenge Symmetrie z.B. der griechischen Tempel und gotischen Dome hin. Gerade die starren Formen der Skelette von Radiolarien und anderen Protisten offenbaren in der erstaunlichen Mannigfaltigkeit ihrer reichen Gliederung und zierlichen Ornamentik eine Fülle von Schönheit, die sie für die bildende Kunst und das Kunstgewerbe zu einer höchst wertvollen Schatzkammer macht.

Das hat z.B. der französische Architekt René Binet in seinem großen Prachtwerk *Esquisses décoratives* (Paris 1902) richtig erkannt. Der ausgezeichnete Künstler, dessen hervorragendes Talent man in den Prachtbauten der Pariser Weltausstellung (1900) bewundern konnte, hat hier auf zahlreichen Foliotafeln gezeigt, wie ergiebig die Quelle der Schönheit gerade in den niedersten und kleinsten, großenteils mikroskopischen Lebensformen fließt, und wie die »schaffende Phantasie« der Natur gerade hier ihren unerschöpflichen Reichtum am erstaunlichsten entfaltet. Dabei hat Binet meine *Kunstformen der Natur* ausgiebig verwertet, zumal die auch von mir bevorzugten Klassen der Radiolarien, Thalamophoren, Medusen, Korallen, Echinodermen und Diatomeen. Er hat es vorzüglich verstanden, die realen Naturformen, wie ich sie objektiv abgebildet habe, nicht allein rein zu verwenden, sondern auch subjektiv in geschmackvoller Weise zu stilisieren und praktisch dekorativ zu verwerten.

Wie schön sich die reizenden Kunstformen der genannten Klassen und besonders die wundervollen Gestalten der mikroskopischen Protisten ornamental verwerten lassen, habe ich außerdem durch zahlreiche freundliche Geschenke erfahren, die mir seit der Publikation meiner *Kunstformen* zugegangen sind: Möbel und andere Hausgeräte, Teller, Becher, Kissen, Taschen usw., geschmackvoll dekoriert mit den reizenden Formen der vorher erwähnten Protisten. Diese vielfache und erfreuliche Verwendung meiner *Kunstformen der Natur* auf verschiedenen Gebieten der bildenden Kunst und des Kunstgewerbes zeigt deutlich, dass die gegenteiligen Anschauungen keineswegs in Kunstkreisen allgemein sind.

Was würde der Größte unter den Großen, was würde Goethe gesagt haben, wenn er hätte lesen müssen: »Die Natur schafft keine Kunstwerke; denn sie ist in Hinsicht auf die Schönheit der Gegensatz zur Kunst!« Man vergleiche hierzu Goethes wunderbaren Hymnus an die »Natur«, den ich meiner »Natürlichen Schöpfungsgeschichte« als einleitendes Motto vorgesetzt habe: »Die Natur schafft ewig neue Gestalten; was da ist, war noch nie; was war, kommt nicht wieder: Alles ist neu und doch immer das Alte ... Sie lebt in lauter Kindern; und die Mutter, wo ist sie? – Sie ist die einzige Künstlerin: aus den simpelsten Stoffen zu den größten Kontrasten; ohne Schein der Anstrengung zu der größten Vollendung.« Und wenn diese Sätze den Verfechtern der oben erwähnten Theorie schon wenig erfreulich sein werden, so noch besonders der treffende Zusatz: »Sie lässt jedes Kind an sich künsteln, jeden Toren über sich richten, Tausende stumpf über sich hingehen und nichts sehen und hat an allen ihre Freude und findet bei allen ihre Rechnung.«

Der gegnerische Standpunkt, der von nicht wenigen doktrinären Kunstgelehrten und Laien geteilt wird, erklärt sich aus einer verfehlten dualistischen und anthropistischen Weltanschauung[1]. »Die Kunst ist nach dem seit Langem eingeführten und noch geltenden Sprachgebrauch dem Menschen reserviert«, meinen die Vertreter dieser Weltanschauung. Demnach sollten die bekannten und bewunderungswürdigen Künste der Tiere, der Gesang der Vögel, ihre Nester, die kunstvollen Bauten der Wirbeltiere und Insekten, die interessanten Liebesspiele der höheren Tiere mit ihren Tänzen, Gesängen und anderen Verführungskünsten usw. überhaupt nicht mit den entsprechenden Leistungen der Menschen zu vergleichen sein? Gegen solche unberechtigte anthropistische Auffassung wird jeder Naturforscher und Naturfreund Einspruch erheben, der die wundervollen Kunstleistungen der Tiere aus eigener Beobachtung kennt und aus ihrer ästhetischen Betrachtung wirkliche Kunstgenüsse geschöpft hat.

Unsere moderne Entwicklungslehre, deren feste Begründung wir als einen der bedeutendsten Kulturfortschritte des neunzehnten Jahrhunderts feiern, hat uns zu der sicheren Erkenntnis geführt, dass alle Erscheinungen in der Natur wie im Menschenleben aus einfachsten Anfängen sich allmählich entwickelt haben. Sie hat uns ferner überzeugt, dass der Mensch – seinem ganzen Körperbau und seinen Lebenserscheinungen nach ein echtes Wirbeltier, und zwar ein plazentales Säugetier – aus diesem Stamm entsprungen ist. Also ist auch seine ganze Kunst, in engerem wie in weiterem Sinn dieses vieldeutigen Begriffs, nicht (wie man früher glaubte) das Geschenk einer übernatürlichen Macht, sondern das natürliche Produkt seines Gehirns – genauer gesagt: die Arbeit von Nervenzellen, die das Denkorgan in unserer grauen Großhirnrinde zusammensetzen. Die Anlage dazu, die Fähigkeit oder »potenzielle Energie« der Kunstfunktionen, ist aber bereits in der Stammzelle gegeben, in der befruchteten Eizelle. Gleich allen anderen »Seelentätigkeiten« hat sich also auch die vielseitige Kunsttätigkeit aus diesem einzelligen embryonalen Zustande nach dem biogenetischen Grundgesetz zur »aktuellen Energie« des schaffenden Künstlers entwickelt. Ich habe in meiner *Anthropogenie* (1874) den wunderbaren Gang dieser stufenweisen Entwicklung klargelegt und durch zahlreiche Abbildungen erläutert. Die wunderbaren Kunstwerke der Zelle, wie wir sie jetzt in unzähligen Naturprodukten einzelliger Protisten kennen, erfreuen unseren Schönheitssinn ebenso sehr, und sie sind einer ästhetischen Kunstbetrachtung ebenso würdig wie die verschiedenen Kunstwerke, die das menschliche Gehirn mithilfe unserer Sinnesorgane konzipiert und durch das technische Geschick unserer Hand ausgeführt hat. Dass die veranlassende ästhetische Empfindung bei den Ersteren unbewusst, bei den Letzteren bewusst arbeitet, kann unser künstlerisches ebenso wie unser wissenschaftliches Interesse daran nur erhöhen.

Und wir dürfen wohl hoffen, dass ein weiteres eingehendes Studium der Kunstformen der Natur nicht nur praktisch das Kunstgewerbe fördern, sondern auch theoretisch das wahre Verständnis der bildenden Kunst und ihrer idealen Aufgaben auf eine höhere Stufe erheben wird.

Anmerkungen | **1** Vgl. Ernst Haeckel, *Welträthsel*, erstes Kapitel: *»Der Dualismus zerlegt das Universum in zwei ganz verschiedene Substanzen, die materielle Welt und den immateriellen Gott, der ihr als Schöpfer, Erhalter und Regierer gegenübersteht. Der ›Monismus‹ hingegen erkennt im Universum nur eine einzige Substanz, die ›Gott und Natur‹ zugleich ist; Körper und Geist (oder Materie und Energie) sind für sie untrennbar verbunden.« – »Anthropismus« wieder ist »jener mächtige und weitverbreitete Komplex von irrtümlichen Vorstellungen, welcher den menschlichen Organismus in Gegensatz zu der übrigen Natur stellt.«*

3
1
2
4

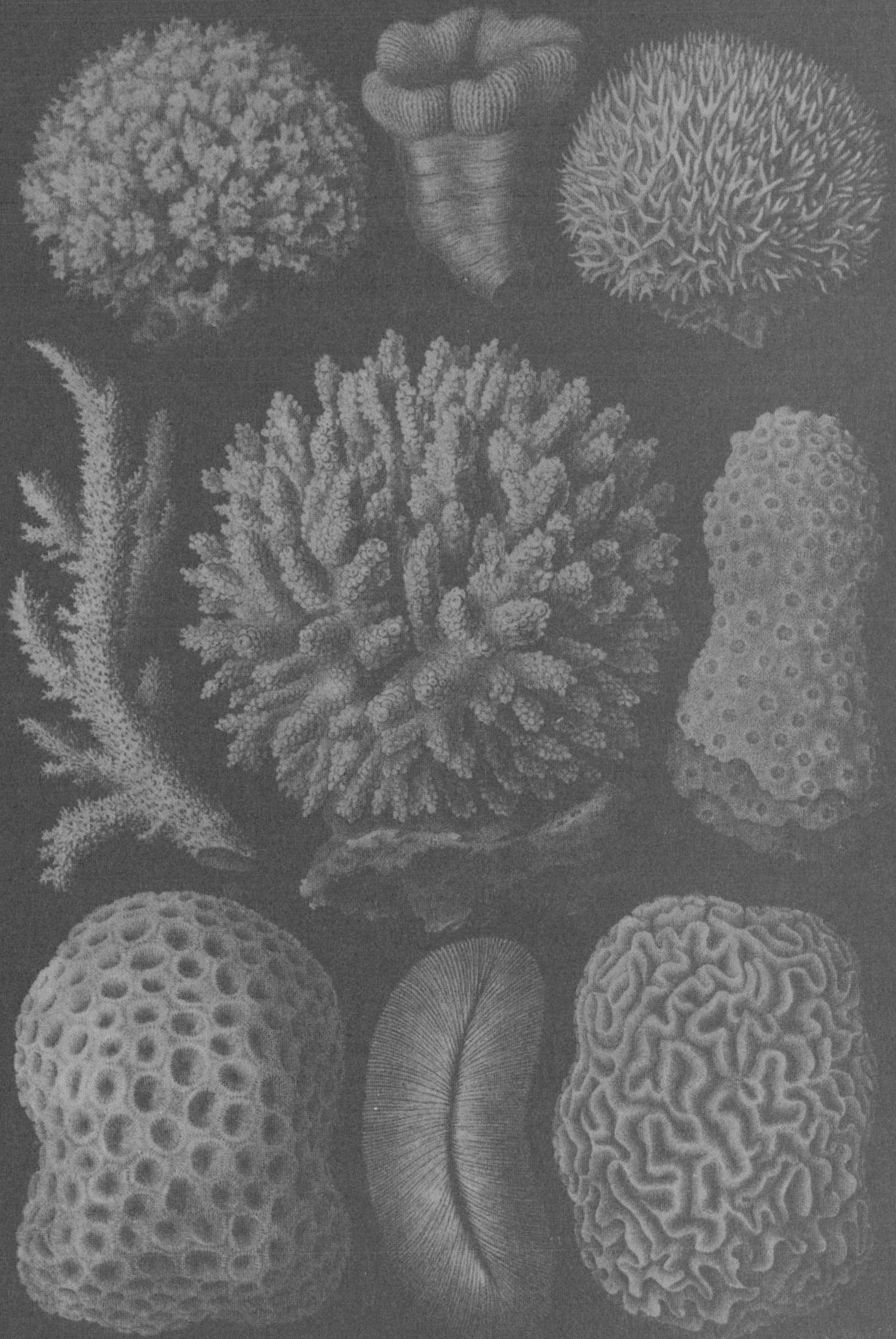

Kunstformen der Natur

Kristallseelen

Die vorliegenden Studien über »Kristallseelen« erstrecken sich auf ein sehr weites Gebiet, an welchem die verschiedensten Zweige der Naturwissenschaft und Philosophie unmittelbares Interesse haben: Kristallografie und Mineralogie, Physik und Chemie, Morphologie und Physiologie, Zoologie und Botanik, Psychologie und Mathematik. Bei der ungeheuren Ausdehnung, welche diese divergenten Wissensgebiete im Lauf des neunzehnten Jahrhunderts erlangten, und bei der weitgehenden Arbeitsteilung, welche deren zahlreiche Vertreter immer mehr einander entfremdet haben, ist es natürlich ganz ausgeschlossen, dass ein einzelner Arbeiter dieselben gleichmäßig beherrschen und in allen betreffenden Fächern gründliche und umfassende Kenntnisse erwerben könnte. Daher wird jeder Versuch, die gemeinsamen Berührungspunkte der verschiedenen Fachwissenschaften hervorzuheben und aus ihrer Kombination allgemeine Ergebnisse zu erzielen, dem gründlichen Fachmann von vornherein verdächtig und als oberflächliche »Dilettanten«-Arbeit erscheinen. Auch ich muss mich diesem Vorwurf aussetzen; denn ich bin in der Mehrzahl der angeführten Fächer nur ein »halbgebildeter Dilettant«. Wenn ich trotzdem diesen gewagten Versuch unternehme, so geschieht es lediglich, weil ich den allgemeinen Ergebnissen desselben eine hohe Wichtigkeit beilege und meinen früheren naturphilosophischen Studien damit einen abgerundeten Abschluss geben kann.

»Kristallseelen«? Was soll dieser neue naturphilosophische Begriff bedeuten? Vielleicht eine bodenlose metaphysische Spekulation? Oder ein phantastisches Traumgebilde der Dichtung? Sind nicht Kristalle und Seelen zwei grundverschiedene Erscheinungen, die nichts miteinander zu tun haben?

Die Kristalle galten noch am Anfang unseres zwanzigsten Jahrhunderts fast allgemein als leblose starre Naturkörper. Ihre wissenschaftliche Behandlung fiel der Physik und Chemie, der Mathematik und Mineralogie anheim. Die echten Kristalle, wie sie zu Tausenden in allen mineralogischen Sammlungen sich finden, erscheinen in der Tat als feste »tote Körper« ohne Organisation, meist begrenzt von ebenen Flächen und geraden Kanten, die in bestimmten Winkeln zusammenstoßen; auch besitzen sie ein charakteristisches inneres Gefüge, das sich in ihrer Spaltbarkeit kundgibt und auf eine gesetzmäßige innere Anordnung ihrer Moleküle, der kleinsten gleichartigen Teilchen, zurückführen lässt. Die Wissenschaft, die sich mit der Erforschung der »toten« Kristalle beschäftigt, die Kristallografie, ist daher eine »exakte« anorganische Naturwissenschaft, die sich in den sicheren Bahnen der Mathematik bewegt und weder mit dem »Leben« noch mit der »Seele« als vollkommenster Erscheinung des Lebens etwas zu tun hat.

Die Seelen andererseits galten fast allgemein als Erscheinungen des organischen Lebens, die der anorganischen Welt der Mineralien, der Gesteine und Kristalle fremd gegenüberstehen. Ihre hauptsächlichsten Merkmale, Empfindung und Bewegung (oder »Fühlen und Wollen«), sind gebunden an die Organisation der »lebendigen Naturkörper«, an die eigentümliche Zusammensetzung der Organismen aus verschiedenen Organen, auf deren gesetzmäßigem, scheinbar zweckmäßigem Zusammenwirken eben das Leben selbst beruht. So ist demnach die Wissenschaft, der die Erforschung der »lebendigen Seelen« zufällt, die Seelenkunde oder Psychologie, ein Teil der organischen Naturwissenschaft, der Biologie, und deren Aufgaben sind größtenteils so verwickelt und vielseitig, dass sie nur teilweise einer »exakten« Behandlung und namentlich der Zurückführung auf die sicheren Formeln der Mathematik zugänglich erscheinen. Ja, die Mehrzahl der eigentlichen »Psychologen vom Fach« hält sogar die alte Überlieferung fest, dass die Seelenlehre keine »Naturwissenschaft«, sondern eine reine »Geisteswissenschaft« ist.

Diese tiefe Kluft zwischen »Kristallen« und »Seelen«, der weite Abstand der beiden damit beschäftigten Wissenschaften, Kristallografie und Psychologie, bestand noch zu Anfang des zwanzigsten Jahrhunderts fast allgemein, wie jeder Blick in die betreffende umfangreiche Literatur, insbesondere die Lehrbücher und Jahresberichte über ihre Fortschritte zeigt. Auch waren ja durch die althergebrachte Arbeitsteilung, die naturgemäß von Jahr zu Jahr mit dem steigenden Wachstum unserer Kenntnisse immer mehr Gewicht erhält, die großen Arbeitsgebiete beider Wissenschaften ganz getrennt. Die Physiker und Chemiker, Mineralogen und Geologen dachten gar nicht daran, Psychologie zu studieren. Andererseits waren die Aufgaben und Methoden der eigentlichen Psychologen, ihre verwickelten Probleme und weit entfernten Ziele so verschieden von denjenigen der Kristallografen, dass sie gar kein Bedürfnis fühlten, deren fremdes und weit entferntes Arbeitsgebiet zu betreten.

Da erschienen im Jahre 1904 gleichzeitig eine Anzahl von höchst bedeutenden Arbeiten, welche diese traditionellen Verhältnisse völlig veränderten und einer ganz neuen Forschungseinrichtung Bahn brachen. Durch Otto Lehmann (Karlsruhe) wurde seine überraschende Entdeckung der »flüssigen, scheinbar lebenden Kristalle«, um deren Anerkennung er sich zwanzig Jahre lang vergeblich bemüht hatte, endlich in einem größeren Werk zur Geltung gebracht. Durch Richard Semon (München) wurde die »Mneme als erhaltendes Prinzip im Wechsel des organischen Geschehens« nachgewiesen und das unbewusste Gedächtnis der lebenden Substanz sowohl zur psychologischen Erklärung der rätselhaften Vererbungsprozesse wie zur Stütze des biogenetischen Grundgesetzes verwertet. Gleichzeitig erhielt die Lehre vom Seelenleben der Pflanzen eine feste Begründung durch die experimentelle Erforschung ihrer Sinnesorgane (Haberlandt, Nemec, Francé u.a.). Andere Botaniker und Bakteriologen stellten die oft bestrittene Existenz von Zytoden und Moneren fest, von kernlosen Zellen, wie sie noch heute in den Schizophyten leben (Chromaceen und Bakterien). Damit wurde die Reform der Zellentheorie und ihr Ersatz durch die Plastidentheorie durchgeführt, die ich schon 1866 vergeblich angestrebt hatte. Auch der Versuch, den ich damals im zweiten Buch der *Generellen Morphologie* gemacht hatte, durch »allgemeine Untersuchungen über die Natur und erste Entstehung der Organismen ihr Verhältnis zu den Anorganen« aufzuklären, gelangte durch die angeführten und andere gleichzeitige Arbeiten auf biologischem und auf physikalischem Gebiet zu befriedigendem Erfolg. So wurde ich in den Stand gesetzt, durch Zusammenfassung und kritische Verwertung dieser neuen Ergebnisse, gestützt auf langjährige eigene Untersuchungen in dem Buch über die *Lebenswunder* (1904), das Programm einer neuen »Biologischen Philosophie« zu entwerfen und damit zugleich einen wesentlichen Ergänzungsband zu dem 1899 erschienenen Buch über die »Welträtsel« zu liefern.

Durch diese großartigen Fortschritte unserer tieferen Naturerkenntnis, deren vielseitige Bedeutung noch heute den meisten Naturforschern und Philosophen nicht zum Bewusstsein gekommen ist, sowie durch andere gleichzeitig auftretende Entdeckungen auf verschiedenen Gebieten wurde das Jahr 1904 zu einem hervorragenden Markstein in der Geschichte der Naturphilosophie. Als wichtigste Errungenschaft desselben betrachten wir die definitive Überzeugung von der fundamentalen Einheit der Naturerscheinungen, die im Begriffe des »Monismus« ihren einfachsten und klarsten Ausdruck findet. Es fielen jetzt mit einem Schlage die künstlichen Grenzen, die man bisher zwischen anorganischer und organischer Natur, zwischen Tod und Leben, zwischen Naturwissenschaft und Geisteswissenschaft errichtet hatte. Alle Substanz besitzt Leben, anorganische ebenso wie organische; alle Dinge sind beseelt, Kristalle so gut wie Organismen. Unerschütterlich erhebt sich aufs Neue die alte Überzeugung von dem inneren einheitlichen Zusammenhang alles Geschehens, von der unbegrenzten Herrschaft allgemein gültiger Naturgesetze: »Nach ewigen, ehernen, großen Gesetzen müssen wir alle unseren Daseins Kreise vollenden!« Was Goethe vor hundert Jahren mit seinem wunderbar tiefen Naturverständnis geahnt und mit unvergleichlichen Dichterworten in Weimar und Jena prophetisch ausgesprochen hatte, das ist heute zum strahlenden Sonnenlicht wissenschaftlicher Erkenntnis und Wahrheit geworden.

Vor drei Jahren habe ich bei Gelegenheit meines achtzigsten Geburtstags in der kleinen Schrift *Gott – Natur (Theophysis)* die Ergebnisse meiner »Studien über monistische Religion« kurz zusammengefasst und zu zeigen versucht, wie die monistische Weltanschauung unseres größten Dichters und Denkers durch die neuesten Ergebnisse der modernen Naturforschung eine glänzende Bestätigung und Erweiterung gefunden hat. Wenn Goethe im Kristall ebenso »Leben und Seele« fand wie in der »Metamorphose der Pflanze«, wenn er im Schädel des Menschen denselben Wunderbau entdeckte wie im Kranium der anderen Wirbeltiere, so bereitete er schon vor 130 Jahren die Erkenntnis der wichtigsten Anschauungen vor, deren tieferer Begründung die vorliegende Skizze über »Kristallseelen« gewidmet ist. Ihr Zweck wird erreicht sein, wenn sie Anregung zu weiteren Untersuchungen über Kristallotik und Probiontik, über Radiotik und Psychomatik gibt.

Psychomatik (= Fühlungskunde)

Aufgabe der Psychomatik. Das Hauptziel der vorliegenden Studien über die Kristallseelen ist die feste Begründung der einheitlichen Naturanschauung; der Nachweis, dass in der organischen und anorganischen Natur überall dieselben »ewigen, ehernen, großen Gesetze« alles Geschehen beherrschen. Die ganze »Lebewelt«, untrennbar mit der sogenannten »leblosen Welt« verknüpft, wird als »Universum« einheitlich von demselben Prinzip der Entwicklung geleitet.

Als ich 1899 in dem Buch über die Welträtsel die Grundsätze dieser monistischen Philosophie in gemeinverständlicher Form darzulegen suchte, vertrat ich deren festes Fundament, den Substanz-Begriff, noch in demselben Sinne, wie ihn Spinoza aufgefasst hatte, und wie nach ihm Goethe den unsterblichen Satz formulierte: »Die Materie kann nie ohne Geist, der Geist nie ohne Materie existieren und wirksam sein.«

Gleichviel ob man hier den Begriff des »Geistes« im Sinne der allwaltenden »Gott-Natur« pantheistisch oder im Sinne der modernen »Energetik« physikalisch auffassen will, so ist damit jedenfalls die untrennbare Einheit von Kraft und Stoff behauptet. Gegenüber der raumerfüllenden Substanz, dem »Extensum« oder Ausgedehnten (= Materie) stand als zweites Attribut die denkende, fühlende und wollende Substanz (= Psyche). Erst durch fortgesetzte vergleichende Untersuchung gelangte ich später zu der Überzeugung, dass die beiden Haupteigenschaften der Psyche: Bewegung und Empfindung, besser als zwei selbstständige Attribute der Substanz getrennt werden; die Mechanik, die sich mit der Bewegung, und die Psychomatik, die sich mit der Empfindung der Materie befasst, erfordern verschiedene Methoden der Erforschung. So gelangte ich 1904 zu der erweiterten Lehre von der Trinität der Substanz, welche ich im 19. Kapitel der *Lebenswunder* eingehend begründet habe. Diese neue monistische Theorie von der allgemeinen »Dreieinigkeit der Substanz«, die in allen anorganischen Körpern ebenso wie in allen organischen besteht, überwindet viele Schwierigkeiten der älteren »Identitäts-Philosophie«. Ihre Beziehungen zu den drei einseitigen Grundrichtungen der Substanzlehre (I. Materialismus, II. Energetik, III. Panpsychismus) habe ich zum übersichtlichen Ausdruck auf der vierten Tabelle meiner *Gott-Natur* (1914) gebracht, die auch hier am Schluss wiedergegeben ist.

Psychomatik und Psychologie. Unter allen verschiedenen Zweigen der menschlichen Wissenschaft nimmt noch heute (wie seit zweitausend Jahren) die Psychologie als »Seelenkunde« die sonderbarste Stellung ein. Einerseits erscheint dem Naturforscher, der alle Erscheinungen als »Natur« auffasst und im monistischen Sinne die Einheit der Naturgesetze im ganzen Kosmos behauptet, auch die »Seele« als ein Naturphänomen. Anderseits fasst der schulgerechte Philosoph das Seelenleben als eine übernatürliche Erscheinung auf, er betrachtet es in dualistischem Sinn als eine Wirkung des »Geistes«, der von der Natur unabhängig und ihr überlegen ist. Dieser auffällige und tief greifende Gegensatz der beiden Weltanschauungen gibt sich auch praktisch darin kund, dass der akademische Unterricht in Seelenkunde allgemein auf zwei verschiedene Fakultäten verteilt ist. In der medizinischen Fakultät lehrt die Physiologie für den gesunden, die Psychiatrie für den kranken Organismus, dass die gesamte Seelentätigkeit eine Funktion des Gehirns ist, die Summe der mechanischen Arbeit, welche von den Neuronen, den »Seelenzellen« des Gehirns, geleistet wird. In der philosophischen Fakultät hingegen lehrt die offizielle, vom Staat approbierte und mit der Theologie verbündete, metaphysische Psychologie, dass die »Seele« ein selbstständiges, immaterielles und unsterbliches »Wesen« ist, welches den sterblichen Leib nur eine Zeitlang bewohnt und ihn beim Tode verlässt. Dieser handgreifliche und unversöhnliche Widerspruch zwischen den beiden Hauptrichtungen der Psychologie hat sich gewohnheitsgemäß so eingebürgert, dass man ihn einfach als »Tatsache« hinnimmt, ohne nach seinen tieferen Gründen zu fragen. Die Folge davon ist eine beispiellose Verwirrung in der Literatur der Psychologie und ein unaufhörlicher Kampf zwischen den angesehensten Vertretern beider Hauptrichtungen, die sich meistens gegenseitig nicht verstehen oder nicht verständigen wollen.

Die enge Verknüpfung von Wissenschaft, Weltanschauung, Religion und Kunst in der Person Ernst Haeckel bietet reichlich Gelegenheit zu stark divergierenden Interpretationen. Würdigungen wie »Deutscher Darwin« und Vergleiche mit Luther finden sich ebenso wie Diffamierungen als »Agent des Satans«, »Pestilenz von Jena«, »Affenprofessor« oder »Fälscher«. Haeckels materialistische, lamarckistische, rassenhygienische und monistische Auffassungen führen weit bis ins zwanzigste Jahrhundert zu erbitterten Kontroversen und reichen von der kategorischen Ablehnung bis zur ideologischen Vereinnahmung – je nach politischem System.

Schon zu Lebzeiten werden vier Biografien zu Haeckel publiziert, die zum Teil mehrere Auflagen erreichen. Die Forschung vermutet, dass Haeckel dieses für die Biologiegeschichte einmalige öffentliche Interesse mit initiiert hat, belegen lässt sich diese Vermutung aber nicht.

Wilhelm Bölsches Biografie aus dem Jahr 1900 macht den Anfang. Der Autor behandelt nur die ersten Lebensjahrzehnte des damals gerade einmal 66-jährigen Zoologen und macht ganz im Stil der poetisch-literarischen Biografien der Zeit aus den verfügbaren Fakten eine schlüssige Erzählung. Dennoch erlebt das Werk bereits 1906 die sechste Auflage und wird sogar ins Englische übersetzt.[1] Zu Haeckels achtzigstem Geburtstag im Jahr 1914 legt Bölsche nach. In *Ernst Haeckel im Bilde. Eine physiognomische Studie zu seinem 80. Geburtstage* findet Haeckels zoologische Theorie in schmeichelnder Weise Anwendung auf ihn selber: »Jeder Mensch hat in seinem Leben eine gewisse Phylogenie. Er wächst durch allerhand Formen hindurch wie die alten Lebewesen in ihrem Stammbaum.«[2]

Vier Jahre nach Bölsches Erstling bringt der Verleger Wilhelm Breitenbach in der von ihm edierten Schriftenreihe *Gemeinverständliche Darwinistische Vorträge und Abhandlungen* eine weitere Haeckel-Biografie heraus. Schon die Inschrift »Seinem grossen Meister und Lehrer zum 70. Geburtstag in alter Treue« lässt keinen Zweifel an der Haltung des Autors. Breitenbach zählt Haeckel nicht zu den »gewöhnlichen Dutzendmenschen«, sondern sieht in ihm – neben Otto von Bismarck, Charles Darwin und Richard Wagner – einen »Nummer-Eins-Mann«.[3] Das nur 107 Seiten starke Buch ist ein Dokument der Dankbarkeit und Verehrung für seinen ehemaligen Lehrer, das auch die späteren Lebensjahre Haeckels thematisiert. Da die Biografie bereits nach acht Monaten vergriffen ist, sieht sich Breitenbach veranlasst, 1905 eine zweite Auflage, »bedeutend erweitert und vervollständigt«, folgen zu lassen.[4]

Erstaunlicherweise ist 1906 noch Platz für eine weitere Abhandlung: Carl W. Neumann, der spätere Redakteur von *Reclams Universum* in Leipzig verfasst leicht verständliche 86 Seiten für ein breites Publikum.

1909 kommt mit Walther Mays Buch *Ernst Haeckel. Versuch einer Chronik seines Lebens und Wirkens* die erste kritische Lebensskizze in Umlauf. Nach eigener Aussage ist es seine Absicht, Haeckels Forschung und Ideen anhand von Tatsachenmaterial objektiv wiederzugeben und sich mehr mit dem Einfluss der Theorien zu beschäftigen als mit der Persönlichkeit, damit sich der Leser ein eigenes Bild von dem umstrittenen Wissenschaftler machen soll. Allerdings hatte May bereits als Realgymnasiast brieflich Kontakt zu Haeckel gesucht, um ihm von seinen naturwissenschaftlichen Interessen zu berichten. Und deshalb muss man auch ihn zur Gruppe der persönlich-weltanschaulichen Haeckel-Verehrer rechnen.

Bei der Popularisierung des Darwinismus spielt neben diesen Biografien die »Institutionalisierung«, die Schaffung wissenschaftlicher Vereine, Bünde und Organisationen, eine entscheidende Rolle. Am 11. Januar 1906 wird im Zoologischen Institut in Jena unter der Ägide Haeckels der Deutsche Monistenbund (DMB) gegründet – das Sammelbecken für die Anhänger des haeckelschen Monismus –, und parallel dazu wird die Herausgabe der populärwissenschaftlichen Zeitschrift *Kosmos* forciert.Vor allem durch das Engagement des späteren DMB-Vorsitzenden und Nobelpreisträgers für Chemie, Wilhelm Ostwald aus Großbothen, gewinnt die antiklerikale Aufklärungsarbeit des DMB an Gewicht. Ein Höhepunkt innerhalb dieser Bewegung ist eine Kundgebung am 28. Oktober 1913 in der Berliner Hasenheide, bei der Ostwald mit Karl Liebknecht gemeinsam auftritt. Dem Aufruf »Massenstreik gegen die Staatskirche« folgen im Anschluss an die Kundgebung mehrere Tausend Teilnehmer, indem sie sofort aus der Kirche austreten.

Doch auch die Gegenseite schläft nicht. Bereits im April 1907 hält der Oberlehrer Eberhard Dennert, der schon seit Jahren »den Kampf gegen Haeckel [...] geführt hatte«, auf einer kirchlich-sozialen Konferenz in Karlsruhe einen Vortrag über »Die Bekämpfung des Haeckelschen Monismus« und fordert eine von Kirchenkreisen getragene Gegengründung zum atheistischen Monistenbund und zum *Kosmos*.[5] Bereits am 25. November 1907, nur ein Jahr nach Gründung des DMB, findet in Frankfurt am Main die konstituierende Sitzung des Keplerbundes statt: »Der Keplerbund steht auf dem Boden der Freiheit der Wissenschaft und erkennt als einzige Tendenz die Ergründung und den Dienst an der Wahrheit an. Er ist dabei der Überzeugung, dass die Wahrheit in sich die Harmonie der naturwissenschaftlichen Tatsachen mit dem philosophischen Erkennen und der religiösen Erfahrung trägt.«[6] Am 1. April 1908 nimmt der Keplerbund in Godesberg seine Arbeit auf, 1909 wird die Bundeszeitschrift *Unsere Welt* gegründet, gefolgt von der Zeitschrift *Natur und Heimat*, den *Keplerbund-Mitteilungen* (1909-1922) sowie *Die Schöpfung, amtliches Organ des Albert-Bundes* – sämtlich antimonistische Zeitschriften.

Der Keplerbund, der ebenso heterogen zusammengesetzt ist wie der DMB, verfolgt bis zum Ausbruch des Ersten Weltkriegs im Grunde nur ein einziges Ziel: die Abwehr des Monismus Haeckels, Ostwalds und anderer durch die »positive Verbreitung einwandfreier und nicht tendenziös zu religionsfeindlichen Zwecken ausgewerteter Naturerkenntnisse«.[7] Nach 1920 wird die programmatische Ausrichtung verändert, da an einer weiteren Auseinandersetzung mit Haeckel und Ostwald kein Interesse mehr besteht: Mit dem Ausbruch des Ersten Weltkrieges ist die große antiklerikale Bewegung zum Erliegen gekommen. Der Monismus Haeckels geht zeitgleich mit dem von ihm so geschätztem Kaiserreich unter.

Kurz bevor Heinrich Schmidt, Haeckels »letzter Schüler«, zur zentralen Figur der Haeckelrezeption in der Weimarer Republik avanciert, erscheint 1920 Karl Hausers[8] Würdigung *Ernst Haeckel, sein Leben, sein Wirken und seine Bedeutung für den Geisteskampf der Gegenwart.* Hauser verfolgt nicht die Absicht, »zur Erbauung einer trauernden Anhängerschaft« des unlängst verstorbenen Zoologen und Naturphilosophen beizutragen, sondern »ein bleibendes Bild von wahrhaftiger Geschichtlichkeit« zu entwerfen.[9]

Zweifellos hatte Haeckel bereits zu Lebzeiten ein gewisses Interesse daran, für seinen Nachruhm zu sorgen. Das wird sichtbar an seinem intensiven Bemühen, die vielfältigen Dokumente seines Lebens und Wirkens, seine umfangreiche Korrespondenz, seine Tagebücher, Manuskripte und Zeichnungen sowie die wertvollen Sammlungen von Büchern und Kunstgegenständen geschlossen der Nachwelt zu erhalten. 40.000 Briefe (an ihn und von ihm) und ca. 1.200 Aquarelle, Skizzen sowie zahlreiche Zeichnungen lagern bis heute im Ernst-Haeckel-Haus in Jena.

Zudem forciert Haeckel bereits im Kaiserreich entsprechende Maßnahmen der »Traditionspflege«, die in der Weimarer Republik nach seinem Tod 1919 konkret umgesetzt werden. Haeckel hatte bereits 1884 dem Zoologischen Institut anlässlich der Eröffnung eines Neubaus einen Teil seiner Privatbibliothek im Wert von rund 15.000 Mark geschenkt und beabsichtigt, seinen Nachlass dem von ihm 1907 begründeten Phyletischen Museum zu übereignen. Zu diesem Zweck hatte er sich bei der Amtsübergabe an Ludwig Plate drei Räume in der oberen Etage des Museums vorbehalten und vertraglich versucht, eine unabhängige Verwaltung dieses Archivs durch seine Familie über seinen Tod hinaus sicherzustellen. Fortwährende Streitigkeiten mit seinem Nachfolger Plate veranlassen ihn jedoch dazu, nach Möglichkeiten einer räumlichen Trennung und finanzieller Unabhängigkeit des Archivs zu suchen. 1912 gründet Haeckel mithilfe privater Stiftungen ein finanziell vom Phyletischen Museum und dem Verfügungsrecht Plates unabhängiges »Phyletisches Archiv«, das vorübergehend in einem Erweiterungsbau der Universitätsbibliothek untergebracht und im Vorlesungsverzeichnis als »Haeckel-Archiv« geführt wird.

Haeckel erwägt, das Archiv und den noch in der von ihm bewohnten Villa Medusa befindlichen Nachlass zu einem Museum zu vereinigen. Doch zunächst fehlen ihm die Mittel. Aus dem Spendenaufruf der Zeitschrift *Das freie Wort* anlässlich des Kirchenaustritts Haeckels 1910 stehen 10.000 Mark zur Verfügung. Haeckel selbst stiftet ungenannt 36.000 Mark, und aus dem vom DMB anlässlich von Haeckels achtzigstem Geburtstag gesammelten »Ernst-Haeckel-Schatz für Monismus« wird die »Neue Ernst Haeckel-Stiftung« um weitere 30.000 Mark vermehrt.

Als Haeckels Sohn Walter im Mai 1918 auf die Nutzung der Villa verzichtet und den Verkauf des Hauses an die Carl-Zeiss-Stiftung vorschlägt, verhandelt Haeckel selbst mit Rudolf Straubel, Mitglied der Geschäftsleitung der Firma Zeiss, der das Projekt unterstützt. Nach dem Tode von Haeckels Frau Agnes hatten Haeckel und die drei Kinder die Hälfte des Grundstückes zu gleichen Teilen geerbt. Obwohl vonseiten der Stiftung Bedenken bestehen, ob die von Haeckel zur Verfügung gestellten Zinsen der »Ernst-Haeckel-Stiftung« (121.000 Mark) für die Unterhaltung der geplanten Anstalt ausreichen würden, empfiehlt der Stiftungskommissar Friedrich Ebsen (bis 1933) dem Weimarischen Staatsministerium den Ankauf des Hauses. Laut Kaufvertrag vom 10. Juli 1918 geht das haeckelsche Grundstück am 1. August 1918 in den Besitz der Carl-Zeiss-Stiftung über, Haeckel behält das Nutzungsrecht auf Lebenszeit. Der Kaufpreis beträgt 100.000 Mark. Ein gleichzeitig abgeschlossener »Schenkungsvertrag« legt fest, dass Haeckel durch die Stiftung einen Teil des mobilen Inventars und seine Kunstsammlungen der Universität schenkt, und dass die der Universität bereits früher übereigneten Sammlungen, die sich in der Universitätsbibliothek bzw. im Schausaal des Phyletischen Museums befinden, später damit vereinigt werden sollen.

Neben dem Nutzungsrecht auf Lebzeit behält sich Haeckel ebenso die Einrichtung des Museums vor, die nach seinem Tode auf den Sohn übergehen soll. Das

Haus soll den Namen »Ernst-Haeckel-Museum« tragen, und auch der Garten soll in die öffentliche Nutzung einbezogen werden. Die Aufsicht über das Museum wird einem Kuratorium von fünf Personen übertragen.

Haeckel beabsichtigt mit der Museumsgründung aber mehr als eine Memorialstätte. Die neue Einrichtung soll keinesfalls zum »Stapelplatz von Raritäten«[10], sondern, wie im Entwurf des Statuts für das neue »Genetische Museum« von Haeckel formuliert, auch »eine bleibende Arbeitsstätte zur Förderung der Allgemeinen Entwickelungslehre« werden.[11] Wenige Tage nach Vertragsabschluss, noch bevor das Haus in den Besitz der Carl-Zeiss-Stiftung übergeht, propagiert bereits ein Artikel in der *Jenaischen Zeitung* »Ein neues Institut für Entwicklungslehre in Jena«.

Als ersten Direktor bestimmt Haeckel seinen Schüler und »getreuen Eckermann« Heinrich Schmidt. Als Haeckel am 9. August 1919 stirbt, organisiert das von ihm nominierte Kuratorium die Umgestaltung des Hauses und gibt ihm den Namen »Ernst Haeckel-Haus«.[12] Nachdem im Sommer 1920 auch die Bestände des Haeckel-Archivs aus der Universitätsbibliothek übernommen werden, kann am 31. Oktober 1920 das Museum feierlich durch den damaligen Rektor der Universität, den Mineralogen Gottlob Linck, eröffnet werden. Am Tag zuvor war die Asche des Verstorbenen am Fuß der von dem Weimarer Bildhauer Richard Engelmann geschaffenen Büste der Erde übergeben worden.

Nach Haeckels Tod gilt es für Schmidt, das wissenschaftliche Erbe fortzuführen und Haeckel im wissenschaftlichen Diskurs weiterhin lebendig zu halten. Haeckel war Mitglied in fast neunzig gelehrten Gesellschaften und Akademien gewesen und hatte zahlreiche Wissenschaftspreise und Ehrendoktorwürden erhalten, die für eine breite Außenwirkung gesorgt hatten, unter anderem die Goldene Linné-Medaille und Darwin-Wallace-Medaille der Linnéan Society (London) sowie die Cothenius-Medaille der Leopoldina (Halle a.S.). Schmidts großes Verdienst ist es, Haeckels Lebensleistungen in der breiteren Öffentlichkeit wachzuhalten. Während seiner 15-jährigen Amtszeit am Haeckel-Haus widmet sich Schmidt, wohl auch aus finanziellen Erwägungen, vor allem diesen editorischen Aufgaben. Nachdem er schon 1912 ein *Wörterbuch der Biologie* und ein *Goethe-Lexikon* herausgegeben hat, bearbeitet er ständig neue Auflagen (bis zu seinem Tode neun) des von ihm begründeten, noch heute erscheinenden *Philosophischen Wörterbuchs*. Er legt eine sechsbändige Gesamtausgabe von »gemeinverständlichen Schriften« Haeckels vor und besorgt die Herausgabe zahlreicher Briefwechsel. 1926 publiziert er seine erste Biografie: *Ernst Haeckel. Leben und Werke*. Auf 446 Seiten beschreibt Schmidt chronologisch Haeckels Lebensweg, mit thematischen Schwerpunkten auf den Reisen (Italien, Orient, Kanarische Inseln) und den Hauptwerken wie der *Generellen Morphologie, Natürlichen Schöpfungsgeschichte* und *Anthropogenie*. Dass Schmidt in seinen Ausführungen zu einer gewissen Übertreibung neigt, ist seiner absoluten Verehrung des Wissenschaftlers geschuldet. In dieser sehr pathetischen Schrift finden sich noch keinerlei nationalistische Äußerungen.

Zur unmittelbaren Haeckelrezeption in der Weimarer Republik müssen auch noch die von Schmidt 1914 im Auftrag des DMB herausgegebenen zwei Bände *Was wir Ernst Haeckel verdanken. Ein Buch der Verehrung und Dankbarkeit*, anlässlich des achtzigsten Geburtstages Haeckels, gezählt werden. Im Jahr 1927 erscheint schließlich noch Ferdinand Gumbrechts Buch *Große Naturforscher. Leben und Gedankenwelt* mit einem kurzen biografischen Abriss zu Haeckels Leben und Werk. Gumbrecht reiht sich ein in die vorangegangenen Laudationes von Bölsche und Schmidt, wobei zuweilen allerdings Kritik aufscheint.

Die einschneidende Zäsur in der Haeckel-Rezeption kommt mit dem Aufstieg des Nationalsozialismus. Aufgrund der historisch bedingten Vorurteile gegenüber dem Weltkriegsfeind England tun sich führende NS-Wissenschaftspropagandisten schwer mit der ideologischen Vereinnahmung des Werks von Charles Darwin, was die Analyse verschiedener NS-Zeitschriften (*Nationalsozialistische Monatshefte*, *Volk und Rasse*, *Der Biologe*, *Volk im Werden*) eindrücklich belegt. Daher besinnen sie sich auf nationalere Traditionen und verweisen in ihren rassischen und biologistischen Argumentationen vorwiegend auf das wissenschaftliche Werk und die Verdienste von Ernst Haeckel, Friedrich Nietzsche und Richard Wagner. So heißt es frühzeitig aus Thüringen: »Haeckel ist unser deutscher Darwin und hat für den Durchbruch lebensgesetzlichen Denkens mindestens ebenso sein Leben lang gekämpft wie jener, nur mit bedeutend größerem Erfolg.«[13]

Den hundertste Geburtstag Haeckels am 16. Februar 1934 nimmt Heinrich Schmidt zum Anlass, seiner Biografie von 1926 eine weitere mit dem Titel *Ernst Haeckel – Denkmal eines großen Lebens* nachfolgen zu lassen. Anders als 1926 lässt er es dieses Mal an einer weltanschaulichen Einordnung ganz im Sinne der neuen Machthaber nicht fehlen. Deutschland, für dessen Einheit, Größe und Macht Haeckel immer wieder eintrat, besinne sich nun auch wieder auf ihn, den »großen Deutschen«.[14] Mit diesem Zitat liegt Schmidt im Trend der Zeit und verortet sehr früh den nationalsozialistischen Stellenwert der wissenschaftlichen Leistungen Haeckels für die neue biologisch-rassische Argumentation in Evolutionsfragen. Auch die von Schmidt für kurze Zeit betreute Zeitschriftenreihe *Natur und Geist*, in der zahlreiche nationalistisch-rassenkundliche Beiträge zum Abdruck kommen, verdeutlicht dieses Bestreben. Schmidt versucht, mit seiner Biografie Haeckel »ein Denkmal zu errichten, eines, das seine Größe ahnen läßt«. Die angeführten Beispiele sind willkürlich, und der stark kompilierte Text verzichtet auf Nennung der Quellen. Schmidts Text lässt insgesamt die nötige wissenschaftliche Akribie vermissen.

Zentral und typisch für die pro-nationalsozialistische Haeckel-Argumentation jener Zeit ist das Teilkapitel »Der Deutsche«. Hier betritt Schmidt unmittelbar die Bühne der Lingua Tertii Imperii, die Sprache des Dritten Reiches, in Verbindung mit der vorherrschenden Germanomanie, indem er bemerkt: »Das Deutschtum lag ihm, dem blonden Germanen, im Blut.«[15] Obwohl in den weiteren Bemerkungen Querverweise zu Rassenkunde, Rassenbiologie und Rassenhygiene des Nationalsozialismus versus Haeckel fehlen, ist der Text durch einen stark nationalistischen Stil gekennzeichnet; insbesondere in den Bemerkungen über Bismarck, Haeckels Mitgliedschaften in Vereinen und Organisationen oder der Beziehung zu Italien. Im Folgekapitel »Der Mensch« präzisiert er auch noch seine phänomenologisch-anthropometrischen Bemerkungen: »Haeckel war eine ›urgermanische Lichtgestalt‹. Seine helle Hautfarbe, das blonde Haar und die strahlend blauen Augen machten ihn 1881 den Indern zu einem Angehörigen der höchsten Kaste […] Sein Körper war ebenmäßig hoch und schlank gewachsen, imponierend. Auf dem Seziertisch maß er noch 1,75 Meter. Imponierend war insbesondere der mächtige, aber im Verhältnis zu dem mächtigen Körper keineswegs zu große Kopf mit seiner prachtvollen Stirn. Das Kopfmaß betrug 63 Zentimeter, die Kapazität seines Schädels, gemessen bei der Sektion, 1.700 Kubikzentimeter; das Gehirn wog 1.575 Gramm.«[16] Damit ist die Grundlage für eine arische Haeckel-Interpretation bereitet. Dank Schmidt feiert Haeckels naturverbundenes biologisches Denken im neuen Reich eine überraschend kraftvolle Auferstehung.

Bereits 1936 entsteht die erste umfassende erbbiologische Monografie zur Familie Haeckels mit dem Titel *Ernst Haeckels Bluts- und Geistes-Erbe*, angeregt und betreut vom Rassenhygieniker Karl Astel und dem völkischen Philosophen und Mediziner Lothar Stengel von Rutkowski, verfasst von Heinz Brücher, der später in Astels Universitätsinstitut in der Abteilung Lehre und Forschung des Thüringischen Landesamtes für Rassewesen als Pflanzengenetiker beschäftigt ist. Von Anfang an ist klar, dass das Buch im völkischen J. F. Lehmann Verlag in München erscheinen muss, Seite an Seite mit den Büchern »von Günther [»Rasse-Papst«], Clauß [Rassenpsychologe] und Darré [Reichsbauernführer]«. Die haeckelsche

Erbbiografie soll den Anfang für die Reihe Erbbiologische Monografien bilden, in der aber keine weitere Biografie erscheint.

Die erbbiologische Biografie über die Familie Haeckels findet innerhalb der NSDAP und auf nationaler/internationaler Ebene ein sehr gemischtes Echo. Das Bemühen des Jenaer Kreises um Astel, Haeckel als Prototyp eines arischen, nordischen Menschen und Wegbereiters des Nationalsozialismus aufzubauen, stößt insbesondere im Rasse- und Siedlungshauptamt der SS und bei dem Referenten des Rassenpolitischen Amtes der NSDAP Günther Hecht, aber auch beim Heidelberger Wissenschaftspolitiker Ernst Krieck auf erhebliche Kritik. Als unvereinbar mit dem nationalsozialistischen Theoriengebäude werden vor allem die lamarckistischen, materialistischen und atheistischen Positionen Haeckels angegriffen.

Hier ragt der Beitrag »Biologie und Nationalsozialismus« von Hecht in der *Zeitschrift für die gesamte Naturwissenschaft* besonders heraus. So muss nach Hecht nicht nur eine teilweise Übertragung Haeckelscher Gedankengänge auf die NSDAP und deren Vertreter abgelehnt werden, »sondern jede parteiamtliche Auseinandersetzung mit Einzelheiten der Forschungen und der Lehre Haeckels überhaupt.«[17] Haeckel hätte zwar wie Darwin weltanschaulich und wissenschaftlich entscheidenden Anteil am Sieg der Abstammungslehre, aber gegen die Behauptung, Haeckel sei Vordenker des Nationalsozialismus gewesen, müsse man sich wenden: »Der Nationalsozialismus ist eine politische, keine wissenschaftliche Bewegung […] Somit sind weder Lamarck, Darwin und Ernst Haeckel […] noch alle ihre vielen, ihnen zum Teil wissenschaftlich gleichbedeutenden Anhänger und Gegner irgendwelche Gegner, Vorläufer oder gar Begründer politischer Grundsätze des Nationalsozialismus, noch auch können wir irgendwelche Lehren eines der lebenden Biologen gleichsetzen, da diese als Forscher ihre Lehren als Probleme vorlegen, während die Sätze der Bewegung nur politisch-weltanschaulichen Aufgaben dienen und allein durch den Führer und seine politischen Soldaten Wirklichkeit wurden.«[18] Auf den heutigen Leser wirkt dieser Text wie ein seltsamer Chiasmus – als habe ein Nazi versucht, Haeckel vor den Nazis zu retten, indem er sich hinter einer Argumentation versteckt, die so tut, als müsse man die Nazis vor Haeckel retten.

Während das Hauptamt Wissenschaft unter Leitung von Alfred Rosenberg die Angriffe Kriecks gegen Haeckel scharf zurückweist, versuchen die Jenaer ihrerseits diese und ähnliche Angriffe gegen Haeckel durch gezielt lancierte Veröffentlichungen zu entkräften. Brüchers Biografie ist in diesem Zusammenhang mehr als nur der »Versuch einer kulturbiologischen Monographie«. Der Arbeit wird ein Geleitwort Astels vorangestellt, das die gesamte Jenaer Radikalität der Haeckelrezeption deutlich macht. Astel verfolgt mit dieser Veröffentlichung vier Ziele: a) eine Begründung, um sich mit Haeckel zu beschäftigen; b) eine auf Haeckel abgestützte Rechtfertigung des 1934 beschlossenen »Gesetzes zur Verhütung erbkranken Nachwuchses«; c) einen Schulterschluss des Kampfs gegen das Judentum, die Kirche und den Bolschewismus mit der Haeckelschen Theorie; d) die Etablierung und Postulierung der Jenaer biologischen Argumentation in Selektions- und Darwinismusfragen im Dritten Reich: »Ich habe im Religionsunterricht gelernt, Haeckel sei ein Fälscher und Betrüger, da er die Bilder von menschlichen Embryonen umretuschiert habe, um zu beweisen, daß der Mensch vom Affen abstammte. Als Knabe habe ich das natürlich geglaubt. [...] Das Ergebnis war, daß aus den Schlacken voll fanatischen Hasses der Dunkelmänner, voll Verleumdung, Irreführung, Unwissen, Neid und Kleinheit der Gegner das gigantische Bild Ernst Haeckels sichtbar wurde: Eines unserer tiefsten Künder einer arisch-lebensgesetzlichen Frömmigkeit [...]. Eines der mutigsten und wesentlichsten Vorkämpfer naturgesetzlichen Staatsdenkens und arteigener Besinnung auf dem Gebiet deutscher Wissenschaft und Weltanschauung und des bisher genialsten deutschen Biologen.«[19]

Die hier exemplarisch angeführten Beispiele belegen, dass die Person und das Wirken Haeckels um 1934 bereits für die »deutsche Biologenschaft« zu einem wichtigen argumentativen Bestandteil einer Rassenkunde und rassisch sich gebenden biologischen Anthropologie – vornehmlich an Schulen und Universitäten – geworden war. Die Nazifizierung des haeckelschen wissenschaftlichen Werks hatte deutschlandweit begonnen.

Eine besondere Bedeutung für die Verortung Haeckels im Nationalsozialismus erlangt neben dem Ernst-Haeckel-Haus die am 1. Januar 1942 gegründete »Ernst-Haeckel-Gesellschaft«. In dieser Organisation, die unter der Schirmherrschaft des thüringischen Gauleiters Fritz Sauckel steht, versammeln sich zahlreiche namhafte Wissenschaftler aus Deutschland, um das Erbe Haeckels zu bewahren und fortzuführen.[20] 1943 zählt die Gesellschaft eigenen Angaben zufolge 520 Mitglieder. Das Berufsspektrum der Mitglieder ist vielfältig und ähnelt dem des Monisten-, Humboldt-, Eucken- oder Keplerbundes; von der Arztwitwe, über den Diplomingenieur, Studienrat, SS-Obersturmbannführer bis hin zum Universitätsprofessor ist dort alles versammelt. Als Veröffentlichungsorgan erscheinen bis 1945 zwei Bände des *Ernst-Haeckel-Jahrbuchs*.

Die Vereinnahmung durch die Nationalsozialisten, wie sie auch Nietzsche bis heute überschattet, war so erfolgreich, dass von der Oszillation Haeckels zwischen rechts und links zumindest in der westdeutschen Rezeption nichts übrig blieb.

Da sich die Haeckel-Rezeption auch nach dem Ende des Nationalsozialismus zunächst auf das Geschehen am Ernst-Haeckel-Haus, im Phyletischen Museum und an der Universität Jena konzentriert und somit im Hoheitsbereich der SBZ und später der DDR liegt, erlebt zunächst die »Villa Medusa« (das Ernst-Haeckel-Haus) grundlegende Strukturumbrüche: Von 1945-1959 wird das Haus als »Institut für Geschichte der Zoologie, insbesondere der Entwicklungslehre« der Friedrich-Schiller-Universität geführt, das Direktorat übernimmt Georg Schneider. Haeckels »Eckermann« Heinrich Schmidt war bereits am 2. Mai 1935 verstorben.

Von 1959 bis 1979 ist Georg Uschmann als Direktor tätig und begründet den Lehrstuhl für Geschichte der Naturwissenschaften (1965), wodurch auch die Umbenennung des Instituts in »Institut für Geschichte der Medizin und Naturwissenschaft – Ernst-Haeckel-Haus« (1968) erfolgt. Die einschneidenden Veränderungen ergeben sich im Gefolge der III. Hochschulreform 1968, da die bisher obligatorischen Vorlesungen zur Geschichte der Biologie aufgegeben werden müssen und nur noch fakultative zu speziellen Themenkreisen stattfinden können. Die stattdessen in die Lehrpläne eingeführten obligatorischen Vorlesungen über »Philosophische Probleme der Naturwissenschaften« obliegen den Instituten für Marxismus-Leninismus; im Haeckel-Haus initiiert man für die Mitarbeiter einen sogenannten »Colloquium-Jenense-Zirkel« zur marxistisch-leninistischen Weiterbildung und gewerkschaftlichen Schulung, der unter der Leitung des Institutsdirektors und eines Zirkelsekretärs steht.

Innerhalb des Medizinstudiums wird die Vorlesung über Medizingeschichte, die Uschmann zwar mit nun reduziertem Stundenvolumen, aber ohne ideologische Zugeständnisse weiterführt, in einen Vorlesungskomplex »Medizin und Gesellschaft« integriert.

Einen Höhepunkt innerhalb der Haeckelrezeption in der DDR bildet der Besuch Walter Ulbrichts im Oktober 1960 an der Universität und im Ernst-Haeckel-Haus, anlässlich des 15. Jahrestages der Neueröffnung der Universität. Zuvor hatte er beim Festakt in seiner Rede die Bedeutung Haeckels folgendermaßen hervorgehoben und betont: »Wenn ich mich meiner eigenen Jugendzeit erinnere, muss ich sagen, dass mir Ernst Haeckels Werk *Welträthsel* das Verständnis von Darwins *Entstehung der Arten* erschlossen hat. Es ist interessant, dass wir damals in der Sozialistischen Arbeiterjugend im Kursus über Volkswirtschaft das Werk von Marx *Zur Kritik der politischen Ökonomie* lasen und im Kursus über Naturwissenschaft das Werk von Ernst Haeckel. Selten hat ein Buch nachhaltigere Wirkung gehabt als Haeckels *Welträthsel*.«[21]

Die Bedeutung Darwins für den dialektischen Materialismus ist tatsächlich nicht zu unterschätzen. Helmut Korch, Leiter des Lehrstuhls »Philosophische Fragen der Naturwissenschaften« am Institut für Marxismus-Leninismus der Friedrich-Schiller-Universität, sieht in beiden, 1859 zeitgleich erschienenen Schriften (Darwins *Ursprung der Arten* und der Schrift *Zur Kritik der Politischen Ökonomie* von Marx) die Gemeinsamkeit, »dass der materialistische Entwicklungsgedanke die Grundidee der gesamten Darstellung sei.« Es ist ja bekannt, dass Karl Marx die Erstausgabe des *Kapital* Darwin widmen wollte. Weniger geläufig ist, dass Haeckel neben Walter Ulbricht auch von Mao Zedong verehrt wurde. Walter Ulbricht würdigt in der genannten Rede Haeckel weiter als den »Typ eines Wissenschaftlers, der als Pionier einer neuen wissenschaftlichen Wahrheit, unbekümmert um die Angriffe auf seine Person, nicht ruht und rastet, bis die Wahrheit zum Sieg gelangt ist.« Er habe zwar »oft falsche politische Schlussfolgerungen« gezogen, aber seine Leistungen als naturwissenschaftlicher Materialist seien überragend.[23] Wie alle Marxisten begeistert Ulbricht besonders die dem haeckelschen Entwicklungsgedanken innewohnende teleologische Fortschrittsvorstellung, die Zwangsläufigkeit.

Zeitgleich findet sich in einer um 1960 vor dem Phyletischen Museum aufgestellten Vitrine folgendes Zitat von Lenin aus dem Jahr 1908: »Der Sturm, den die *Welträtsel* Ernst Haeckels in allen zivilisierten Ländern hervorgerufen haben, zeigte [...] die wirkliche gesellschaftliche Bedeutung des Kampfes des Materialismus gegen Idealismus [...] Das populäre Büchlein wurde zu einer Waffe des Klassenkampfes.«[24]

Anlässlich der internationalen Feierlichkeiten zum »Darwin-Jahr« 1959 organisiert der Botaniker und Präsident der Biologischen Gesellschaft Otto Schwarz in Jena eine »Arbeitstagung zu Fragen der Evolution«. Neben dem Gedenken an 100 Jahre *Origin of Species* hat die Gesellschaft drei weitere Jubiläen im Blick: 150 Jahre Lamarcks *Philosophie Zoologique*, 60 Jahre Haeckels *Die Welträtsel* und den 40. Todestag von Haeckel.

Aus Anlass des 150. Geburtstags von Ernst Haeckel finden am 25. und 26. Mai 1984 in der Aula der Salana eine Festveranstaltung sowie eine wissenschaftliche Tagung zum Thema »Leben und Evolution« statt, zu der neben der Universität auch die Biologische Gesellschaft der DDR und die Gesellschaft für Neurowissenschaften einladen. Davor ist bereits am 25. Mai 1978 mit der »Ernst-Haeckel-Vorlesung« an der Friedrich-Schiller-Universität eine Veranstaltungsreihe eröffnet worden, die im Jahresrhythmus aktuelle Forschungsergebnisse und Probleme der modernen Biologie für einen breiten interdisziplinären Hörerkreis darstellen soll.

Der Reigen der Haeckel-Biografien wird bereits 1954 mit der Publikation von Georg Uschmann *Ernst Haeckel – Forscher, Künstler, Mensch* fortgeführt. Darauf folgen chronologisch Peter Klemm mit *Ernst Haeckel. Der Ketzer von Jena* (1966) und Alfred R. Böttcher mit *Die Affensache. Berichte und Geschichten um zwei große Wissenschaftler* (1971). Mit Erika Kraußes Biografie aus dem Jahr 1984 liegt in der DDR schließlich die wissenschaftlich solideste Abhandlung vor.

Den 150. Geburtstag Haeckels nimmt die langjährige Kustodin des Ernst-Haeckel-Hauses zum Anlass, »seine historische Bedeutung zu würdigen«. Die Schwierigkeit für Krauße besteht darin, dem bereits Bekannten in den Neunzehnhundertachtzigerjahren noch etwas Neues hinzuzufügen. Der politisch neutrale Schreibstil fällt auf, und eine Distanz der Autorin gegenüber den Lehren des dialektisch-historischen Materialismus ist unverkennbar. Sie ist bemüht, allseitig und objektiv die Biografie Haeckels darzustellen, wobei es sicherlich von Vorteil ist, dass sie umfassende Kenntnis des Archivbestandes und Nachlasses von Haeckel besitzt und diese direkt in ihrem Text umsetzen kann. Dabei spart sie nicht mit Kritik, sondern betont nochmals die Ambivalenz in der Persönlichkeit Haeckels.

Uschmann legt im selben Jahr eine erweiterte Neuausgabe seines Buches von 1954 mit dem Titel *Ernst Haeckel. Biographie in Briefen* vor. Parallel dazu erscheint eine Artikelserie »Ernst Haeckel – ein Lebensbild zum 150. Geburtstag« (vier Folgen) in der Zeitschrift *Wochenpost*. Daneben gibt es 1961 und 1983 Pläne, einen Haeckel-Film zu drehen: »Der Herr/Mann mit dem Schöpferhut«, ein zweibändiges Szenarium für einen Film von Alfred R. Böttcher (datiert 22. Dezember 1962, Drehbuch mit 132 Seiten); eine zweite Fassung der DEFA vom 31. Juli 1983 erstellt Wolfgang Bartsch.

Angesichts der kontinuierlich präsenten Haeckel-Forschung in der DDR wirkt ein Vorgang vom 3. Dezember 1990 befremdlich: Der 65-jährige Günther Höpfner verteidigt seine mittlerweile dreißig Jahre alte Doktorarbeit über Haeckel. Die Prüfungskommission im Institut für Geschichte der ehemaligen Akademie der Wissenschaften (Leipzig) bescheinigt dieser Dissertation ihren vollen Wert. Höpfner brilliert sogar derart bei der Verteidigung, dass ihm für diese einst wegen der Ausführungen zur Haeckelrezeption im Nationalsozialismus abgelehnten Schrift gleich der Titel »Dr. phil. habil.« und nicht nur »Dr. phil.« verliehen wird.[25]

Während sich die Haeckel-Forschung auch in der DDR weiterhin auf Jena konzentriert, ist es in der BRD vornehmlich der Göttinger Anthropologe und Zoologe Gerhard Heberer, der die wissenschaftshistorische Bedeutung Haeckels würdigt, wobei die Abhandlung *Der gerechtfertigte Haeckel* von 1968 herausragt. Dieses 588 Seiten umfassende Buch stellt für die BRD-Rezeption gewissermaßen eine der bedeutendsten Zäsuren in der wissenschaftlichen Rezeptions des Jenenser Biologen dar. Sechs Jahre nach Heberers Buch publiziert der Anthroposoph Johannes Hemleben seine Schrift *Ernst Haeckel, der Idealist des Materialismus* (1974), in der er auf konfusen 160 Seiten dem Werk des Zoologen Haeckel gerade einmal dreieinhalb Seiten zugesteht und nach knappen Bemerkungen über den Monismus die Biografie abrupt abbrechen lässt. Obwohl das Buch keine neuen Forschungsergebnisse enthält, bemerkte der spätere Nobelpreisträger Konrad Lorenz in einem Brief an den Verfasser: »… es ist mir außerordentlich wertvoll, Ihre treffende und gerechte Darstellung zu lesen«.

Ernst Haeckel ist, was die Breitenwirkung in der Öffentlichkeit und in der Wissenschaftlergemeinschaft anbelangt, einer der Popstars des neunzehnten Jahrhunderts. Eine weltweite Korrespondenz mit vierzigtausend erhaltenen Briefen, eine Bibliografie von fast siebenhundert Beiträgen, eine Sammlung von fast zwölfhundert Aquarellen und Skizzen von seinen fast neunzig großen Reisen, die Neubeschreibung tausender niederer Meerestiere stehen auf der Habenseite und sprechen für sich. Haeckel offenbart aber auch einen Hang zum Narzissmus, zur Selbstdarstellung und Selbstüberschätzung, zu deren Zweck er die Biologie politisiert.

Auf eine jüngere Biologengeneration, die wenig biologiehistorisch geschult wurde und Haeckel nur durch das gelegentliche Studium seiner zeitgebundenen naturphilosophischen und biologischen Schriften kennt, wirkt das haeckelsche Lebenswerk oft konfus. Dass Haeckel in wesentlichen Punkten, wenn man diese historisch einordnet, »recht gehabt hat«, wie beispielsweise hinsichtlich seiner Aussagen zu einer evolutionären Embryologie und Morphologie, gilt heute als weitgehend gesichert.

Die haeckelschen Äußerungen hinsichtlich Politik und Gesellschaft, die er mit zunehmendem Alter immer häufiger von sich gab, müssen hingegen äußerst kritisch betrachtet werden. Was er als seine Art der Volksaufklärung verstanden wissen wollte, nahm immer mehr propagandistische Züge an. Seine eigenen Aussagen lieferten schließlich das argumentative Grundgerüst für die Vereinnahmung seines Werks durch Rassenhygieniker, Nationalsozialisten und Kommunisten.

Anmerkungen | **1** Im englischsprachigen Raum ragen z.B. die Arbeiten von Edward B. Aveling, *Ernst Haeckel, the German Darwin* (1883) sowie Thaddeus B. Walkman, *Prof Ernst Haeckel, His Life, Works, Career and Prophecy* (1891) heraus. **2** Bölsche 1914, S. 8. **3** Breitenbach, *Ernst Haeckel. Ein Bild seines Lebens und seiner Arbeit.* Brackwede i. W. 1904, S. 5. **4** Ebd., 2. Auflage (1905), S. 8. **5** Dennert (1932): *Zum 25jährigen Bestehen des Keplerbundes* (25.11.1907). *Unsere Welt* 24: 321-6, hier S. 321. **6** Ebd., S. 321 – 322. **7** Bavink 1928: S. 257. **8** Bonn 1920. Auf dem Buchexemplar in der Bibliothek des EHH steht unter »herausgegeben von Dr. med. et phil. K. Hauser« mit Bleistift notiert: »Keplerbündler«. Angesichts dieser Zuordnung fällt die Haeckel-Kritik von Hauser allerdings eher bescheiden aus. **9** Ebd., S. 5. **10** *Jenaische Zeitung*, Nr. 169, 21. Juli 1918. **11** EHH, Bestand G, Handschriftlicher Entwurf Haeckels vom 14. September 1918. Den Terminus »Genetik« gebrauchte Haeckel synonym für Entwicklungslehre, Evolutismus oder Evolutionismus (vgl. Ernst Haeckel, *Die Welträthsel. Gemeinverständliche Studien über monistische Philosophie.* Bonn 1899, S. 277). **12** EHH, Bestand G, Sitzungsprotokoll des Kuratoriums vom 21. Juli 1920. **13** EHH, Nachlass Franz, Bestand Z, Ordner Brücher, Brief v. Stengel von Rutkowski an den Lehmann Verlag – Dr. Spatz – vom 3. Juni 1936. **14** Ebd., S. V. **15** Ebd., S. 72. **16** Ebd., S. 80-9. **17** Hecht, Halle 1937/38, S. 285. **18** Ebd., S. 288. **19** Ebd., S. 3. **20** Universitätsarchiv Jena, Bestand A, Abt. X, Nr. 17. **21** Zeitungsausschnittsammlung des EHH. **22** Helmut Korch, »Erkenntnistheoretische Fragen der Abstammungslehre«. In: Manfred Gersch (Hrsg.), *Gesammelte Vorträge über moderne Probleme der Abstammungslehre.* Friedrich-Schiller-Universität Jena 1965. **23** Ansprache auf dem Festakt anlässlich des 15. Jahrestages der Neueröffnung der Friedrich-Schiller-Universität am 10.10.1960. **24** Archiv des Phyletischen Museums. **25** *Wochenpost* 15/1991, S. 14.

Deckenfreske im Ernst-Haeckel-Haus (»Villa Medusa«)

Glossar

Anatomie | Lehre von Form und Körperbau der (menschlichen) Lebewesen
anthropistisch | das menschliche Wesen betreffend
Anthropomorphismus | Vermenschlichung (des Göttlichen)
Antimeren | Gegen-/Teilstücke symmetrisch gebauter Lebewesen
Archigonie | Urzeugung, das heißt die elternlose Entstehung organischer Wesen aus unorganischen Stoffen
Arthropoden | Gliederfüßer; Gruppe von Wirbellosen, die den größten Stamm im Tierreich bilden (Insekten, Spinnen u.a.)
Autogonie | Selbst-, Urzeugung aus anorganischen Stoffen
biontisch | auf Lebewesen, auf Leben bezogen
Chorologie Arealkunde, Lehre vom Raum bzw. der räumlichen Verbreitung der Untersuchungsobjekte einer wissenschaftlichen Disziplin
Coelenteraten | Hohltiere (Nesseltiere und Rippenquallen)
Crustaceen | Krebstiere
Cyclostomen | Rundmäuler, »niedere Wirbeltiere«; entwicklungsgeschichtlich die Vorgänger der Fische
Cytoden | kernlose Zellen
Dekreszenz Abnahme, Rückgang
Deszendenz-Theorie | Abstammungslehre; naturwissenschaftliche Theorie, die besagt, dass alle Arten auf eine oder wenige Urformen als gemeinsamen Vorgänger zurückgehen, mit dem jedes Lebewesen in gerader Abstammungslinie verbunden ist
Embryologie | Teilgebiet der Entwicklungsbiologie, das sich mit der Entwicklung der befruchteten Eizelle und des daraus entstehenden Embryos befasst
Gastrula | zweischichtiger »Becherkeim« während der Embryogenese vielschichtiger Tiere
Gemmulae | latein. für »kleine Knospen«; Brutknospen bzw. Dauerstadien bei Süßwasserschwämmen sowie einigen marinen Schwämmen des Küstengebietes
Kausalnexus | ursächlicher Zusammenhang
Keimblätter | Bezeichnung für die erste Differenzierung eines Embryos in verschiedene Zellschichten, aus denen sich anschließend unterschiedliche Strukturen, Gewebe und Organe entwickeln
Mesoderm | Mittleres Keimblatt in der Embryonalentwicklung
Metameren | »Folgestücke«; die hintereinander liegenden Teilstücke oder Segmente der Tiere, z.B. die Körperringe der Würmer und Gliederfüßer, die Wirbel im Rückgrat der Wirbeltiere etc.
Mneme Erinnerung, Gedächtnis

Moneren | Form der Wurzelfüßer (einzellige Lebewesen)
Morphologie | Lehre von der Struktur und Form der Organismen
Ökologie | Lehre von den Beziehungen der Lebewesen zur Umwelt
Ontogenese | Entwicklung des Einzelwesens
Ontogenie | s. Ontogenese
Organismus | in der Biologie: individuelles Lebewesen (Tier, Pflanze, Mikroorganismus)
Paläontologie | Wissenschaft von den Lebewesen vergangener Erdzeitalter
phyletisch | die Abstammung betreffend
Phylogenese | Stammesgeschichte der Lebewesen
Phylogenie | s. Phylogenese
Physiologie | Lehre von den physikalischen, biochemischen und informationsverarbeitenden Funktionen von Lebewesen
Plastiden | Zellorganellen der Pflanzen und Algen, die aus endosymbiontisch lebenden Zellen hervorgegangen sind
Promorphen | morphologische Grundformen
Sandalion | bei Haeckel: frühester Keim der Embryonalentwicklung
Spongien | Schwämme
Substanz | Materie
Vertebraten | Wirbeltiere
Histologie | Wissenschaft von den biologischen Geweben (Teilgebiet der Anatomie und der Pathologie)

Bibliografie

Bücher (Auswahl)

1862 *Die Radiolarien (Rhizopoda radiaria). Eine Monographie.* I: Text. II: Atlas. Berlin.

1863 *Ueber die Entwickelungstheorie Darwins.* Vortrag auf der 38. Versamml. Deutscher Naturforscher u. Ärzte in Stettin am 19.9.1863. Amtlicher Bericht. Stettin (Neudr.: *Gemeinverst. Werke V.* Leipzig und Berlin 1924).

1866 *Generelle Morphologie der Organismen. I: Allgemeine Anatomie der Organismen. II: Allgemeine Entwicklungsgeschichte der Organismen.* Berlin (Teildruck unter dem Titel: *Prinzipien der generellen Morphologie der Organismen.* Berlin 1908).

1868 *Natürliche Schöpfungsgeschichte. Gemeinverständliche wissenschaftliche Vorträge über die Entwickelungslehre im Allgemeinen und diejenige von Darwin, Goethe und Lamarck im Besonderen, über die Anwendung derselben auf den Ursprung des Menschen und andere damit zusammenhängende Grundfarben der Naturwissenschaft.* Berlin (12. Aufl. 1920, Volksausgabe 1926).

1869 *Zur Entwickelungsgeschichte der Siphonophoren.* Von der Utrechter Gesellschaft für Kunst und Wissenschaft gekrönte Preisschrift. Utrecht.

1872 *Die Kalkschwämme (Calcispongae). Eine Monographie. I: Biologie der Kalkschwämme. II: System der Kalkschwämme. III: Atlas der Kalkschwämme.* Berlin.

1874 *Anthropogenie oder Entwicklungsgeschichte des Menschen. Gemeinverständliche wissenschaftliche Vorträge über die Grundzüge der menschlichen Keimes- und Stammesgeschichte.* Leipzig 1910.

1874 *Die Gastraeatheorie, die phylogenetische Classifikation des Thierreichs und die Homologie der Keimblätter. Jenaische Z. Naturw.* 8/1874.

1876 *Arabische Korallen.* Berlin.

1876 *Die Perigenesis der Plastidule oder die Wellenzeugung der Lebenstheilchen.* Berlin.

1877 *Biologische Studien.* II. Heft: *Studien zur Gastraea-Theorie*. Jena.

1877 *Die heutige Entwickelungslehre im Verhältnis zur Gesammtwissenschaft.* Rede auf der fünfzigsten Versammlung Deutscher Naturforscher und Ärzte in München. Amtlicher Bericht. München, S. 14 – 22.

1878 *Freie Wissenschaft und freie Lehre. Eine Entgegnung auf Rudolf Virchows Münchner Rede über »Die Freiheit der Wissenschaft im modernen Staat«.* Stuttgart.

1878 *Das Protistenreich. Eine populäre Uebersicht über das Formengebiet der niedersten Lebewesen.* Leipzig.

1878 *Gesammelte populäre Vorträge aus dem Gebiete der Entwickelungslehre.* Heft I. Bonn; Heft II. Bonn 1879.

1879 *Das System der Medusen. I: System der Craspedoten. Jena; II: System der Acraspeden.* Jena 1880.

1882 *Die Naturanschauung von Darwin, Goethe und Lamarck.* Vortrag auf der 55. Versammlung Deutscher Naturforscher und Ärzte in Eisenach am 18. September 1882. Jena.

1882 *Indische Reisebriefe.* Berlin (6. Aufl. 1922).

1887 *Die Radiolarien (Rhizopoda radiaria). Eine Monographie. Zweiter Teil. Grundriß einer allgemeinen Naturgeschichte der Radiolarien.* Berlin.

1892 *Der Monismus als Band zwischen Religion und Wissenschaft.* Bonn.

1893 *Zur Phylogenie der australischen Fauna. Systematische Einleitung zu Richard Semons Forschungsreisen in Australien und dem Malayischen Archipel. 1. Chorologische Betrachtungen. 2. Das Problem der progressiven Vererbung. 3. Die connectenten Wirbeltiere Australiens.* Jena.

1894 *Systematische Phylogenie. Entwurf eines natürlichen Systems der Organismen aufgrund ihrer Stammesgeschichte. I. Teil: Systematische Phylogenie der Protisten und Pflanzen. Berlin; III. Teil: Systematische Phylogenie der Wirbelthiere (Vertebraten). Berlin 1895.; II. Teil: Systematische Phylogenie der wirbellosen Thiere (Invertebraten).* Berlin 1896.

1898 *Ueber unsere gegenwärtige Kenntnis vom Ursprung des Menschen.* Vortrag. Bonn.
1899/1904 *Kunstformen der Natur.* Lieferung 1 bis 11. Leipzig.
1899 *Die Welträthsel. Gemeinverständliche Studien über monistische Philosophie.* Bonn (11., verb. Aufl. 1919).
1901 *Aus Insulinde. Malayische Reisebriefe.* Bonn (3. Aufl. Leipzig 1923).
1904 *Die Lebenswunder. Gemeinverständliche Studien über Biologische Philosophie. Ergänzungsband zu dem Buche über die Welträthsel* (Stuttgart. 5. Aufl. 1925).
1905 *Der Kampf um den Entwickelungsgedanken. Drei Vorträge gehalten am 14., 16. und 19. April 1905 im Saale der Singakademie zu Berlin. I. Der Kampf um die Schöpfung. II. Der Kampf um den Stammbaum. III. Der Kampf um die Seele. Mit einem Nachwort: Entwickelungsgedanke und Jesuitismus.* Berlin.
1905 *Ernst Haeckels Wanderbilder. Nach eigenen Aquarellen und Oelgemälden. Serie 1, 2, 3: Die Naturwunder der Tropenwelt. Ceylon und Insulinde.* Gera.
1907 *Das Menschenproblem und die Herrentiere von Linné.* Vortrag 17. Juni 1907. Frankfurt/M.
1908 *Unsere Ahnenreihe (Progonotaxis hominis.) Kritische Studien über Phyletische Anthropologie. Festschrift zur 350-jährigen Jubelfeier der Thüringer Universität Jena und der damit verbundenen Uebergabe des Phyletischen Museums am 30. Juli 1908*. Jena.
1909 *Das Weltbild von Darwin und Lamarck. Festrede zur hundertjährigen Geburtstagsfeier von Charles Darwin am 12. Februar 1909, gehalten im Volkshause zu Jena*. Leipzig.
1910 *Sandalion. Eine offene Antwort auf die Fälschungs-Anklagen der Jesuiten.* Frankfurt/M.
1916 *Fünfzig Jahre Stammesgeschichte. Historisch kritische Studien über die Resultate der Phylogenie.* Jena.
1917 *Kristallseelen. Studien über das Anorganische Leben.* Leipzig (3. Aufl. 1925).

Zu Ernst Haeckel

Aescht, E.; Aubrecht, G.; Krauße E. (Hg.), *Welträtsel und Lebenswunder. Ernst Haeckel-Werk, Wirkung und Folgen.* Stapfia 56, zugleich Kataloge des OÖ. Landesmuseums, N.F. 131, Linz 1998.
Breidbach, O., *Bildwelten der Natur.* München 2006.
Di Gregorio, M. A., *From Here to Eternity. Ernst Haeckel and Scientific Faith.* Göttingen, 2005.
Heberer, G., *Der gerechtfertigte Haeckel. Einblicke in seine Schriften aus Anlaß des Erscheinens seines Hauptwerkes »Generelle Morphologie der Organismen« vor 100 Jahren.* Stuttgart 1968.
Hemleben, J., *Ernst Haeckel, der Idealist des Materialismus.* Hamburg 1974.
Hoßfeld, U., *Geschichte der biologischen Anthropologie in Deutschland. Von den Anfängen bis in die Nachkriegszeit.* Stuttgart 2005.
Junker, T. und Hoßfeld, U., *Die Entdeckung der Evolution. Eine revolutionäre Theorie und ihre Geschichte.* Darmstadt 2009.
Kleeberg, B., *Theophysis. Ernst Haeckels Philosophie des Naturganzen.* Weimar 2005.
Krauße, E., *Ernst Haeckel.* Leipzig 1984.
Preuß, D.; Hoßfeld, U.; Breidbach, O. (Hg.), *Anthropologie nach Haeckel.* Stuttgart 2006.
Richards, R. J., *The Tragic Sense of Life: Ernst Haeckel and the Struggle over Evolutionary Thought.* Chicago 2008.
Sandmann, J., *Der Bruch mit der humanitären Tradition. Die Biologisierung der Ethik bei Ernst Haeckel und anderen Darwinisten seiner Zeit.* Stuttgart 1990.
Uschmann, G., *Ernst Haeckel. Biographie in Briefen.* Leipzig, Jena, Berlin 1983/84.

Textnachweise

»Ueber die Entwickelungstheorie Darwins«, In: *Amtlicher Bericht über die Acht und Dreißigste Versammlung Deutscher Naturforscher und Ärzte in Stettin.* S. 17 – 30. Stettin 1864.

»Dualismus und Monismus«. In: *Generelle Morphologie der Organismen. Bd. II Allgemeine Entwicklungsgeschichte der Organismen.* Berlin 1866.

»Die Einheit der Natur und die Einheit der Wissenschaft«. In: *Generelle Morphologie der Organismen. Bd. II Allgemeine Entwicklungsgeschichte der Organismen.* Berlin 1866.

»Gott in der Natur«. In: *Generelle Morphologie der Organismen. Bd. II Allgemeine Entwicklungsgeschichte der Organismen.* Berlin 1866.

»Begriff und Aufgabe der Morphologie der Organismen«. In: *Generelle Morphologie der Organismen, Bd. I Allgemeine Anatomie der Organismen.* Berlin 1866.

»Einteilung der Morphologie in untergeordnete Wissenschaften«. In: *Generelle Morphologie der Organismen. Bd. I Allgemeine Anatomie der Organismen.* Berlin 1866.

»Ökologie und Chorologie«. In: *Generelle Morphologie der Organismen. Bd. II Allgemeine Entwicklungsgeschichte der Organismen.* Berlin 1866.

»Die Deszendenztheorie als Fundament der organischen Morphologie«. In: *Generelle Morphologie der Organismen. Bd. II Allgemeine Entwicklungsgeschichte der Organismen.* Berlin 1866.

Arbeitsteilung in Natur- und Menschenleben. Berlin 1869.

»Das biogenetische Grundgesetz«. In: *Biologie der Kalkschwämme.* Berlin 1872.

»Die Weltanschauung des neuen Kurses«. In: *Freie Bühne für den Entwicklungskampf der Zeit.* 3. Heft des III. Jahrg. Berlin 1892.

Fürst Bismarck in Jena. Jena 1892.

Die Welträtsel. Bonn 1899.

Aus Insulinde. Malaysische Reisebriefe. Bonn 1901.

Die Lebenswunder (Vorwort). Stuttgart 1904.

Sandalion (Vorwort). Frankfurt/M. 1910.

Psyche (1910). In: *Monistische Bausteine,* Brackwede i. W. 1914.

»Mein Kirchenaustritt«. Reproduktion des Originals. Sonderabdruck aus der Frankfurter Halbmonatsschrift *Das freie Wort*, X. Jahrgang, Nr. 18 (zweites Dezemberheft 1910), Frankfurt/M. 1910.

Die Natur als Künstlerin. Ernst Haeckel, Berlin 1913.

Kristallseelen. Leipzig 1917.

Bildnachweise

Bildarchiv des Ernst-Haeckel-Hauses, Privatarchiv des Herausgebers.

Dank

Ich möchte meinen Mitarbeiterinnen und Mitarbeitern der AG Biologiedidaktik danken sowie den Kolleginnen und Kollegen vom Ernst-Haeckel-Haus in Jena, die das Projekt auf vielfältige Weise begleiteten und unterstützten. Stellvertretend erwähnt seien: Janina Oberthür, Michael Markert, Olaf Breidbach, Thomas Bach, Rita Schwertner, Karola Schrader und Rosemarie Nöthlich.

Martin S. Fischer und Gunnar Brehm danke ich für weiterführende Gespräche und Hinweise zum phyletischen Umfeld Haeckels.

Für die langjährigen Diskussionen zu Haeckel sei auch Bob Richards (Chicago) an dieser Stelle gedankt.

Der Herausgeber

Uwe Hoßfeld, geboren 1966, Studium der Biologie, Wissenschaftsgeschichte, Sportwissenschaft, Erziehungswissenschaft und Indonesistik. 1996 Promotion an der Biologisch-Pharmazeutischen Fakultät der Friedrich-Schiller-Universität Jena. 1998 bis 2000 wissenschaftlicher Mitarbeiter beim DFG-Projekt »Erschließung der Korrespondenz Ernst Haeckels« an der Uni Jena. 2000 bis 2002 wissenschaftlicher Mitarbeiter am Ernst-Haeckel-Haus Jena. 2000 bis 2006 wissenschaftlicher Mitarbeiter/Assistent in der Senatskommission zur Aufarbeitung der Jenaer Universitätsgeschichte im zwanzigsten Jahrhundert. 2003 Habilitation für das Fach Geschichte der Naturwissenschaften. Seit 2006 Leiter der AG Biologiedidaktik der Uni Jena. 2009 außerplanmäßige Professur für Didaktik der Biologie in Jena.

Personenregister

Weitere absolute-Bände